分子光谱及光谱成像技术

基于农作物种子质量检测与应用

吴静珠　毛文华　刘翠玲　著

电子工业出版社
Publishing House of Electronics Industry
北京·BEIJING

内 容 简 介

本书简要介绍以近红外、拉曼、太赫兹为代表的分子光谱技术及光谱成像技术的基础理论、发展概况及相关的化学计量学方法，重点围绕小麦、玉米、花生等农作物种子质量快速检测，详细介绍分子光谱及光谱成像技术在种子发芽特性指标量化检测、种子活力水平定性鉴别、种子理化指标量化测定、种子不完善粒定性识别、种子切片化学成像精细分析，以及品种鉴别、霉变程度判别等领域的应用研究和可行性探索。为便于读者理解和应用，附录提供了本书作者所开发的种子光谱信息资源库和相关分析软件的部分源代码。

本书可供从事农业、食品品质检测领域光谱分析技术研究的科技工作者、分析测试工作者，以及相关专业大专院校学生阅读参考。

图书在版编目（CIP）数据

分子光谱及光谱成像技术：基于农作物种子质量检测与应用/吴静珠，毛文华，刘翠玲著. —北京：电子工业出版社，2020.2

ISBN 978-7-121-34990-4

Ⅰ. ①分… Ⅱ. ①吴… ②毛… ③刘… Ⅲ. ①作物－种子－质量检验－光电检测 Ⅳ. ①S339.3

中国版本图书馆 CIP 数据核字（2018）第 205873 号

策划编辑：米俊萍

责任编辑：米俊萍　　　特约编辑：武瑞敏

印　　刷：北京盛通商印快线网络科技有限公司

装　　订：北京盛通商印快线网络科技有限公司

出版发行：电子工业出版社
　　　　　北京市海淀区万寿路 173 信箱　　邮编：100036

开　　本：787×1 092　1/16　印张：16　字数：389 千字

版　　次：2020 年 2 月第 1 版

印　　次：2020 年 2 月第 1 次印刷

定　　价：88.00 元

凡所购买电子工业出版社图书有缺损问题，请向购买书店调换。若书店售缺，请与本社发行部联系，联系及邮购电话：（010）88254888，88258888。

质量投诉请发邮件至 zlts@phei.com.cn，盗版侵权举报请发邮件至 dbqq@phei.com.cn。

本书咨询联系方式：mijp@phei.com.cn。

.Preface

前　言

以近红外、拉曼和太赫兹为代表的分子光谱及光谱成像技术是一项极具应用潜力和应用前景的现代检测技术，它作为一种便捷、高效的品质分析技术在我国日益受到重视，并且在现代农业、食品等领域得到越来越广泛的关注与应用。

小麦、玉米等是我国的主要粮食作物，其生产能力及供需状况直接关系到国家粮食安全、国民经济发展、社会稳定和人民生活的改善等重大战略问题。农作物种子质量正是决定农业生产能力和水平的最根本因素。近年来，我国种子产业的快速发展对种子质量检测技术提出了快速、准确、便捷等要求，新兴技术不断被应用到该领域。本书详细介绍作者应用以分子光谱及光谱成像技术为代表的新兴技术在非破坏性、快速检测农作物种子质量领域中的研究工作及可行性探索，旨在对传统种子质量测定方法进行有效补充，以期能更好地满足现代农业发展所提出的快速、高通量、无损、单粒检测等新需求。

本书包括 10 章和两个附录，简要介绍近红外、拉曼、太赫兹及光谱成像技术的基础理论和分析方法，重点介绍分子光谱及光谱成像技术在种子发芽特性指标、种子活力水平、种子理化指标、种子不完善粒定性识别、种子切片成分空间分布、品种鉴别等领域的应用研究与可行性探索。为便于读者理解和应用，附录介绍了作者开发的种子光谱信息资源库和相关分析软件的部分源代码。

本书的编写得到了多项国家与省部级科研课题的支持，书中部分内容取自这些科研项目的研究成果。感谢北京工商大学刘倩、董文菲、董晶晶、李慧、邢瑞芯、申舒、石瑞杰、张宇靖等研究生在校期间的辛勤工作与协助。

本书由吴静珠（北京工商大学）、毛文华（中国农业机械化科学研究院）、刘翠玲（北京工商大学）共同完成，其中第 1 章和第 2 章由 3 位作者共同完成，第 3～10 章及附录由吴静珠完成。吴静珠携高彤、李晓琪、张乐等研究生对全书进行了统稿和校对。

　　本书的出版得到了北京工商大学学术专著出版资助项目的资助，以及电子工业出版社的精心编辑，诚挚感谢帮助本书出版的相关单位和个人！特别感谢中国农业机械化科学研究院张小超研究员多年的指导和帮助！感谢中国仪器仪表学会近红外光谱分会各位同人的指导和帮助！

　　鉴于分子光谱及光谱成像分析技术的快速发展和作者知识的局限，本书内容难免存在疏漏之处，敬请读者指正。

吴静珠

2019 年 1 月于北京

.Contents

目　　录

.Chapter 1

第1章

绪 论

1.1 近红外光谱技术发展概述

近红外（Near Infrared，NIR）光是指波长介于可见光与中红外光之间的电磁波，美国材料与试验协会（American Society for Testing and Materials，ASTM）将近红外光谱区定义为波长范围为 780～2526nm（波数范围为 12800～3960cm^{-1}）的区域，习惯上又将近红外光谱区分为近红外短波（780～1100nm）和近红外长波（1100～2526nm）两个区域，如图 1-1 所示。

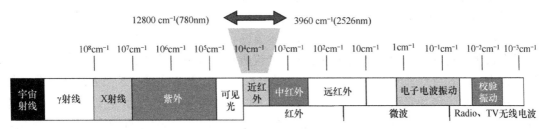

图 1-1 近红外光谱波数范围

近红外光谱技术的发展历程，大概可以分为以下 5 个历史阶段。

第一阶段（19 世纪 80 年代至 20 世纪 50 年代初期）：德国天文学家 William Herschel 于 1800 年在一次实验中偶然发现了红外光。Herschel 将这一发现称为辐射热或温度谱。1881

年，英国天文学家 Abney 和 Festing 用 Hilger 光谱仪拍下 48 个有机液体的近红外吸收光谱（700~1100nm），发现近红外光谱区的吸谱带均与含氢基团有关。从 200 多年前发现近红外光，到商品化近红外光谱仪出现之前，近红外光谱分析仅局限于几个实验室的研究，远未得到实际应用。

第二阶段（20 世纪 50 年代至 20 世纪 60 年代中期）：20 世纪 50 年代，美国的 Karl Norris 等人开始研究使用可见光透射与反射技术测定鸡蛋、蔬菜和水果的品质，但因可见光区的信息量小，研究受到限制。由于近红外光谱区包含的信息比紫外、可见光光谱区丰富得多，因此他们从农业分析领域开始了用近红外光谱区分析农产品的研究工作。Karl Norris 等注意到水分对近红外光的强烈吸收，因此应用近红外光谱区测定农产品中的水分含量。基于 Karl Norris 的工作，1970 年，美国的一家公司首先研制出了近红外品质分析仪器。该仪器使用了 6 个波长的窄带干涉滤光片，主要用于分析农产品中水分、蛋白质等的含量，并于 1973 年 10 月登记注册了美国专利（3776642 号）Grain Analysis Computer（谷物分析计算机）。由于这类仪器只要事先经过校正，即使不熟悉光谱的人员也能迅速得到分析结果，能够满足粮库、港口对粮食品质分析的要求，因此许多有关粮食加工、储藏的单位和公司都采用了此项技术。随着商品化仪器的出现及 Karl Norris 等所做的杰出贡献，近红外光谱技术在农副产品分析中得到广泛应用，使近红外光谱技术达到第一个高潮期。

第三阶段（20 世纪 60 年代中期至 20 世纪 70 年代末期）：随着各种新的分析技术的出现，加之经典近红外光谱分析暴露的单次测量噪声大、灵敏度低、分辨率低、抗干扰性差、杂散光及尖峰测量困难、谱带重叠等弱点，NIR 分析技术的研究曾经一度陷入低谷甚至处于停滞阶段，除了在农副产品分析中开展一些研究工作，几乎没有拓展新的应用领域。

第四阶段（20 世纪 80 年代至 20 世纪 90 年代初期）：1974 年由瑞典化学家 S. Wold 和美国华盛顿大学的 B. R. Kowalski 共同倡议成立了化学计量学学会。计算机技术及数学手段（快速傅里叶变换、数理统计等）的快速发展，带动了分析仪器的数字化和化学计量学的发展，通过化学计量学方法在光谱信息的提取及背景干扰方面取得的良好效果，加之近红外光谱在测样技术上所独有的特点，人们开始重新认识近红外光谱的价值，近红外光谱在各领域中的应用研究陆续开展，数字化光谱仪器与化学计量学方法的结合形成了现代近红外光谱技术，这个阶段堪称是一个分析巨人由苏醒到成长的时期。

第五阶段（20 世纪 90 年代至今）：20 世纪 90 年代，国际分析界逐步形成了近红外光谱分析的热潮，近红外光谱分析一直是匹兹堡会议（PITTCON）的热点。在 2000 年的匹兹堡会议上，近红外光谱技术被认为是该次会议所有光谱法中最受重视的一类方法，在该次会议上直接和近红外光谱技术有关的分会有 11 个之多。随着光纤技术在近红外光谱仪上的应用，出现了现场光谱技术，同时软计算技术的现代化学计量学方法在近红外光谱数据处理上的应用，使近红外光谱技术在工业、农业在线分析领域得到很好的应用。实践证明，以近红外光谱为主力军的过程分析技术对发达国家的工业信息化与自动化的深度融合起到了决定性的作用，它所提供的快速、实时测量信息可使工农业生产过程保持最优化的控制，在显著提高产品质量的同时，降低生产成本和资源消耗，从而优化资源配置，给企业和社会带来了丰厚的经济回报。近红外光谱技术进入了一个快速发展和应用的时期。

我国从 20 世纪 80 年代开始进行近红外光谱的研究和应用工作，20 世纪 90 年代后期以产业链的方式逐渐将其应用于农业、石化、制药和食品等多个领域，使其在工业、农业生产和科研中逐渐发挥着越来越重要的作用。2006 年 10 月 28 日至 30 日，"全国第一届近红外光谱学术会议"在北京西郊宾馆会议中心成功召开，这次会议增进了我国近红外光谱科技工作者之间的交流与合作，是我国近红外光谱技术发展过程中的一个重要里程碑。该会议至今已先后在长沙（2008 年）、上海（2010 年）、桂林（2012 年）、北京（2014年）、武汉（2016 年）和昆明（2018 年）举办了 7 届，对促进我国近红外光谱技术的研发和应用起到了积极的推动作用。2010 年和 2018 年，我国还成功举办了第三届和第六届亚洲近红外光谱学术会议。2009 年 6 月 6 日，我国成立了近红外光谱专业委员会（China Council of NIRS），并于 2012 年 11 月 27 日至 29 日成功组织召开了主题为"我国近红外光谱分析关键技术问题、应用与发展战略"的第 446 次香山科学会议。这次会议总结了当前我国近红外光谱技术需要优先发展的科学问题和工程技术问题，为制定我国科技发展规划提供了科学依据。近年来，我国已经出版了几十本近红外光谱专著，涉及方法学、仪器、药物、农产品和食品等多个领域。另外，我国颁布了越来越多的近红外光谱标准方法，如《分子光谱多元校正定量分析通则》（GB/T 29858—2013）、《粮油检验 近红外分析定标模型验证和网络管理与维护通用规则》（GB/T 24895—2010）、《鱼粉和反刍动物精料补充料中肉骨粉快速定性检测近红外反射光谱法》（NY/T 1423—2007）、《苹果中可溶性固形物、可滴定酸无损伤快速测定近红外光谱法》（NY/T 1841—2010）、《木材的近红外光谱定性分析方法》（LY/T 2053—2012）、《木材综纤维素和酸不溶木质素含量测定近红外光谱法》（LY/T 2151—2013）、《烟草及烟草制品主要化学成分指标的测定近红外漫反射光谱法》（DB53/T 498—2013）等。纵观近些年我国近红外技术的发展，其逐渐从以实验室理论研究和发表文章为主，转向以解决实际应用问题为主，进入了稳步发展的阶段。

1.1.1　近红外光谱产生机理简介

红外光区在可见光区和微波光区之间，波长范围为 0.76～1000μm，根据仪器技术和应用，习惯上又将红外光区分为 3 个区（见表 1-1）：近红外光区（0.76～2.5μm）、中红外光区（2.5～25μm）、远红外光区（25～1000μm）。红外光可以引起分子振动能级之间的跃迁，产生红外光的吸收，形成光谱，在引起分子振动能级跃迁的同时不可避免地要引起分子转动能级之间的跃迁，故红外光谱又称振-转光谱。

表 1-1　红外光谱区域划分

区域	波长/μm	波数/cm^{-1}	能级跃迁
近红外光区	0.76～2.5	13158～4000	N—H、O—H、C—H 倍频区
中红外光区	2.5～25	4000～400	振动转动
远红外光区	25～1000	400～10	转动

近红外光区：该光区的吸收带主要是由低能电子跃迁、含氢原子团（如 N—H、O—H、C—H）的伸缩振动的倍频及组合频吸收产生的；该光区最重要的用途是可以对某些物质进行定量分析，广泛应用于农产品、石油等领域内对有机物质的检测。

中红外光区：绝大多数有机化合物和无机离子的基频吸收带都出现在中红外光区。由于基频振动是红外光中吸收最强的振动，因此该区最适于进行定性分析。目前，由于在中红外吸收光谱区内积累了大量的数据资料，因此它是红外光区内应用最为广泛的光谱方法。

远红外光区：金属–有机键的吸收频率主要取决于金属原子和有机基团的类型，该区特别适合研究无机化合物。但是由于该区域能量弱，因此在使用上受到限制。然而分析仪器的不断更新升级，在很大程度上缓解了这个问题，使得该区域的应用研究开始逐渐受到关注。

近红外光谱属于红外光谱，该谱区内的信息主要是若干不同基频的倍频和合频谱带的组合。近红外光谱具有以下几个特征。

（1）信息范围。近红外光区的吸收主要是分子或原子振动基频在 $2000cm^{-1}$ 以上，即波长在 2500nm 以下的倍频或合频吸收，因此有机物近红外光谱主要包括 C—H、N—H 和 O—H 等含氢基团的倍频与合频吸收带。

（2）信息量大。近红外光区除有不同级别的倍频吸收之外，还包括许多不同组合形式的合频吸收，因此谱带复杂，信息丰富。

（3）信息强度弱。倍频与合频跃迁的概率比基频跃迁小得多，有机物在近红外光区的摩尔吸光系数比中红外光区小 1～2 个数量级，比紫外光区小 2～4 个数量级。近红外光区吸收强度低，一方面影响近红外光谱分析的检测限，另一方面可使样品不经过稀释或处理即可直接进行分析。

（4）谱峰重叠。由于分子的倍频尤其是合频吸收的组合方式很多，在同一谱区中各种不同分子或同一分子的多种基团都会产生吸收，再加上近红外光区比中红外光区范围小得多、谱带宽而复杂，因此近红外光区的谱带严重重叠，难以用常规方法解析图谱。

通常红外吸收带的波长位置反映了分子结构上的特点，可以用来鉴定未知物的结构组成或确定其化学基团；而吸收谱带的吸收强度与分子组成或化学基团的含量有关，可用于进行定量分析和纯度鉴定。但是近红外光谱有其自身的特点：光谱谱峰重叠严重，信号强度弱，且主要以含氢基团信息为主。而在应用近红外光谱法检测时，检测对象主要是含氢基团的有机物，如进行农产品、食品、石油等的定性和定量分析检测，进行光谱分析时必须采用化学计量学方法进行信息提取和挖掘。但是由于红外光谱分析特征性强，液体、固体样品都可测定，并具有用量少、分析速度快、不破坏样品的特点，因此红外光谱法与其他许多分析方法一样，能进行定性和定量分析，而无损、快速、可多组分和绿色的检测特点才是近红外光谱分析法的最大特色。

1.1.2　近红外光谱仪器的发展

近红外光谱仪器在过程分析技术的整个链条中都能发挥重要作用，近红外光谱仪器也因此成为分析仪器的热点研究领域之一。近红外光谱仪器是一种测量物质对近红外辐射的吸收率（或透过率）的分析仪器，由于每种物质都有一定的特征吸收谱，因此可利用特征吸收谱进行定性分析。同时，由于物质的总量与吸收总量呈线性关系，因此利用吸收谱还可以进行物质成分的定量分析。近红外光谱仪器的基本结构都是由光源系统、分光系统、样品室、检测器、控制和数据处理系统及记录显示系统组成的。

最早的近红外光谱仪器是一台摄谱仪，大约在 20 世纪初，人们采用摄谱的方法首先获得了有机化合物的近红外光谱，并对有关基团的光谱特征进行了解析，这预示了近红外光谱可能作为一种新的分析技术得到应用。随着检测器制造技术的发展（尤其是出现了以 PbS 为光敏材料的检测器之后）和高性能计算机的问世，近红外光谱技术越来越多地吸引了学者们的兴趣。

20 世纪 50 年代中期，Kaye 首先研制出透射式近红外光谱仪器，一些厂家也相继开始研发近红外光谱仪器，但出于商品利益的考虑，早期近红外光谱仪器都是采用紫外/可见光（UV/Vis）光谱仪，再配上适当的近红外检测器扩展而成的。这类仪器噪声高、数据处理系统不完善，很难满足近红外光谱的分析要求。

20 世纪 60 年代，Norris 的研究工作极大地推动了近红外光谱仪器的发展。1970 年，美国伊利诺伊州农业部在全美招标制造用于测定大豆中水分、蛋白和脂肪含量的近红外光谱仪器，这些仪器的设计原理都由 Norris 提供。1971 年，作为中标公司之一的 Dickey-John 公司生产了第一台商用近红外光谱仪器。随后，另一个中标公司 Neotec 也生产出了具有 3 个滤光片的近红外谷物分析仪。1975 年，Dickey-John 公司和 Technicon 公司合作生产了一台近红外光谱分析仪 Infra Analyzer 2.5 型，Neotec 公司也开发了 Neotec 31EL 型近红外光谱分析仪。这时的仪器具有温度补偿功能，同时密封的光学部件增加了仪器的稳定性。

20 世纪 70 年代末至 80 年代初，由于应用了微处理器，近红外光谱仪器在性能上有了很大的提高，仪器的稳定性和测量的精确度大为改善，功能也加强了，仪器有自诊断系统、偏差自动校正系统，并用微处理器实现数据处理、存储、打印，使用非常方便。当时的代表产品型号有 Dickey-John 公司的 GAC Ⅲ型、Technicon 公司的 Infra Analyzer 400 型和 Neotec 公司的 Neotec 101 型。

20 世纪 80 年代中后期，近红外光谱技术的研究和应用日趋活跃，各厂家也竞相研制专用的近红外光谱仪，出现了高分辨率的傅里叶变换近红外光谱仪器（FTIR）。同时，光栅型近红外光谱仪器的性能也有了很大的提高。竞争使各种新技术不断涌现，也使仪器的性能不断完善，这时近红外光谱仪器已经完全成熟，近红外光谱技术迅速得到推广应用。

进入 20 世纪 90 年代，声光可调滤光型近红外光谱仪器出现，多通道检测器的性能得以提高，仪器价格降了下来。这些都促使了多通道型近红外光谱仪器的大量研制开发，使之成为近红外光谱仪器家族的新成员。同时，随着光纤技术的发展，光纤探头在近红外检测技术中得到了广泛应用，它使近红外光谱采集更加便利，光纤的远距离传输使近红外光谱仪器广泛地用于在线过程分析中。

近年来随着应用需求的发展，农业、制药、石化及日常消费领域需要体积较小、方便移动的仪器用于现场分析。因此，微型化和专用型的便携式仪器研制已成为目前近红外光谱仪发展的主要趋势。便携式近红外光谱仪器的种类很多，采用了多种不同的原理，并且不断有新的技术出现。依据光路结构的不同，可将这些仪器大致分为滤光片型、光栅型、傅里叶变换型、声光可调滤波器型的光谱仪，以及使用 MEMS 技术的新型光谱仪。这里重点介绍滤光片型便携式光谱仪和使用 MEMS 技术的新型光谱仪。

1. 滤光片型便携式光谱仪

（1）使用 LED 阵列的滤光片型光谱仪。美国 Zeltex 公司的 ZX-50 系列手持式近红外粮食分析仪是这类光谱仪的典型代表。该仪器采用 12 个 LED 作为光源，对应 12 个波长的窄带滤光片，波长范围为 893～1045nm。LED 的功耗比卤钨灯光源的功耗要低得多，适合用在以电池供电的便携式仪器上。该仪器结构简单、稳定性高，成本也比较低，适合在粮食检测等专用领域大规模使用。

（2）使用线性渐变滤光片的光谱仪。线性渐变滤光片（Linear Variable Filter，LVF）是一种光谱特性随滤光片位置线性变化的光学薄膜器件，其各膜层的厚度沿基片长度方向呈线性变化，不同的空间位置对应于不同的通带中心波长，具有体积小、质量轻、稳定性好等优点。线性渐变滤光片与阵列探测器相结合，即可组成一个中分辨率的光谱仪。JDSU 的 MicroNIR 系列使用了这种滤光片分光。使用线性渐变滤光片和线阵列探测器，可以简化仪器的光路结构，使仪器更加紧凑、轻便，MicroNIR 系列的仪器质量不到 60g，可置于掌心。其全静态结构也有很高的稳定性，适合手持使用。

2. 使用 MEMS 技术的新型光谱仪

微机电系统（Micro Electro Mechanical System，MEMS）技术的发展显著提高了新型近红外光谱仪的一些关键技术指标。基于 MEMS 技术的光谱仪体积小、质量轻、性能稳定且速度快、功耗低，非常适合做成便携式仪器。因此，国内外出现了多款基于 MEMS 原理和技术的商品化微型光谱仪。

（1）MEMS 微型扫描光栅。德国 Fraunhofer 实验室将光栅、扫描旋转装置集成在一个芯片上，代替传统光栅扫描式光谱仪中的扫描光栅。微型扫描光栅扫描速度快、体积小、抗干扰，不但保持了传统光栅扫描型光谱仪的优点，而且去除了不利于便携化的因素。HiperScan 公司采用 Fraunhofer 实验室的技术生产了 SGS 系列产品，SGS1900 的质量仅 800g，适合随身携带。该仪器的分辨率约为 10nm，波长稳定度小于 0.5nm。

（2）MEMS 微镜阵列。微镜阵列（Digital Micromirror Device，DMD）芯片上可以集成多达上百万个微小反射镜片。很多研究机构尝试使用微镜阵列实现光谱选通，这类仪器使用固定光栅分光，光栅射出的光照射到 DMD 芯片上，当微镜转向正 12°时，会将光反射到探测器上，依次控制每列微镜转动，可使各单色光依次照射探测器。使用 DMD 进行光谱选择的仪器，以低成本的 DMD 芯片和单点探测器代替光栅阵列型光谱仪中的线阵列探测器，成本大大降低。这类仪器的光路结构比较简单，容易制作，典型的有华夏科创的 HT100 型便携式阿达玛变换光谱仪。

（3）Fabry-Perot 滤波器。Fabry-Perot 滤波器利用多光束干涉原理，使特定波长的光能够以极大值透过率通过，其他波长的光则被阻隔。其通过改变共振腔的腔长，从而改变所选定光的波长。Axsun 的 IntegraSpec 系列便携式近红外光谱仪使用了高精度的 Fabry-Perot 滤波器。

（4）可编程光栅。MEMS 技术可以使光栅结构单元根据程序控制产生预期的形变，实现对光栅常数、闪耀角、槽深等参数的调节，改变衍射光的能量分布。多种可编程光栅已经被应用在便携式近红外光谱仪中。Polychromix 的 microPHAZIR 系列仪器使用了一种可编程光栅进行光谱选择。

国内已有多家单位基于 MEMS 技术研制出了多种分光类型的小型或微型近红外光谱仪器实验样机，在专用仪器方面更是日新月异。安徽农业大学等研制出俗称"生茶报价仪"的茶叶品质分析仪，可以快速划分出鲜叶茶的等级。中国计量学院等单位基于干涉滤光片，研制了茶叶成分检测仪。中国农业大学研制出快速测定土壤中有机质和氮含量的便携式仪器，并正在开发车载式土壤肥力实时分析仪。江苏大学研制了以半导体激光器为光源的农产品水分近红外检测仪，能满足一般生产和流通行业对农产品和食品的水分快速检测的需要。

1.1.3 近红外光谱应用领域的发展

作为一种快速高效的分析方法，近红外光谱分析可以对包括从气体到透明或浑浊的液体、从匀浆到粉末、从固体材料到生物组织等的各种样品进行快速、精确的定量或定性分析。与漫反射技术相结合，其可以对固体材料进行无损多组分分析和测定，光纤的介入更使近红外光谱分析的应用扩展到了恶劣和危险环境下的在线过程分析及控制。

1. 农业

农产品分析是近红外光谱分析的传统应用领域。近红外光谱技术替代传统分析技术，节约了大量时间和分析费用。

在谷物及经济作物方面，我国已尝试采用近红外网络对小麦的品质进行监测，用于小麦的品质区划、品种鉴别及种植省份识别方面。近些年，近红外光谱主要应用研究方向之一是农作物种子品质的分析，涉及玉米、小麦、水稻、大豆、西瓜及草类种子等，分析内容包括种子的品种鉴定、纯度鉴定、发芽率和生活力测定等。人们甚至已经开始利用近红外光谱分析快速分析的特点，对成千上万份种质资源进行统计评价。在商品谷物品质分析方面，近红外光谱分析更注重对食味品质的直接关联预测，如稻米的品尝评分值等。在农作物生长监测方面，近红外光谱可用于早期诊断病虫害，进而有望及时指导农户进行植物病害防治。

近红外光谱技术不仅可以分析土壤有机成分，还可以分析土壤矿质成分，预测土壤性质（如质地和 pH 值等），逐渐成为土壤定位管理和数字土壤信息中海量数据获取的重要技术。基于土壤近红外光谱分析数据，有关科研机构已经尝试开展了土壤有机质的空间制图工作。此外，近红外光谱还被用来快速测定以禽类粪便为原料的有机肥的总养分含量、复合化肥中主要成分的含量，以及农药中有效成分的含量，不仅可以用于生产过程的控制分析，还可以为合理施肥施药提供帮助。

由于水果和蔬菜含水分高且个体体积大，因此近红外光谱仪器在很长一段时间内并未在该领域中得到充分利用。然而随着高性能近红外光谱仪器的出现及光纤在交互传输模式中的应用，采用近红外分析仪无损检测水果内部品质和蔬菜中的农药残留量、维生素含量等，正逐渐形成一个新的热点研究领域。Perris KHS 等利用人工神经网络来预测西红柿和苹果中可溶性固形物的含量；Clark 建立了"Braeburn"苹果透射光谱与黑心病的数学模型，研究结果表明，水果的储藏时间、光源的强度、光源与水果之间的距离直接影响数学模型的精度；日本 FANTEC 公司开发的近红外分光测定法，可以同时测定水果的成熟度、含糖度、含酸度、糖蜜含量及检验有无病斑等，使水果检测取得了重大进展。

烟草作为天然生长的植物，含有大量对近红外光比较敏感的 C—H、O—H、N—H 等基团，烟草中常用的糖、氮、碱等化学指标是烟草配方设计和质量监控必不可少的因素，近红外光谱技术已经被广泛应用于烟草常规化学成分含量的日常检测。近红外光谱技术在我国烟草行业的应用已相对成熟，尤其是在烟草常规化学成分测定方面，其近红外光谱模型库越来越丰富，预测准确性也越来越高，在配方设计和质量监控中发挥着重要作用；在烟草品种、烟叶部位、等级的识别及卷烟制品真伪鉴别方面，应用研究结果也较为丰硕。其近些年的应用研究已扩展到卷烟辅料，如烟用白乳胶、卷烟糖料、香料和烟用接装纸等品质的检测，以及将直接用于配方过程设计和生产的过程质量控制，以保证卷烟品质的稳定性和均匀性。此外，近红外在线分析技术在烟草领域的应用研究与实施也逐步深入。

近红外光谱技术在饲料工业中广泛用于饲料（如饲料原料、全价料、预混料、浓缩料）的质量控制分析，如对水分、蛋白质、脂肪、灰分、糖、淀粉、纤维、总氨基酸量和可消化的氨基酸量等的测定，近红外光谱仪器在饲料检测中速度快、效率高，大大节约了检测时间。在饲料检测中，近红外光谱技术最初多是用于饲草原料和谷物类原料中水分和蛋白质含量的检测。最早 Norris 用近红外光谱技术测定了饲草原料中的粗蛋白、水分和脂肪的含量。其后 Shenk、Abrams 等利用该技术分析鉴定了饲草原料的品质，也取得了良好的效果。我国在 20 世纪 90 年代初也开展了用近红外光谱技术测定饲料各种成分的定标软件的研制，先后完成了饲料和饲料原料中干物质、粗蛋白、粗纤维、粗脂肪、灰分、氨基酸等指标的定标检测，建立了丰富且较为完善的饲料模型数据库。在饲料分析方面，近红外光谱技术不仅能用于饲料常量成分分析，也能用于微量成分、有毒有害成分的检测，预混添加剂和预混料中的微量成分与含量的检测，以及饲料的营养价值评价。此外，饲料厂还可以利用近红外光谱技术进行在线监测，调整配方和采购策略，降低生产成本，提高产品质量。我国大型的饲料集团公司几乎都采用近红外光谱快速或在线分析手段，一方面对饲料原料按照其品质进行按质论价收购；另一方面在保证饲料产品合格的前提下调整配方，显著降低生产成本，从而获取可观的经济效益。

2. 食品

AOAC（Association of Official Analytical Chemists）已将检测牛奶中的蛋白质、脂肪、乳糖和固体成分的红外方法规定为标准方法。与红外分析相比，近红外光谱技术在检测牛奶中的固体颗粒成分时，精度较高；而在分析蛋白质、脂肪和乳糖时，两者分析精度相同。除了分析牛奶，近红外分析仪还可以分析奶粉、干酪和乳清等。近红外分析仪也可用于肉和肉产品的检测，不仅可检测肉产品中的水分和脂肪含量，而且可检测火腿和香肠中的氯化钠含量、牛肉中的黄豆粉含量、肉汤中的淀粉含量、生猪肉和生牛肉的热量、火腿的 pH值，以及牛肉块的物理化学特性等。近红外光谱技术还可用于鉴别冷冻肉和非冷冻肉。

在使用近红外分析仪分析饮料时，透射和透反射方法均可以使用。近红外光谱在确定啤酒和葡萄酒的酒精含量方面发挥着重要作用。在定量分析啤酒的酒精含量过程中，如果定标样品的种类范围比较全面，样品的颜色不会影响分析结果。在酿造过程中，近红外分析仪可用于检测影响大麦发芽质量的β-葡聚糖和麦芽膏及α-酸。在日本，近红外分析仪已用于检测日本米酒或大米酒的酸度、氨基酸、全糖和酒精含量。

从肉类、奶制品到各种液体饮料及食用油，测定的参数包括水分、蛋白质、脂肪、糖分、纤维、灰分等营养成分含量，近红外光谱技术在食品工业上已经取得了很大的进展。

它摆脱了传统实验方法操作烦琐费时、无法满足生产需要的弊端，尤其是在线近红外光谱技术，可以对生产线上的物料进行实时监测，进行质量控制，取得了可观的经济效益。今后在食品工业中，可将近红外光谱技术与其他技术联用，进行食品中更多成分的分析，扩大其应用领域，大力发展在线检测技术。光导纤维及传感技术的发展，使在线检测成为现实，而在线检测是及时解决生产中质量问题的最有效途径，有望在企业生产过程中获得广泛的应用。总之，近红外光谱技术作为分析领域的热点，将引发一场分析技术的革命，并将推动食品工业的技术进步，蕴涵着巨大的经济和社会效益。

3. 石油化工

汽油炼制中辛烷值、芳香烃含量、苯含量、乙醇含量、蒸馏值、挥发值、添加剂、黏度、闪点、相对密度等的测定；柴油、润滑油的组成及性质分析；高分子合成及加工中单体纯度、残余单体量、聚合度、相对分子质量、交联度、密度等性质指标都可用近红外光谱技术测定。

近红外光谱技术在国外石化工业中早已获得了较广泛的成功应用。发达国家几乎所有炼油厂在油品调和、重整、原油蒸馏等各种炼油与化工工艺中先后采用了在线近红外光谱技术，其成为炼油厂保障产品质量、降低生产成本和提高经济效益所必须依靠的技术手段之一，而且在与传统在线仪表、气相色谱、核磁等技术并存且从竞争中脱颖而出，处于主导地位。

近些年，近红外光谱技术在我国炼油领域的应用取得了较大进展，如在线近红外光谱技术在汽油、柴油调合管道自动工艺中几乎成为必选的一种分析手段。石油化工科学研究院自 2006 年开始，迄今已经建立了相对完善的汽油和柴油近红外光谱数据库，可以有效支撑这项技术在我国的持续推广应用。随着进口原油比例的增大，炼油企业加工的原油种类越来越多，近红外原油快速评价技术日益受到炼油厂的重视，石油化工科学研究院目前已基于 500 多种我国常加工的国内外原油种类，建立了拥有自主知识产权的原油近红外光谱数据库，并在一些炼油厂进行了工业应用试验，能快速预测出单种类原油和混兑原油的基本性质数据，以及馏分油的关键性质数据。

在化工领域，近红外光谱技术的应用范围更广。例如，将近红外光谱技术用于聚丙烯物性参数的快速分析，在工业上能够及时指导工艺修改和调整技术参数，减少过渡料的产生。近红外光谱技术通过光纤探头可实时监测聚合物的整个反应过程，对反应动力学和机制进行研究等。

4. 制药

近年来，近红外光谱技术在我国药物尤其是中药分析方面取得了较快的发展。例如，中药材的鉴别，药物中活性组分的测定，固体药剂的非破坏性表征，我国有不少中药企业将在线近红外光谱技术用于药物生产过程中各个阶段（合成、混合、加工、制剂、压片及包装过程）、原料的在线监控和产品鉴定等。

相对于复杂的中药体系，近红外光谱技术对西药的定性和定量分析更为容易。近些年，在西药分析上，我国的近红外应用研究主要集中在原辅料的真伪鉴别和成品药中的有效成分含量测定等方面。

在药物流通领域，中国食品药品检验检定院以近红外光谱技术为核心技术研制出了药品检测车，并从 2007 年起在全国各地市装备，目前已装备了 400 余辆，在基层实现了现场对药品质量的快速筛查，提高了药品监管工作的效率和质量。在此平台上，不少地方药检部门建立了地区级的真伪药品鉴别模型，发挥了有效的作用。例如，广州市药品检验所建立了鉴别消渴丸真伪的识别模型；宁波市药品检验所建立了硫酸亚铁片的一致性检验模型。现代近红外分析仪已经较好地解决了模型传输的准确性，结合互联网技术，可以在全国范围内建立近红外假药识别模型网络系统，从而解决目前存在的假药危害问题。

5. 其他应用

我国对近红外光谱技术在临床医学上的应用究始终没有中断过，涉及无创血糖的测量、癌症的早期诊断、慢性疾病的快速筛查、血液中化学成分的分析等方面。此外，临床医学上的功能近红外光谱技术越来越受到关注，其可以进行脑部血流动力学和氧代谢的无创监测，应用于神经内外科、新生儿科、麻醉科的脑监护及认知科学领域的研究中。

我国对近红外光谱技术在林业领域的应用研究也取得了较丰硕的成果，在快速预测木材化学组成、物理力学性质（密度、抗弯弹性模量及抗弯强度）、解剖性质（纤维素结晶度、微纤丝角及纤维形态特征）、腐朽性质及木材分类与加工等方面都有研究。

在纺织领域，近红外光谱技术能快速对纺织纤维及其制品的种类进行鉴别及成分预测。

1.2 拉曼光谱技术发展概述

1.2.1 拉曼光谱产生机理简介

印度物理学家拉曼（Raman）在 1928 年发现了光的非弹性散射效应——拉曼散射，单色光照射到分子表面会发生散射，小部分散射光因为会跟分子发生能量交换，光谱的波长发生改变，这种光谱就是拉曼光谱。

在透明介质的散射光谱中，频率与入射光频率 υ_0 相同的成分称为瑞利散射；频率对称分布在 υ_0 两侧的谱线或谱带 $\upsilon_0 \pm \upsilon_1$ 为拉曼光谱，其中频率较小的成分 $\upsilon_0 - \upsilon_1$ 又称斯托克斯线，频率较大的成分 $\upsilon_0 + \upsilon_1$ 又称反斯托克斯线。靠近瑞利散射线两侧的谱线称为小拉曼光谱；远离瑞利散射线两侧出现的谱线称为大拉曼光谱。瑞利散射线的强度只有入射光强度的 $1/10^3$，拉曼光谱强度大约只有瑞利散射线的 $1/10^3$。小拉曼光谱与分子的转动能级有关，大拉曼光谱与分子振动-转动能级有关。

拉曼光谱的理论解释是：入射光子与分子发生非弹性散射，分子吸收频率为 υ_0 的光子，发射 $\upsilon_0 - \upsilon_1$ 的光子（吸收的能量大于释放的能量），同时分子从低能态跃迁到高能态（斯托克斯线）；分子吸收频率为 υ_0 的光子，发射频率为 $\upsilon_0 + \upsilon_1$ 的光子（释放的能量大于吸收的能量），同时分子从高能态跃迁到低能态（反斯托克斯线）。分子能级的跃迁仅涉及转动能级，发射的是小拉曼光谱；分子能级的跃迁仅涉及振动-转动能级，发射的是大拉曼光谱。

图 1-2 是拉曼光谱的能阶图，其可以更好地表示出不同能阶对应的拉曼信号（图 1-2 中线的粗细大致与描述信号的强度成比例）。与分子红外光谱不同，极性分子和非极性分子都能

产生拉曼光谱。拉曼光谱的应用范围遍及化学、物理学、生物学和医学等各个领域，对于纯定性分析、高度定量分析和分子结构测定都有很大价值。

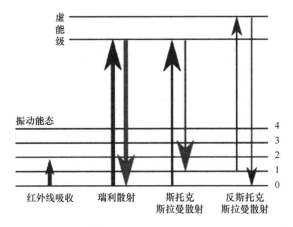

图 1-2　拉曼光谱的能阶图

1.2.2　拉曼光谱仪器的发展

按照拉曼散射光随着频移分散开的方式进行分类，拉曼光谱仪器主要有滤光器型、色散型（光栅分光）和傅里叶变换型（迈克尔干涉仪）。

滤光器型拉曼光谱仪器是最早、最简单的拉曼光谱仪器，其缺点是来自试样的绝大部分拉曼散射被阻挡，只有很狭窄的光谱段进入检测器；而色散型和傅里叶变换型拉曼光谱仪器能克服这个缺点。实际应用证明，色散型拉曼光谱仪器具有更高的灵敏度，适用于各种样品；而采用低能量 1064nm 激光作为光源的傅里叶变换型拉曼光谱仪器对样品破坏性小，可消除荧光背景，更适合生物样品的测试。

色散型拉曼光谱仪器大多带有显微镜，用以实现高灵敏度和高空间分辨率。目前各大厂商的主流机型为共聚焦显微拉曼光谱仪器，其工作原理如图 1-3 所示。若以三层样品的中间层为检测目标，当激光聚焦于中间层面时，来自中间层面上的信号能够完全通过"共焦孔"到达检测器上，非焦平面（上层和下层）上的信号通不过针孔。

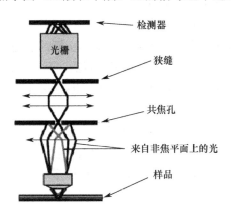

图 1-3　共聚焦原理图

激光器作为激发光源对拉曼光谱技术的发展至关重要，其突出优点是方向性强、单色性好、亮度高、相干性好，以及可远距离传输。表1-2列出了常用于拉曼光谱仪器的激光器。

表1-2 常用于拉曼光谱仪器的激光器

激光光源	波长/nm	功率/mW	评论
He-Cd	325	1～75	工艺成熟
He-Cd	354	3～30	可代替低功率近紫外水冷却离子激光
He-Cd	442	5～200	工艺成熟
空气冷却 Ar+	488	5～75	波长固定并与激光器温度无关
空气冷却 Ar+	514	5～75	波长固定并与激光器温度无关
加倍频率的 Dd：YAG	532	10～400	比离子激光小得多的热发射
He-Ne	633	5～25	2～4.5 年的连续使用寿命
二极管	785	50～500	波长为 660～680nm 和 780～1000nm
Dd：YAG	1064	50～1000	热发射较少

1.2.3 拉曼光谱应用领域的发展

1928 年 C·V·拉曼实验发现，当光穿过透明介质时，被分子散射的光频率发生变化，这一现象称为拉曼散射。与此同时，苏联兰茨堡格和曼德尔斯塔报道，在石英晶体中发现了类似的现象，即由光学声子引起的拉曼散射，称为并合散射。然而到 1940 年，拉曼光谱的地位一落千丈，主要是因为拉曼效应太弱，人们难以观测研究较弱的拉曼散射信号，以及测量研究二级以上的高阶拉曼散射效应要求被测样品的体积必须足够大、无色、无尘埃、无荧光等。所以到 20 世纪 40 年代中期，红外技术的进步和商品化使得拉曼光谱的应用一度衰落。

1960 年以后，红宝石激光器的出现，使得拉曼散射的研究进入了一个全新的时期。由于激光器的单色性好、方向性强、功率密度高，用它作为激发光源，大大提高了激发效率，因此成为拉曼光谱的理想光源。随着探测技术的改进和对被测样品要求的降低，拉曼光谱目前在物理、化学、医药、工业等各个领域得到了广泛的应用，越来越受研究者的重视。

20 世纪 70 年代中期，随着激光拉曼探针的出现，新的拉曼光谱技术被应用到许多领域，目前，拉曼光谱技术已广泛应用于材料、化工、石油、高分子、生物、环保、地质等领域。

拉曼光谱技术从物质的分子振动光谱来识别和区分不同的物质结构，已成为研究物质分子结构的有效手段，其优点体现在以下两点。

第一，拉曼散射光谱对于样品制备没有任何特殊要求，对形状大小要求低，不必粉碎、研磨，不必透明，可以在固体、液体、气体、溶液等物理状态下测量；对于样品数量要求比较少，可以是毫克甚至微克的数量级，适于研究微量和痕量样品。

第二，拉曼散射采用光子探针，对于样品是无损伤探测，适合对那些稀有或珍贵的样品进行分析。

1.3 太赫兹时域光谱技术发展概述

太赫兹（1THz=10^{12}Hz）波是介于微波段和红外波段之间的电磁辐射，在无线电物理领域称为亚毫米波（SMMW），在光学领域则习惯称为远红外辐射（FIR）。通常所研究的太赫兹辐射是指频率为 0.1～10THz、波长为 3mm～30μm、波数为 3.3～330cm^{-1} 的电磁波，太赫兹波段在整个电磁波谱中所处的位置如图 1-4 所示。

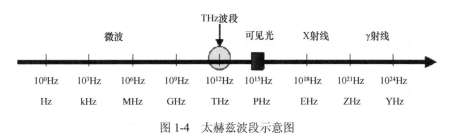

图 1-4　太赫兹波段示意图

从能量上看，THz 波段位于电子学与光子学之间；从频率上看，THz 波段介于微波段与红外波段之间。由于该波段处于电子学向光子学、宏观经典理论向微观量子理论过渡的特殊区域，无论是使用电子学的方法，还是使用光子学的方法，对解释其探测与产生均存在一定的局限性。20 世纪 80 年代以前，由于缺乏有效的产生和探测方法，人们在很长一段时期内对于该波段电磁辐射性质的了解非常有限，以致这一波段一度成为电磁波谱上的研究空白。近几十年来，随着超快激光技术的发展，太赫兹辐射源和探测器的研究不断取得新的进展，极大地促进了太赫兹辐射的理论和应用研究。

太赫兹在电磁波谱中所处的特殊位置使其自身具有很多独特的优势，在相关研究领域具备极大的学术和应用价值，受到了全世界各国政府、高等院校、科研机构等的高度重视。

美国重要的国家实验室、包括常青藤大学在内的数十所大学、美国国家基金会（NSF）、美国能源部（DOE）、美国国家航空航天局（NASA）和美国国立卫生研究院（NIH）等部门从 20 世纪 90 年代中期开始就纷纷投入到了太赫兹的研发热潮中。英国的 Rutherford 国家实验室，以及剑桥大学、里兹大学等十几所大学和德国的 Karlsruhe、Hamburg 和 Cohn 等若干大学都对太赫兹科技研究工作进行了大规模的投入。在亚洲，如新加坡国立大学、韩国国立汉城大学、韩国浦项科技大学、中国台湾大学等高校都积极开展了太赫兹科研工作，并取得了大量的成果。此外，2004 年 2 月，美国政府在《技术评论》期刊上将太赫兹波科学技术评为"改变未来世界的十大科学技术"之一；2005 年 1 月 8 日，日本更是将太赫兹光谱技术列为"国家支柱十大重点战略目标"之首，举全国之力进行研发，东京大学、大阪大学、京都大学，以及 NTT 先进技术公司（NTT Advanced Technology Corporation）等企业、公司都大力开展了对太赫兹科学技术的研究与开发工作。

我国政府在 2005 年 11 月专门召开了以太赫兹科学技术为主题的第 270 次香山科技会议，多位在太赫兹研究领域有影响的院士受邀参加并讨论了我国太赫兹事业的发展方向，大大推动了太赫兹科学技术的研究。我国各部委先后部署了包括 973 重大基础研究项目在内的各类项目，并且支持力度逐年增加。我国于 2006 年成立了太赫兹专家委员会，同年，中国太赫兹研发网（http://www.thznetwork.org.cn）建立运行；2008 年出版发行了国际太赫兹在线杂志 *Terahertz Science and Technology*。国内目前已开展太赫兹光谱技术研究的主要机构有中国科学院上海应用物理研究所、中国科学院物理研究所、深圳大学、天津大学、首都师范大学、浙江大学、中国科学院上海微系统与信息技术研究所、哈尔滨工业大学、中国计量学院、电子科技大学、东南大学、西安理工大学、南京邮电大学、中国科学院紫金山天文台等。

1.3.1　太赫兹时域光谱产生机理简介

有机分子化学键的振动频率主要在中红外频段，然而氢键等分子间弱的相互作用及构型弯曲等大分子的骨架振动、偶极子的振动和旋转跃迁、晶格的低频振动，这些频率则对应于太赫兹红外波段范围。上述振动所体现的分子结构及其相关环境信息，都在太赫兹波段内不同吸收位置及吸收强度上有明显的响应。因此不同物质对太赫兹频带具有不同特征吸收，可以通过分析太赫兹光谱来研究物质成分、结构及其相互作用关系。

太赫兹辐射与其他波段的电磁辐射相比具有很多独特的性质，可以归纳如下。

（1）瞬时性。典型的太赫兹脉冲脉宽为皮秒（ps）量级，具有很好的时间分辨率，可用于方便地对各种材料包括液体、气体、半导体、高温超导体、铁磁体、各种生物样品等进行时间分辨光谱的研究。

（2）相干性。太赫兹的相干性源于其相干产生机制。太赫兹相干探测技术具有很好的时间和空间相干性，能够直接测量电场的振幅和相位，从而可方便地提取样品的折射率、吸收系数、消光系数、介电常数等光学参数，与利用 Kramers-Kronig 关系的方法相比，大大减少了计算量和不确定性。而通常的光学技术如傅里叶变换红外光谱（FTIR）技术只能测量出电场的强度信息。

（3）低损伤特性。太赫兹电磁辐射光子能量较低，1THz 的光子能量只有大约 4meV，与 X 射线相比低了很多，仅相当于其百万分之一左右。由于其光子能量较低，不会使包括生物组织在内的被检测物质发生光致电离，也不会对其造成伤害。

（4）穿透特性。实验证明，太赫兹波可以穿透很多非极性分子构成的物质，如塑料制品、纸箱、布料等包装材料，这一特性可以应用于对包装内的物品进行质检或用于安全检查。

（5）特征吸收谱。许多分子（如氨基酸、生物肽、毒品和炸药分子）的振动和转动能级间的间距正好处于太赫兹频率的范围，使太赫兹光谱技术在分析和研究上述物质方面有广阔的应用前景。通过研究样品的特征谱并结合计算机识别技术，可以控制食品、药品质量及检测危险物品等。

（6）水吸收特性。太赫兹辐射对于水分子有强烈的吸收，可以通过分析产品中水分的含量来对产品的质量进行控制。

太赫兹光谱技术包括 3 种形式: 太赫兹时域光谱 (Terahertz Time-Domain Spectroscopy, THz-TDS)、太赫兹时间分辨光谱 (Time-Resolved Terahertz Spectroscopy, TRTS) 和太赫兹发射光谱 (Terahertz Emission Spectroscopy, TES)。这 3 种光谱技术具有各自的特点: THz-TDS 用于确定样品的复介电常数, 能提供样品的静态特性, 主要应用于化学、医学和生物方面的检测及品质控制, 其应用最为广泛; TRTS 测量的是材料的动态和形成特性, 它的一个重要应用是在半导体学中; TES 则是通过分析太赫兹发射波的形状和振幅来研究样品 (如半导体、超导体等) 的特性。

THz-TDS 技术的基本原理是利用飞秒脉冲产生并探测时间分辨的太赫兹电场, 然后分析太赫兹脉冲通过样品的样品信号和它在自由空间中传播同等长度距离后的参考信号这两个太赫兹脉冲时间分辨电场的相对变化, 最后通过傅里叶变换获得被测物品的光谱信息。由于样品结构的不同, 太赫兹脉冲波形的变化也有所不同, 因此可求得样品的复折射率、介电常数和电导率等。太赫兹时域光谱技术的高信噪比和单个脉冲的宽频带特性, 使其能够对材料组成及结构的细微变化做出分析和鉴定。

1.3.2　太赫兹时域光谱仪的发展

THz-TDS 技术是 20 世纪 90 年代由 AT&T Bell 实验室和 IBM 公司的 Watson 研究中心发展起来的一种相干探测技术, 它能够同时获得太赫兹脉冲的振幅信息和相位信息。THz-TDS 系统的典型光路主要有透射型光路、反射型光路、差异型光路和啁啾展宽型光路 4 种。

典型 THz-TDS 系统主要是由飞秒激光器、太赫兹发射极、太赫兹波探测极及时间延迟系统组成的。它可分为透射式和反射式, 实验当中可根据不同的样品和不同的测试要求采用不同的装置。

目前世界范围内已经有多家企业开始生产商用太赫兹时域光谱仪, 如美国、欧洲和日本的厂家。

国内科研机构在时域光谱和成像、高功率脉冲源、新型半导体源、新型光电导器件、探测和天文应用等方面做了一些相应的研究, 取得了一定的成果。

但是, 太赫兹光谱技术离大规模实际应用还有一段距离, 其主要原因在于检测器件和辐射源的价格仍然较贵, 性能仍然有待提高。随着研究的深入和技术的不断发展, 相信太赫兹光谱技术在不久的将来必将迎来大规模的发展和应用。

1.3.3　太赫兹时域光谱应用领域的发展

太赫兹光谱技术在物理学、化学、生物医学、材料科学和环境科学等方面有着极其重要的应用, 目前在农产品和食品检测领域也逐步开展了相关应用研究。

太赫兹在皮肤癌的诊断和治疗、DNA 的探测、太赫兹的医学应用、太赫兹断层成像、太赫兹生物化学应用、药物的分析和检测等方面都显示了强大的功能和成效。基于对蛋白质及基因特性等的研究, 可建立太赫兹生物分子诊断技术, 从而极大地推动分子生物学的发展，并用于医疗及药品的研制鉴定方面。

由于生物大分子的振动和转动频率均在太赫兹频段，而太赫兹辐射技术又可提取 DNA 的重要信息，因此，太赫兹在植物，特别是粮食选种、优良菌种的选择等方面可以起到重要的作用。例如，电子科技大学、四川农业大学、四川省农科院、欧华生物科技和电子科大科创有限公司联合申报了利用太赫兹光谱技术引进富含果寡糖植物的项目，项目重点在于测定果寡糖的太赫兹特征光谱，引种、选育及产业化富含果寡糖的雪莲果。目前，该项目已经顺利通过了成都市科技局的审批。这标志着太赫兹光谱技术在四川省的应用有了实质性的推进，对太赫兹产业化有着重要的意义。

太赫兹辐射既可以穿透烟雾，又可以检测出有毒或有害分子，所以其在环境监测和保护方面可以发挥重要作用。据报道，太赫兹环境监控设备（利用 CO_2 激光作为泵源产生的 2.5THz）已安装在美国卫星上。

太赫兹在国家安全、反恐方面的应用有着独特的优势。利用太赫兹可以穿透物质的特性，英国首先研制了太赫兹摄像机并且已在机场安全检查方面进行试用。QinetiQ 公司使用毫米波照相机拍摄了一张全身着装的人的图像，标记出了隐藏着的枪支。美国橡树岭国家实验室（Oak Ridge National Laboratory，ORNL）和田纳西大学合作，开展"穿墙计划"，利用太赫兹成像技术从外部获得墙内信息。显然，这项穿墙技术在国家安全方面有很重要的价值。此外，利用太赫兹光谱可以快速、有效地检查和识别毒品，美国已开展用 THz-TDS 技术检查邮件等项目。

1.4　光谱成像技术发展概述

分子光谱技术测量的是样品某一点（或很小区域）的平均光谱，因而得到的是样品组成或性质的平均结果，非常适合于均匀物质的分析。若想要得到不同组分在不均匀混合样品中的空间及浓度，则需要采用光谱成像技术。光谱成像技术是一种集光学、光谱学、精密机械、电子技术及计算机技术于一体的新型技术。它将传统的光学成像和光谱方法相结合，在获得样品空间信息的同时，还为每幅图像上每个像素点提供数十至数千个窄波段的光谱信息，这样任何一个波长的光谱数据都能生成一幅图像，从而实现"图谱合一"。通过对光谱、图像的分析，即可对样品的成分含量、存在状态、空间分布及动态变化进行检测。根据光谱种类的不同，光谱成像可分为近红外、红外、拉曼、荧光、太赫兹光谱成像等。根据光谱分辨能力的不同，光谱成像可分为多光谱成像（Multispectral Imaging）和高光谱成像（Hyperspectral Imaging）。

自 20 世纪 80 年代以来，光谱成像技术在军事侦察、土地遥感规划及灾难评估等国家信息领域得到广泛应用。随着电子和光学成像技术的发展，光谱成像仪器逐渐走进了实验室和生产现场，成为分析检测中的一种平台技术，光谱成像也越来越多地被化学成像（Chemical Imaging，CI）一词所替代。光谱成像技术目前正在成为传统分子红外光谱成像技术的互补技术，在农业、食品、制药等领域获得了广泛关注。

1.4.1　近红外光谱成像技术发展概述

典型的光谱成像系统主要由光源、成像光学系统、分光系统、检测器和采集系统等构成。与光谱相似，光谱成像也有漫反射和透射两种方式，目前的近红外光谱成像系统多采用漫反射方式。

近红外光谱成像系统的光源通常采用石英卤素灯，也可采用一组发光二极管作为光源，这样可以省去分光系统。

分光系统可采用滤光片、光栅、干涉仪及可调谐滤光器等。对于宏观成像，成像光学系统采用聚焦透镜；对于微观成像，成像光学系统则采用显微镜物镜。

根据不同的成像方式，检测器可以选择单点、线阵和面阵 3 种类型。相应地，光谱图像的采集方式可以分为点扫描、线扫描和面扫描 3 种方式。

点扫描方式每次只能获取一个像素点的光谱，为获取高光谱图像需要频繁地移动光谱相机或检测对象，不利于快速检测，因此点扫描方式常用于微观对象的检测。

线扫描方式每次可以获取扫描线上所有点的光谱，因此该方式特别适合于传送带上方的物体的动态检测。

点扫描和线扫描方式是在空间域进行扫描的方式，不同于点扫描和线扫描方式，面扫描方式是在光谱域进行扫描的方式。面扫描方式每次可以获取单个波长下完整的空间图像，通过面扫描获取光谱图像时需要转动滤光片切换轮或调节可调滤波器，因此面扫描方式一般用于所需波长图像数目较少的多光谱成像系统中。

国外较早商品化的光谱成像仪器（如芬兰 Specim 公司开发的 SisuCHEMA 推扫式近红外光谱成像仪器）采用线状光源和阵列式检测器，性能出色，价格昂贵。国内起步相对较晚，但是市场应用需求强烈，四川双利合谱科技有限公司推出的 GaiaSorter "盖亚" 高光谱分选仪在农业、食品等领域逐渐得到了一些实际应用。

相较于红外、拉曼成像光谱而言，近红外光谱成像干扰小，没有强的荧光干扰，可以对样品进行原位、在线测定，具有实现快速、无损、原位、在线分析的潜力。近红外光谱成像技术已在农业、食品、制药和临床医学等领域得到了一定的研究和应用。

1. 农业和食品领域

大量的国内外学者对可见-近红外高光谱成像技术在果蔬外部品质（尺寸、形状、表面缺陷、颜色、纹理等）、内部品质（内部缺陷、可溶性固形物、可滴定酸、水分、类胡萝卜素等单一品质及综合品质）、成熟度、货架期/储藏期、产品溯源、生长监测、安全（农药残留、病虫和细菌侵染、转基因产品等）等方面的检测应用进行了探索。

学者在农作物种子内外观品种检测中也做了大量基础研究。C. B. Singf 等利用短波近红外高光谱成像系统检测被真菌感染的小麦，达到 97%～100% 的正确率。Monteiro 等应用高光谱成像技术对绿色大豆中糖度和氨基酸含量进行预测，结果表明，基于 PCA 建立的模型由于 900nm 以上波谱范围的信噪比而产生误差，并且 PCA 模型的精确性还受到协方差累计误差的影响；基于 ANN 建立的模型对分析绿大豆的糖度和氨基酸含量有较好的效果，二阶导数非线性回归模型对大豆中的葡萄糖、蔗糖、果糖能够进行较好的预测。Delwiche 等用近红外高光谱成像系统识别被镰刀菌素感染的小麦颗粒，研究结果表明，该方法可以很好地将健康的小麦和被真菌感染的小麦区分开。王庆国等利用近红外高光谱成像技术对玉米种子的产地和年份进行鉴别，结果显示，在利用最佳特征及预处理方式建立的玉米种子产地和年份鉴别模型中，训练集和测试集精度分别为 99.11% 和 98.39%。Xing 等设计了一种利用近红外成像系统检测单个小麦颗粒 α 淀粉酶活性的方法，其先利用成像光谱系统对单籽粒成像，再利用化学分析方法测定单籽粒的 α 淀粉酶活性，对两个品种预测淀粉酶活性的相关系数分别达到 0.73 和 0.54，另外对高淀粉酶活性和低淀粉酶活性的分类精度达到了 80%。

红外显微成像技术则能直接探测分析农产品生物组织微结构的分子化学组分而无须破坏其原始构成，因此可以在分子水平上分析玉米、小麦、大麦等农产品的化学结构信息，进而对农产品的纯度、质量和安全性等进行分析评价。Yu 在农产品的红外显微成像研究方面做了许多的工作，如揭示了各种不同大麦蛋白的分子结构之间的差异，表明不同种类大麦的 α-螺旋、β-折叠、β-转角、无规卷曲等二级结构的比例和比率存在明显的差异。此外，他还研究了大麦木质素、纤维素、蛋白质、脂肪、碳水化合物等生物成分的结构化学分布及这些生物成分之间的比率，并提供了光谱、化学和官能团的特征，他还用聚类分析和主成分分析这两种分析方法解析了转基因苜蓿与非转基因苜蓿的红外成像图，分析了二者蛋白质二级结构的差异。Dokken 等则将红外显微成像应用于用苯并三唑液体培养基培养后的向日葵根部剖析研究，并采用主成分分析法对成像结果进行了分析，得出的结论是苯并三唑与植物根部组织发生了不可逆转的结合；木质素结构发生了变化，峰型变得更加明显；碳水化合物含量增加。Sully 等用红外显微成像技术研究小麦淀粉胚乳中细胞壁多糖的形成，最终发现细胞化、细胞分化和胚乳成熟这 3 个阶段是细胞壁形成的关键阶段。陈莲莲采用傅里叶变换显微红外光谱分析技术及 Spectrum Image 软件获得了小麦营养成分蛋白和淀粉在小麦腰部切片的分布图。王冬等采集了干烟叶的显微近红外图像，采用主成分分析法和相关光谱成像的方式对图像进行分解，结果表明，干烟叶的淀粉相关光谱成像图和第二主成分的分值图像的分布形势与趋势基本一致。

2. 制药

采用近红外化学成像技术可以实现对药品的高通量分析，进而用于假药、劣药的识别，以及污染物、有效成分降解物的鉴别分析等。

3. 其他

近红外化学成像技术还在高分子、地质、化学合成及生物医学等领域得到了应用，如用于废弃塑料和纸张在线识别、临床医学研究和疾病诊断等。

1.4.2 拉曼光谱成像技术发展概述

拉曼光谱成像技术是拉曼光谱技术的新发展，借助于现代共焦显微拉曼光谱仪器及新型信号探测装置，它把简单的单点分析方式拓展到对一定范围内的样品进行综合分析，用图像的方式显示样品的化学成分空间分布、表面物理化学性质等更多信息。

拉曼光谱成像技术兼备了拉曼光谱无损、非接触、指纹性的优点和成像技术大信息量、形象直观的特点，在表征具有微纳结构的样品时（如细胞、微纳器件等）具有突出优势。

拉曼光谱成像技术有逐点扫描成像、拉曼直接整体成像和快速大面积拉曼成像 3 种。

1. 逐点扫描成像

逐点扫描成像是传统的，也是最基本的光谱成像技术。其工作原理为：从样品上选取一连串的位置点顺序采集光谱，采集间隔中样品的移动是通过软件控制的自动样品台的移动来实现的。待所有预设点的光谱采集存储完毕，由软件设置代表某种物质的特征峰的参数（峰宽、峰位等），生成同一样品区域对应该物质分布或某种特性分布的图像。

这种成像技术的优点是每一点的拉曼光谱都被存储，信息量大，软件设置扫描步长可达到亚微米，空间分辨率高；缺点是逐点移动、采集数据并存储，用时长。

2. 拉曼直接整体成像

拉曼直接整体成像通过直接对拉曼散射或发光信号进行整体成像来显示化学分布，能够快速确定化学成分的空间分布，非常适合检视较大面积区域，同时也适合研究随时间快速改变的样品的空间性变化。拉曼直接整体成像与传统的逐点扫描成像完全不同，它无须采集并记录各点光谱，而是用可调频滤波器来对所涉及的拉曼谱带进行直接整体成像，只需一次曝光就能捕获图像。它的关键优势是速度快，能快速检视样品上较大的区域。

3. 快速大面积拉曼成像

快速大面积拉曼成像是最新的拉曼成像技术。激光聚焦成一条线，激发样品上的一个长条，被激发的拉曼信号充分利用 CCD 的二维全部像元，多条光谱被同时采集并存储。样品以一定速度在垂直激光聚焦线方向移动，在空间上连续扫描，大大提高了采集光谱的速度。而显微拉曼的共焦性能保证高空间分辨率，这样所用时间大大缩短，从而得到较大面积上不用拼接的高分辨率拉曼图像。

由此，拉曼光谱成像技术的应用范围大大扩展，从前沿的材料（半导体、碳纳米管、石墨烯管等）性能研究，到地质、制药、医疗及刑侦等实用领域，都取得了显著成果。法国 Jobin Yvon 公司研究使用显微拉曼光谱对小麦籽粒进行成像分析，获得了籽粒内部粉、脂质及蛋白质的分布；并通过对一系列硬度不同的谷物进行分析，了解了蛋白质结构与谷物硬度间的关系。美国开米美景公司应用拉曼光谱成像技术快速无损检测小麦面粉中的三聚氰胺，并使测量数据直接可视化。

1.4.3 太赫兹时域光谱成像技术发展概述

太赫兹时域光谱成像技术是基于时域光谱技术发展起来的，自美国的 Hu 等在 1995 年首次在 THz-TDS 系统中增加二维扫描平移台成功搭建第一套太赫兹成像装置，并成功对树叶、芯片等样品成像后，世界各地的研究小组相继开展了各种太赫兹光谱成像技术研究，包括太赫兹扫描成像、太赫兹实时成像、太赫兹层析成像、太赫兹近场成像等，可应用于生物医学、质量检测、安全检查、无损检测等众多领域。

太赫兹波和其他波段的电磁辐射一样可以用来对物体成像，而且根据太赫兹波的高透性、无损性及大多物质在太赫兹波段都有指纹谱等特性，太赫兹光谱成像相比其他光谱成像方式更具优势。基于 THz-TDS 系统原理的太赫兹扫描成像有两种方式：透射型扫描方式和反射型扫描方式。对于透射型扫描方式，在实验过程中，被测样品被放置在一个 X-Y 的移动台上，可以随时改变样品方位，使太赫兹射线通过物体的不同点记录下样品不同位置的透射信息，包括振幅信息和相位信息等。反射型扫描方式的基本原理与透射型相同，试验装置也基本相同，不同的是从物体反射回来的波被用作成像信息。

太赫兹时域光谱成像系统的基本构成与太赫兹时域光谱系统相比，多了图像处理装置和扫描控制装置。其利用反射型扫描或透射型扫描都可以成像，这主要取决于成像样品及成像系统的性质。根据不同的需要，可以采用不同的成像方法。对于太赫兹时域光谱成像系统，该系统通过扫描二维空间 (x, y) 轴向和一维时间轴向获得时空三维数据集合。利用该三维数据集合可得到一系列样品的太赫兹图像。另外，由于在一个时间点上的太赫兹图像所包含的信息量很少，因此通常要获取整个三维的数据集合。太赫兹图像的重构通常就是基于太赫兹时域波形的特定参数或峰位的延迟时间的。

太赫兹时域光谱二维逐点扫描成像适用于高精度测量。该方法测量结果分辨率高，受背景噪声的干扰小，信噪比高（可达 10^4）。但同时它也存在一些问题，如扫描时间过长，成像时间取决于像素点的多少，成一幅像需要几十分钟甚至几个小时，所以要提高成像速度必须改进方法。另外，该方法也不适用于大样品的成像，不能对动态变化的信息进行测量和监控。

Hu 和 NUSS 等在 1995 年首次将太赫兹时域光谱技术用于成像，激起了同行及公众对太赫兹光谱成像技术的极大兴趣，并关注其将带来的一系列新的、有价值的应用。基于太赫兹辐射的特性，已经有大批的应用领域被预见并被实验系统所验证，包括刀具、枪支、爆炸物检测，生物医学诊断，包装食物产品的水含量监测和封装的集成电路的故障检测等。太赫兹时域光谱成像系统由于具有高灵敏度，其检测结果不仅包含目标物的几何信息，而且还具有目标物对脉冲响应的强度、相位和时间等完整信息，因此在安全检查、环境监测、食品生产质量监控等诸多领域存在着巨大的应用潜力。

目前，国内外在应用光谱成像技术进行农产品及食品品质检测方面已进行了大量可行性研究，表明该技术具有较好的应用前景。但是目前的研究大多处于探索性实验阶段，并且还有很多问题需要解决，主要表现在以下几个方面。

（1）作为具有在线检测潜力的技术，光谱成像技术在农产品原材料收购、产品分级及食品加工在线监测方面具有较好的应用前景。但是光谱成像系统相对于管理系统而言较为复杂，成本昂贵，要在农产品及食品检测领域得到广泛应用，需要寻找到合适的应用场合。

（2）光谱成像系统的成本比较高，特别是国外的高光谱成像系统，价格昂贵，不利于推广应用。因此，开发国产的光谱成像仪器，对于推动该技术在我国的产业化应用，是至关重要的。

（3）光谱成像技术的优点在于能够实现在线检测，因此对于在线检测时仪器的实时校正、模型的更新传递、配套机械控制系统的开发等还需要进行深入的研究。

随着分子光谱分析技术与光谱成像技术的不断发展，以及人们对分子光谱分析技术特点和仪器性能的深入了解与认识，光谱成像技术在农作物品质分析、种质资源评价及品质育种研究中的应用前景必将更为广阔。

1.5　农作物种子质量检测方法概述

小麦、玉米等是世界范围内广泛种植的主要粮食作物之一。中国不仅是小麦产量最大的国家，而且也是消费量最大的国家，其生产能力及供需状况直接关系到国家粮食安全、国民经济发展、社会稳定和人民生活的改善等重大战略问题。

在小麦生产、市场交易、食品加工及遗传育种过程中，为了保证小麦供求总量平衡和合理的品质结构，小麦种子品质的快速准确检测就显得尤为重要，同时对我国粮食供求关系、农业产业结构、外贸出口创汇和农民增收等方面也有举足轻重的影响。

品质检测是小麦生产、收购、储运和加工的重要技术依托，因此，利用快速有效的分析检测技术鉴别种子品质，在引导种植结构调整、收购定价及指导小麦合理加工利用等方面具有重要的意义。传统的品质检测手段主要有感官检验法和化学分析法两种，易受主观因素影响，并且费时、费事，已无法满足当前种业市场快速发展的需求。目前研究比较广泛的机器视觉技术和近红外光谱检测技术存在模型可靠性低、难以实现单籽粒检测及难以实现种子内部成分分布检测等缺陷。而光谱成像技术是光谱技术和图像技术的完美结合，它在获得样品空间信息的同时，还为被测样本每个空间像素点提供数十至数千个窄波段的光谱信息，具有"图谱合一"的特点。通过对光谱、图像的分析，即可对样品的成分含量、存在状态、空间分布及动态变化进行检测，这为光谱成像技术全面检测种子品质提供了依据及可行性。

1.5.1　传统检测方法概述

常规的检测种子理化指标的方法主要有感官检验法和化学分析法。

感官检验法是通过人体器官的感觉定性检查和判断产品质量的方法。例如，2008年发布实施的《粮油检验　粮食感官检验辅助图谱　第1部分：小麦》（GB/T 22504.1—2008）结合小麦国家标准规定的感官检验指标，给出粒色、杂质、不完善粒、霉变粒等粒质特征的图示，对我国小麦感官指标的检验起到必要的辅助作用。但是这种方法速度慢、劳动量大，且易受人为主观因素影响。

化学分析法是依赖于特定的化学反应及其计量关系来对物质进行分析的方法。我国已出台种子水分、粗蛋白、淀粉、发芽率等多项检测指标的国标，皆以化学分析方法为主，这种方法检测精度高、客观可信，但所需的检测时间长、检测试剂多，使得检测的成本较高，且需要专业的检测人员，破坏性大，费时、费事，已无法满足当前种业市场快速发展的需求。

1.5.2　新兴检测方法概述

机器视觉技术是用机器视觉代替人眼，并模拟人脑完成检测分级工作。20 世纪 70 年代，许多发达国家就已经开始利用机器视觉技术对水果、谷物、蔬菜等农产品进行品质分级检测。Bijay L 等开发了一种用于识别小麦不同出芽程度籽粒的双目机器视觉系统，通过提取小麦籽粒背部与腹部的颜色、纹理、形状和大小共 16 个特征，结合神经网络建立模型，识别率达 72.8%，但系统的准确性和鲁棒性有待进一步提高。Choudhary 等研究了加拿大西部红春麦，以及加拿大西部琥珀杜伦麦、大麦、燕麦和黑麦的单个籽粒彩色图像中提取的形态、颜色、纹理和小波特征，分析了不同特征组合下的识别精度。Muhammad A. Shahin 等采集加拿大东都软质红小麦在 400～1000nm 及 1000～2500nm 波段范围内的光谱，建立偏最小二乘模型识别小麦是否被霉菌感染，识别率可达 96%。在国内，王盼构建了基于机器视觉的玉米种子纯度检测系统，并提出基于最远优先遍历优化的 DBSCAN 玉米纯度识别算法，正确纯度识别率可达到 93.3%。夏旭将机器视觉技术应用于小麦品种分类中，通过提取小麦籽粒的颜色、形态和纹理等 16 个特征构建 BP 神经网络，实现籽粒的分类，识别率达到 94.17%。陈丰农对 1169 个正常小麦、897 个并肩杂小麦、710 个黑胚粒小麦和 627 个破损小麦样本所提取的特征数据进行模式识别，结果表明，采用遗传算法与支持向量机对小麦并肩杂的识别率最高可达 99.34%，采用主成分分析与支持向量机对不完善粒中的黑胚粒、破损粒和正常小麦的识别率分别为 97.2%、98.4% 和 97.9%。机器视觉系统为非接触性测量，效率高，精度高，长时间稳定工作，克服了人工分级及传统机械分级的缺点。它能得到样品的二维空间图像信息，但常见的 RGB 三色图像只能反映外观，不能反映食品的内部成分信息，因此目前对小麦的品质检测多停留在利用籽粒形态、颜色和纹理特征进行定性分析上，还达不到品质检测的定量分析。此外，由于识别方法与参数选取方法尚不成熟，利用机器视觉技术对小麦品种进行识别或对其质量进行检测时，特征差异显著时有较好的识别或检测结果，而特征差异不显著时，样品识别率或检测结果则不太理想。

分子光谱检测法是能够检测物质成分含量的快速分析方法，它可以根据物质的光谱响应特征来鉴别物质并确定其化学组成和相对含量，具有测定时间短、非破坏性、多指标同时测定等优点，能够实现在线、实时、原位的定量分析与检测。其中，近红外光谱技术以其分析速度快、无损、预处理简单、易于实现在线检测等特点，已发展成为一种广泛应用于食品安全检测及质量控制的快速分析新手段。目前，对近红外光谱技术在小麦种子内部成分定量分析、种子活力鉴定及病虫害检测方面的应用已有大量研究报道。张玉荣等采集了 70 份小麦样本的近红外光谱，经主成分分析降维后建立 BP 神经网络模型，模型具有较高的相关系数，可以用于小麦水分的测定。宦克为等采用蒙特卡罗采样技术的特征投影图方法进行变量选择，并结合模型集群分析思想，将小麦粗蛋白预测均方根误差由 0.5245 减小到 0.2548，提高了模型预测精度。韩亮亮等采用近红外光谱结合主成分-马氏距离模式识别方法鉴别了 3 种不同活力的燕麦种子，模型对校正集样本和预测集样本的鉴别率都达到 100%。Baker 和 Dowell 等相继使用近红外光谱技术鉴别寄生在小麦籽粒中的米象，识别出谷物中的 11 种甲虫类昆虫。不过近红外光谱技术对虫害水平低的样本和幼虫的检测效果不够理想，需要更加深入细致地研究。上述研究虽都建立了较为稳健的定量分析模型，但是近红外光谱技术对光谱分析测量方式、光谱仪器及相应的参数等有很高的要求。对于小麦等固体颗粒样品，多采用积分球漫反射测量方式，这样只能获得样品内部某点的信息，而小麦籽粒内部各成分的空间分布极度不均衡，其漫反射光谱极易受样品状态和装样条件的影响，采样面积过小，必将造成较大的测试误差，使模型的可靠性与稳定性也得不到保证。因此为保证光谱的代表性，检测时对扫描面积有很高的要求，获取样品的空间轮廓信息是全面检测种子品质的基础。

综上所述，分子光谱检测法存在以下 3 点局限性。

（1）光谱定量分析模型性能对光谱测量方式、样品状态和装样条件有很高的要求。对于小麦等固体颗粒多采用大样品杯装样、积分球采样的测量方式，取样点十分有限，取样是否有代表性将直接影响模型的稳定性与可靠性。

（2）难以实现单籽粒分析。单籽粒分析是种子行业分析的特殊需求，近年来的相关研究也逐渐增多。例如，遗传育种的早期筛选工作，均以单粒种子为单位进行，所以需建立以单个籽粒为单位的光谱模型。然而目前各种型号的光谱仪，其固体和液体提取物的光谱采集附件均有配置，但面对大小、形状不一的单粒种子，其光谱采集的配置缺乏，进行单子粒光谱采集前还需要使用者自行设计光谱采集附件，光谱采集附件的不规范不利于此技术的推广与应用。

（3）难以获取籽粒内部成分分布信息。种子化学成分的含量和分布与种子的生理状态、耐储性、营养价值、利用价值、品质育种密切相关。研究种子内部化学成分的分布具有十分重要的现实意义。而分子光谱检测法单点检测的测量方式使其难以实现成分分布检测。

针对上述单一技术检测的局限性，学者们又做了进一步的探索与研究，因此，光谱成像技术在种子检测领域的应用研究得到蓬勃开展。

自 20 世纪 80 年代以来，光谱成像技术在航天和航空遥感、军事侦探识别、环境监测和地质资源勘探等方面得到了广泛应用。近 10 年来，随着光谱成像技术的发展及成像设备软硬件成本的不断下降，其在农业上的应用也更加广泛和深入。目前该技术已成为精准农业的技术支撑，能够动态、快速、准确、及时地获取农作物的图谱，并结合数据分析方法诊断农作物长势和病虫害情况，供决策和估产等使用。

我国有着巨大的种子市场，但随着外资种业的加入，中国种业面临着愈发激烈的市场竞争。种子品质检测是影响种植业经济和种子资源管理的重要环节，对种子企业核心竞争力的影响尤为明显，种子品质相关指标的检测日益重要。随着对各类光谱成像技术的深入研究，以及光谱成像空间分辨率的提高，种子检测将向单籽粒检测、种子成分空间分布精细化、特征波段规范化、高通量无损检测方向发展，为农作物品种选育、种子病虫害防治等提供有效的技术手段。

1.6 本书主要内容概述

本书中所介绍的研究工作主要来源于作者承担或参与的如下科研项目。

（1）国家自然科学基金青年项目"玉米种子活力太赫兹时域光谱成像快速无损检测关键技术研究"（项目编号：61807001）。

（2）国家重点研发计划课题"全过程种子质量检测技术装备研制与应用"（项目编号：2018YFD0101004）。

（3）国家国际科技合作专项"激光光谱小麦品质信息智能在线获取技术合作研发"（项目编号：2014DFA31660）。

（4）北京市自然科学基金面上项目"基于 NIR-Raman 光谱技术的食用植物油综合品质快速诊断机理研究"（项目编号：4132008）。

（5）北京市自然科学基金项目"基于太赫兹光谱技术的油料作物品质无损快速识别与分类方法研究"（项目编号：4182017）。

（6）北京市自然科学基金面上项目"基于拉曼及红外光谱技术的果蔬类农药残留量快速检测研究"（项目编号：4142012）。

（7）北京市教委重点项目"基于多光谱技术的食品安全快速无损检测方法研究"（项目编号：KZ201310011012）。

（8）中国农业机械化科学研究院土壤植物机器系统技术国家重点实验室开放课题"NIR光谱及显微成像技术检测小麦种子发芽率机理研究"（项目编号 2014-SKL-05）。

（9）浙江省农业科学院农业部农产品信息溯源重点实验室开放课题"基于近红外光谱的东北大米产地快速溯源方法研究"。

（10）北京市优秀人才资助项目"基于近红外光谱的食用植物油品质检测技术研究"（项目编号：20081D0500300130）。

本书的章节内容安排如下。

第1章概述近红外光谱技术、拉曼光谱技术、太赫兹光谱技术及光谱成像技术的发展，介绍目前主流的种子质量检测方法及新技术的应用现状。

第2章阐述近红外、拉曼、太赫兹光谱分析的理论基础和技术特点，介绍光谱分析中主流的预处理方法和典型的校正建模方法、光谱模型评价指标。

第3～4章重点介绍作者在采用近红外光谱技术检测与小麦活力相关的发芽指标、活力水平等方面所做的研究工作。

第5章重点介绍作者在采用近红外高光谱成像技术检测多籽粒、单籽粒小麦理化指标等方面所做的研究工作。

第6章重点介绍作者在采用近红外高光谱成像技术结合多分类支持向量机、卷积神经网络鉴别多种类小麦不完善粒方面所做的研究工作。

第 7 章重点介绍作者在采用拉曼显微成像技术测量小麦种皮厚度及精细分析小麦内部成分方面所做的研究工作。

第 8 章重点介绍作者在采用太赫兹时域光谱及光谱成像技术鉴别玉米、花生的品种，花生霉变程度及在太赫兹图像处理算法方面所做的研究工作。

第 9 章重点介绍作者在种子光谱资源管理系统及相关化学计量学软件开发方面所做的工作。

第 10 章重点介绍作者在应用中国农业机械化科学研究研制的谷物联合收割机车载式近红外光谱仪方面的探索工作。

参考文献

[1] 褚小立，陆婉珍．近五年我国近红外光谱分析技术研究与应用进展[J]．光谱学与光谱分析，2014，34（10）：2595-2605．

[2] 于新洋，卢启鹏，高洪智，等．便携式近红外光谱仪器现状及展望[J]．光谱学与光谱分析，2013，33（11）：2983-2988．

[3] 刘情．基于光谱成像技术的小麦种子品质分析研究[D]．北京：北京工商大学，2017．

[4] 董文菲．基于近红外光谱的小麦种子活力快速检测方法研究[D]．北京：北京工商大学，2017．

[5] 申舒．车载式近红外光谱仪应用研究[D]．北京：北京工商大学，2017．

[6] 董晶晶．基于拉曼光谱的食用油品质检测方法研究[D]．北京：北京工商大学，2018．

[7] 邢瑞芯．基于太赫兹光谱技术的油料品质无损检测方法研究[D]．北京：北京工商大学，2018．

[8] 石瑞杰．基于 NIR-Raman 光谱技术的食用植物油品质快速诊断机理研究．北京：北京工商大学，2015．

[9] 许为钢，胡琳，张磊，等．小麦种质资源研究、创新与利用[M]．北京：科学出版社，2012．

[10] 何中虎，夏先春，陈新民，等．中国小麦育种进展与展望[J]．作物学报，2011，37（02）：202-215．

[11] 中华人民共和国国家标准，粮食作物种子 第 1 部分：禾谷类，GB4404.1—2008[S]．

[12] International Seed Testing Association，International Rules for Seed Testing[S]，2004．

[13] 中华人民共和国国家标准，农作物种子检验规程总则，GB/T 3543.1—1995[S]．

[14] Hampton J G，TeKrony D M．Handbook of vigour test methods，Zurich：International Seed Testing Association，1995．

[15] 纪瑛，胡虹文．种子生物学[M]．北京：化学工业出版社，2009．

[16] 王新燕，刘志宏，王金玲．种子质量检测技术[M]．北京：中国农业大学出版社，2008．

[17] 陆婉珍．现代近红外光谱分析技术[M]．2 版．北京：中国石化出版社，2007．

[18] Siesler H W，Ozaki Y，Kawata S．Near-Infrared Spectroscopy：Principles，Instruments，Applications[M]．Wsinheim：Wiley- VCH，2002．

[19] Workman J，Weyer L．Practical guide to interpretive near- infrared spectroscopy[M]．CRC Press，2008．

[20] 梁逸曾，许青松．复杂体系仪器分析——白、灰、黑分析体系及其多变量解析方法[M]．北京：化学工业出版社，2012．

[21] 褚小立．化学计量学方法与分析光谱分析技术[M]．北京：化学工业出版社，2011．

[22] 严衍禄，陈斌，朱大洲，等．近红外光谱分析的原理、技术与应用[M]．北京：中国轻工业出版社，2013．

[23] 张小超，吴静珠，徐云．近红外光谱分析技术及其在现代农业领域中的应用[M]．北京：电子工业出版社，2012．

[24] 吴静珠．农产品品质检测中的近红外光谱分析技术研究[D]．北京：中国农业大学，2006．

[25] Oliver N，Peter T，Heiko C B，et al. A New Near-Infrared Reflectance Spectroscopy Method for High-Throughput Analysis of Oleic Acid and Linolenic Acid Content of Single Seeds in Oilseed Rape（Brassica napus L.）[J]. J. Agric. Food Chem，2010，58（1）：94-100．

[26] Gast´on L M，Silvana M A，Miguel A C，et al. Chemometric Characterization of Sunflower Seeds[J]. Journal of Food Science，2012，77（9）：1018-1022．

[27] Raúl F，José M H，Julián C R，et al. Feasibility study on the use of near infrared spectroscopy to determine flavanols in grape seeds[J]. R. Talanta，2010，82：1778-1783．

[28] Gokhan H，Bismark L，Mark A S．Near-Infrared Reflectance Spectroscopy Predicts Protein，Starch，and Seed Weight in Intact Seeds of Common Bean（Phaseolus vulgaris L.）[J]. J. Agric. Food Chem，2010，58（2）：702-706．

[29] Marcal P，Joan S，Francesc C．Near-Infrared Spectroscopy Analysis of Seed Coats of Common Beans（Phaseolus vulgaris L.）：A Potential Tool for Breeding and Quality Evaluation[J]. J. Agric. Food Chem，2012，60：706-712．

[30] Xiaoli Li，Yong He，Changqing Wu．Non-destructive discrimination of paddy seeds of different storage age based on Vis/NIR spectroscopy[J]. Journal of Stored Products Research，2008，44：264-268．

[31] 任卫波，韩建国，张蕴薇，等．近红外光谱分析技术及其在牧草种子质量监督检验上的应用前景[J]．光谱学与光谱分析，2008，28（3）：555-558．

[32] Tigabu M，Odén P C．Rapid and non-destructive analysis of vigour of Pinus patula seeds using single seed near infrared transmittance spectra and multivariate analysis[J]. Seed Science and Technology，2004，32（2）：593-606．

[33] 刘方力．拉曼光谱理论浅析[J]．企业技术开发，2014，33（27）：71+92．

[34] Chen J，Yao W H，Zhao Y P．Characterization of polycyclic aromatic hydrocarbons using Raman and surface-enhanced Raman spectroscopy[J]. Journal of Raman Spectroscopy，2015，46（1）．

[35] 王文娜，陈地灵，朱梅芳，等．激光拉曼光谱法无损分析鉴别川贝母[J]．光谱学与光谱分析，2013，33（08）：2109-2111．

[36] 万秋娥，刘汉平，张鹤鸣，等．激光拉曼光谱法无损鉴别人参及其伪品[J]．光谱学与光谱分析，2012，32（04）：989-992．

[37] 程洪梅．几种新型 SERS 基底上氨基酸和小肽的表面增强拉曼光谱研究[D]．重庆：西南大学，2016．

[38] 杨永梅．拉曼光谱技术应用的综述[J]．科技传播，2010，（20）：106，115．

[39] 刘方力．激光拉曼光谱的发展及应用[J]．技术与市场，2014，21（09）：229．

[40] Hoonsoo L，Byoung K C，Moon S K，et al. Prediction of crude protein and oil content of soybeans using raman spectroscopy[J]. Sensors and Actuators B：Chemical，2013，（185）：694-700．

[41] 范雅，李霜，许大鹏．油酸和亚油酸的激光拉曼光谱（英文）[J]．光谱学与光谱分，2013，32（12）：3240-3243．

[42] Ashton L，Johannessen C，Goodacre R，et al. The Importance of Protonation in the Investigation of Protein Phosphorylation Using Raman Spectroscopy and Raman Optical Activity[J]. Analytical Chemistry，2011，83（20）：7978-7980．

[43] 黄亚伟，张令，王若兰，等．表面增强拉曼光谱在食品非法添加物检测中的应用进展[J]．粮食与饲料

工业，2014，（09）：24-27.

[44] Fan Y，Li　S，Xu D P．Raman spectra of oleic acid and linoleic acid [J]．Spectroscopy and Spectral Analysis．2013，32（12）：3240-3243．

[45] 杨春英，刘学铭，陈智毅．15 种食用植物油脂肪酸的气相色谱——质谱分析[J]．食品科学，2013，34（06）：211-214．

[46] Farid S，Farhard U，Abedin K M，et al．Determination of Ratio of Unsaturated to Total Fatty Acids in Edible Oils by Laser Raman Spectroscopy[J]．Journal of Applied Sciences，2009，9（8）：1538-1543．

[47] Rasha M E，Patrice D，Arnulf M．Journal of the American Oil Chemists' Society，2009，86：507-511．

[48] Wei D，Zhang Y Q，Zhang B，et al．Rapid prediction of fatty acid composition of vegetable oil by Raman spectroscopy coupled with least squares support vector machines[J]．Raman Spectrosc，2013，4412：1739-1745．

[49] 汪海燕，黎建辉，杨风雷．支持向量机理论及算法研究综述[J]．计算机应用研究，2014，31（05）：1281-1286．

[50] 单玉刚，王宏，董爽．改进的一对一支持向量机多分类算法[J]．计算机工程与设计，2012，33（05）：1837-1841．

[51] 魏永生，郑敏燕，耿薇，等．常用动、植物食用油中脂肪酸组成的分析[J]．食品科学，2012，16：188-193．

[52] Huang F，Li Y，Guo H，et al．Identification of waste cooking oil and vegetable oil via Raman spectroscopy[J]．Journal of Raman Spectroscopy，2016，47（7）：860-864．

[53] 李振华，王建华．种子活力与萌发的生理与分子机制研究进展[J]．中国农业科学，2015，48（4）：646-660．

[54] Mirjana M，Milka V，Đura K．Vigour Tests as Indicators of Seed Viability[J]．Genetika，2010，42（1）：103-118．

[55] Seed Vigour Testing Handbook．Association of Official Seed Analysts[M]．NE，USA，2002．

[56] 余波，杜尚广，罗丽萍．种子活力测定方法[J]．中国科学：生命科学，2015，45：709-713．

[57] Moreira J，Cardoso R R，Bragab R A．Quality test protocol to dynamic laser speckle analysis[J]．Opt Laser Eng，2014，61：8-13．

[58] Robene I，Perret M，Jouen E，et al．Development and validation of a real-time quantitative PCR assay to detect Xanthomonas axonopodis pv．allii from onion seed[J]．J Microbiol Meth，2015，114：78-86．

[59] Kranner I，Kastberger G，Hartbauer M．Noninvasive diagnosis of seed viability using infrared thermography[J]．Proc Natl Acad Sci USA，2010，107：3913-3917．

[60] Le Song，Qi Wang，Chunyang Wang，et al．Effect of γ−irradiation on rice seed vigor assessed by near-infraredspectroscopy[J]．Journal of Stored Products Research，2015，62：46-51．

[61] Shiqiang Jia，Dong An，Zhe Liu，et al．Variety identification method of coated maize seeds based on near-infrared spectroscopy and chemometrics[J]．Journal of Cereal Science，2015，63：21-26．

[62] 吴静珠，董文菲，刘倩，等．小麦种子发芽率近红外定量分析模型的优化（英文）[J]．农业工程学报，2015，31（S2）：272-276．

[63] 姚建铨．太赫兹技术及其应用[J]．重庆邮电大学学报（自然科学版），2010，22（06）：703-707．

[64] 刘盛纲，钟任斌．太赫兹科学技术及其应用的新发展[J]．电子科技大学学报，2009，38（05）：481-486．

[65] 张存林，牧凯军．太赫兹波谱与成像[J]．激光与光电子学进展，2010，023001．

[66] Kai-Erik P，J Axel A，Makoto K G．Terahertz Spectroscopy and Imaging[M]．Springer Berlin Heidelberg，2013．

[67] 谢丽娟，徐文道，应义斌，等．太赫兹波谱无损检测技术研究进展[J]．农业机械学报，2013，44（07）：246-255．

[68] 周志龙．基于太赫兹时域光谱的检测技术研究[D]．杭州：中国计量大学，2016．

[69] Inhee M，Seung H B，Hwa Y K，et al. Feasibility of Using Terahertz Spectroscopy To Detect Seven Different Pesticides in Wheat Flour[J]. Journal of Food Protection，2014，77（12）：2081-2087.

[70] Young-Ki L，Sung-Wook C，Seong-Tae H，et al. Detection of foreign bodies in foods using continuous wave terahertz imaging[J]. Journal of Food Protection，2012，75：179-183.

[71] Ge H Y，Jing Y Y，Xu Z H，et al. Identification old wheat quality using THz spectrum[J]. Optics Express，2014，22（10）：12533-12544.

[72] 涂闪，张文涛，熊显名，等. 基于太赫兹时域光谱系统的转基因棉花种子主成分特性分析[J]. 光子学报，2015，44（04）：04300001.

[73] Jianjun Liu，Zhi Li，Fangrong Hu，et al. A THz spectroscopy nondestructive identification method for transgenic cotton seed based on GA-SVM[J]. Opt Quant Electron，2015，47：313-322.

[74] Wei Liu，Changhong Liu，Xiaohua Hu，et al. Application of terahertz spectroscopy imaging for discrimination of transgenic rice seeds with chemometrics[J]. Food Chemistry，2016，210：415-421.

[75] Jianyuan Q，Yibin Y，Lijuan X. The Detection of Agricultural Products and Food Using Terahertz Spectroscopy：A Review[J]. Applied Spectroscopy Reviews，2013，48：439-457.

[76] Gowen，A A，Sullivanc C O，C P O' Donnell. Terahertz time domain spectroscopy and imaging：Emerging techniques for food process monitoring and quality control[J]. Trends in Food Science and Technology，2012，25：40-46.

[77] Gyeongsik O，Kisang P，Hyang S C，et al. High-performance sub-terahertz transmission imaging system for food inspection[J]. Biomedical Optics Express，2015，06（05）：1929-1941.

[78] Won-Hui L，Wangjoo L. Food inspection system using terahertz imaging[J]. Microwave And Optical Technology Letters ，2014，56（05）：1211-1214.

[79] Feiyu Lian，Degang Xu，Maixia Fu，et al. Identification of Transgenic Ingredients in Maize Using Terahertz Spectra[J]. IEEE Transactions on Terahertz Science and Technology，2017，07（04）：378-384.

[80] Hongyi Ge，Yuying Jiang，Zhaohui Xu，et al. Identification old wheat quality using THz spectrum[J]. Optics Express，2014，22（10）：12533-12544.

[81] 蒋玉英. 基于 THz 成像方法的储粮质量安全检测研究[D]. 北京：中国科学院大学，2016.

[82] Inhee M，Seung H B，Hwa Y K，et al. Feasibility of Using Terahertz Spectroscopy To Detect Seven Different Pesticides in Wheat Flour[J]. Journal of Food Protection，2014，77（12）：2081-2087.

[83] Seung H B，Ju H K，Yeun H H，et al. Detection of Methomyl，a Carbamate Insecticide，in Food Matrices Using Terahertz Time-Domain Spectroscopy[J]. J Infrared Milli Terahz Waves，2016，37：486-497.

.Chapter 2

第2章

分子光谱及光谱成像技术基础

2.1 近红外光谱及光谱成像技术概述

2.1.1 近红外光谱分析理论基础

比尔-朗伯定律（Beer-Lambert Law）（又称比尔定律）为近红外光谱定量分析奠定了基础，样品组分的浓度值与通过仪器测量得到的光谱响应值之间具有一定的关联关系，即

$$A_\lambda = \varepsilon_\lambda cl \tag{2-1}$$

式中，A_λ 为样品在特定波长（或频率）的吸光度；ε_λ 为该样品的感兴趣组分在该特定波长下的吸光系数；l 为光程，即光通过样品的行程；c 为该样品的感兴趣组分的浓度值。

如果能保持光程是一个常数，则可以定义一个新常数：消光系数 $K_\lambda = \varepsilon_\lambda l$，比尔-朗伯定律则变为

$$A_\lambda = K_\lambda c \tag{2-2}$$

比尔-朗伯定律可表述为：对一定波长的单色光，物质的吸光度 A_λ 与光程 l 及浓度 c 成正比，比例常数称为吸光系数，它与所用的浓度单位有关。使用摩尔浓度单位时，比例常数 ε_λ 称为摩尔吸光系数；吸光系数与样品本性及波长 λ 有关。单波长点的吸光度，其信息量较小，可用于对已知组分的定量分析；由各波长点的吸光度组成的光谱，其信息量较大。

例如，已知 K_λ，根据 A_λ，就可求出浓度 c 为

$$c = \frac{A_\lambda}{K_\lambda} = P_\lambda A_\lambda \qquad (2\text{-}3)$$

这就是反比尔-朗伯定律。

比尔-朗伯定律的第二种形式是：多个组分在相同波长点处的吸光度是叠加的，即

$$A_\lambda = \sum_i K_\lambda c_i \qquad (2\text{-}4)$$

吸光度 A_λ 是一个多元函数。确定的 ε_λ（对一定波长的光和物质）可以得到 $A\sim c$ 的线性关系，即定量分析的工作曲线，用于定量分析；对于一定的 l 和 c，$A\sim\lambda$ 间的关系即组分的一维吸收光谱，用于定性分析。

影响比尔-朗伯定律偏离的主要因素有以下几个方面。

1. 非单色光引起的偏离

从理论上来说，比尔定律只适用于单色光，但在实际工作中并非如此，绝对不可能从光学分析仪器上得到真正的单色光，而只能是波长范围很窄的光谱带。因此，进入被测试样的光仍为在一定波段内的复合光。由于物质对不同波长的光具有不同的吸光程度，因此在实际工作中即使应用很高级的分光光度计、采用很窄的狭缝宽度（用波段很窄的复合光照射样品），仍会产生比尔定律偏离。对非单一波长的入射光，A 与 c 不可能真正呈直线关系，因而产生了比尔定律偏离。

2. 化学因素引起的偏离

从理论上讲，比尔定律只能适用于均匀、相互独立、无相互作用的吸收粒子体系，但在实际工作中并非如此。试样在测定过程中，经常会发生缔合、离解、电离、溶剂作用和产生同性异构体、组成新的络合物等化学变化，从而使吸收粒子及其相互间的平均距离发生变化，以致每个粒子都可影响其邻近粒子的电荷分布，这种相互作用可使它们的吸光能力发生改变，以致影响比尔定律的准确性，即产生比尔定律的偏离。

3. 杂散光引起的偏离

实践证明，杂散光是引起比尔定律偏离的主要因素之一。①因为吸光物质由许多粒子组成，这些粒子会对入射光产生散射，并且随着浓度的增大，这些散射光强度会不断加强，降低透射光强度，使被测试样的吸光度增大，从而引起比尔定律偏离。②由于仪器本身的光学系统（特别是光栅）会产生杂散光，使得分析测试的吸光度减小，以致引起比尔定律的偏离。③由于不少物质在光的照射下会产生发光现象或荧光，也会严重影响比尔定律的偏离。

4. 其他因素引起的偏离

除了以上因素，测定时的温度也可引起比尔定律的偏离，还有压力、光学传感器的非线性等都可引起比尔定律的偏离。

近红外光谱技术用于物质的定性或定量检测，在理论上是可行的。但是近红外谱区谱峰重叠非常严重，谱峰较宽，谱区的可解析性很差，一般很难确定某一组分所对应的特征谱峰，故进行定量或定性分析是很困难的。因此，近红外谱区"沉睡"了近一个半世纪。直到 20 世纪 50 年代，仪器硬件、计算机和现代数学的发展，才推动了近红外光谱技术的

快速发展。随着计算机技术的发展，诞生了化学计量学（Chemometrics）这一门新学科，它将数学的、统计的、信息的分析方法引入到分析测试领域。运用化学计量学中的多元统计分析方法，近红外光谱分析即可以利用全谱分析技术，避免了解析谱区的困难。

但应当指出的是，近红外化学计量方法是通过数学模型来预测未知样品的，由于种种复杂背景的变化、测量方法、测量条件的影响，因此近红外法不能保证预测的每个样品都达到相同高的准确度，测定结果只能用统计方法给出测定结果的置信度，只能达到一定的准确率。对于广大的近红外技术用户，建立优秀的数学模型会有一定的困难，影响了该项技术的广泛应用。为了使近红外光谱技术成为一项"大众化"的分析手段，研究降低近红外光谱技术的使用难度是目前主要任务之一。当前近红外光谱技术的发展需要借助于光学、计算机（硬件技术、算法、软件技术、网络技术等）与电子等当代技术，继续改进硬软件技术，特别应侧重在应用领域的开拓，来解决实际应用中所遇到的各种问题。降低近红外光谱技术难度主要可以从以下几个方面来开展工作：①依靠软件技术和网络技术的支撑，建立、优化、维护、使用数学模型；②发展统一模型的标准化的专用仪器，以及云模型技术的近红外光谱仪器；③发展新的模型自学习算法；④发展智能化的分析软件等。

2.1.2　近红外光谱常规分析技术

近红外光谱技术是利用近红外光谱区包含的物质信息，主要用于有机物质定性和定量分析的一种分析技术。近红外光谱的常规分析技术有透射光谱（Near Infrared Transmittance Spectroscopy，NITS）和漫反射光谱（Near Infrared Diffuse Reflectance Spectroscopy，NIDRS）两大类。其中，NIDRS 是根据反射与入射光强的比例关系来获得物质在近红外光区的吸收光谱。NITS 则是根据透射与入射光强的比例关系来获得物质在近红外光区的吸收光谱。一般情况下，比较均匀透明的液体选用透射光谱法。固体样品（粉末或颗粒）在长波近红外光区一般选用漫反射工作方式；在短波近红外光区可以选用透射工作方式。

近红外光谱分析具有如下优势。

（1）测试简单，无烦琐的前处理和化学反应过程。

（2）测试速度快，测试过程大多可以在一分钟之内完成，大大缩短测试周期。

（3）测试效率提高，对测试人员无专业化要求，且单人可完成多个化学指标的大量测试。

（4）测试过程无污染，检测成本低。

（5）测试精度不断提高，随着模型中优秀数据的积累，模型不断优化，重复性好。

（6）适用的样品范围广，通过相应的测样附件可以直接测量液体、固体、半固体和胶状体等不同物态的样品，光谱测量方便。

（7）对样品无损伤，可以在活体分析和医药临床领域广泛应用。

（8）近红外光在普通光纤中具有良好的传输特性，便于实现在线分析。

近红外光谱分析也有其固有的弱点，具体表现如下。

（1）物质在近红外光区吸收弱，灵敏度较低。

（2）建模工作难度大，需要有经验的专业人员和来源丰富的有代表性的样品，并配备精确的化学分析手段。

（3）每种模型只能适应一定的时间和空间范围，因此需要不断对模型进行维护，用户的技术会影响模型的使用效果。

（4）需要用标样进行校正对比，很多情况下仅是一种间接分析技术。

2.1.3　近红外光谱分析流程

近红外光谱分析用于品质检测的一般流程，通常分为建模与预测两部分。

1. 光谱校正模型的建立

建立校正模型的流程如图 2-1 所示。首先选取一定数量的样品，采用标准化学方法测量出它们的组分浓度化学值（又称标准值），并选用光谱仪测量出它们的近红外光谱信号；然后运用各种定性分析方法（如聚类等）剔除异常样品后，把这些样品分为校正集和预测集，通过校正集的光谱信号（需经过预处理）和浓度值（也需经过预处理）的关系，利用各种多元校正方法，如多元线性回归（MLR）、主成分回归（PCR）、偏最小二乘法（PLS）、人工神经网络（ANN）等，建立校正模型；最后进一步通过预测集的光谱信号（需经过校正集光谱信号相同的预处理方法）和建立的校正模型预测出对应的组分浓度化学值来检验校正模型。如果预测误差在允许范围内，就输出校正模型；否则，重新划分校正集和预测集再次建立校正模型，直到校正模型满足要求为止。

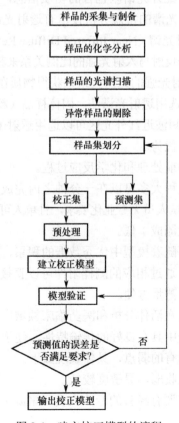

图 2-1　建立校正模型的流程

2. 未知样品的组分浓度预测

未知样品组分浓度预测的流程如图 2-2 所示，首先在相同条件下测量未知样品的近红外光谱信号，并采用建模时相同的预处理算法；其次选择适当的校正模型，并进行模型适应度检验；根据该模型和未知样品的近红外光谱信号预测出未知样品组分浓度值。

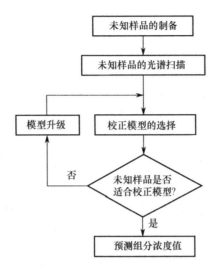

图 2-2　未知样品组分浓度预测的流程

2.1.4　近红外定标模型的评价指标

对于建立的定标模型，常用以下几个指标来评价模型的定标效果和预测能力。

1. 决定系数 R^2

决定系数 R^2（Coefficient of Determination）的表达式为

$$R^2 = 1 - \frac{\sum\limits_{i=1}^{n}\left(y_i - \hat{y}_i\right)^2}{\sum\limits_{i=1}^{n}\left(y_i - \overline{y}\right)^2} \tag{2-5}$$

式中，n 为样品数；y_i 为第 i 个样品的某个组分的标准值；$\hat{y}_i$ 为第 i 个样品的相应组分的预测值；$\overline{y}$ 为样品集相应组分的平均值，$\overline{y} = \dfrac{1}{n}\sum\limits_{i=1}^{n} y_i$。

2. 均方根误差 RMSE

$$\text{RMSE} = \sqrt{\frac{1}{n}\sum\limits_{i=1}^{n}\left(y_i - \hat{y}_i\right)^2} \tag{2-6}$$

表达式中参数的含义同上。在不同的文献、仪器使用手册中，RMSE（Root Mean Square Error）有多种表达，如交叉校验均方根误差（Root Mean Square Error of Cross Validation，RMSECV）、预测均方根误差（Root Mean Square Error of Prediction，RMSEP）、定标集均

方根误差（Root Mean Square Error of Calibration，RMSEC），含义与 RMSE 相同。

3. 标准分析误差 SEE

$$SEE = \sqrt{\frac{\sum_{i=1}^{n}(d_i - \overline{d})^2}{n-1}} \qquad (2-7)$$

式中，d_i 为第 i 个样品残差，即 $d_i = y_i - \hat{y}_i$；$\overline{d}$ 为残差的平均值，即 $\overline{d} = \frac{1}{n}\sum_{i=1}^{n}d_i$。

均方根误差是测定中的总体误差，包含了偏差。如果去除其中的偏差，则为标准分析误差（Stand Error of Estimation，SEE）。SEE 有多种表达：SECV 为交叉校验定标标准分析误差；SEC 为定标标准分析误差；SEP 为校验标准分析误差。

4. 相对分析误差 RPD

SEC 或 SEP 可用于比较不同回归模型对同一样品系列某一成分预测的优劣，以便于寻找最佳模型。但是它们还受到所分析样品系列的真值分布和变异的影响，不能用于不同成分间或不同样品系列间的比较。而相对分析误差（Relative Prediction Deviation，RPD）则可以克服这个缺点。

$$RPD = \frac{SD}{SEC} \text{ 或 } RPD = \frac{SD}{SEP} \qquad (2-8)$$

式中，SD 为分析样品的标准偏差；SEC/SEP 为分析样品的均方根误差。

RPD 用来验证模型的稳定性和预测能力。当 RPD>3 时，模型具有较高的稳定性和良好的预测能力。

5. 相对标准差 RSD

相对标准差（Relative Standard Deviation，RSD）是由定标集均方根误差 RMSEC 和预测均方根误差 RMSEP 除以各自样品的均值得到的，它反映模型对某一组分总体的预测效果。一般情况下，当 RSD<10%时，模型可用于实际的检测。

定标相对标准差为

$$RSD = RMSEC / \overline{y}_c \times 100\% \qquad (2-9)$$

校验相对标准差为

$$RSD = RMSEP / \overline{y}_p \times 100\% \qquad (2-10)$$

式中，$\overline{y}_c$ 为定标集真值平均值；$\overline{y}_p$ 为校验集真值平均值。

2.1.5 近红外光谱成像技术

近红外光谱成像技术是将传统的二维成像技术和近红外光谱技术有机结合在一起形成的一门新兴技术，即利用成像光谱仪，在光谱覆盖范围内的数十或数百个光谱波段对目标物体连续成像。在获得物体空间特征成像的同时，也获得了被测物体的光谱信息。图像信息可以反映样本的大小、形状、缺陷等外部品质特征；而光谱信息能充分反映样品内部化学成分的差异。这些特点决定了近红外高光谱成像技术在待测样本的内外部品质的检测方面的独特优势。

光谱图像处理流程包括光谱图像数据获取与校正层、光谱图像处理与分析层和应用层 3 个层面,如图 2-3 所示。其中,光谱图像数据获取与校正层包括样品高光谱图像和高光谱图像校正;光谱图像处理与分析层包括光谱处理与分析和图像处理与分析;应用层包括品质与安全检测和定量缺陷识别与提取。

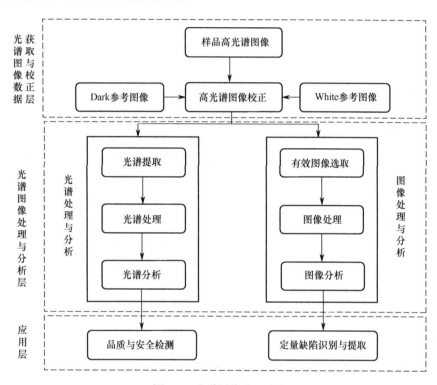

图 2-3　光谱图像处理流程

根据不同的检测对象及在数据处理的不同阶段,数据需要不同的处理方法。

1. 高光谱图像获取与校正

高光谱图像采集需要经过根据检测对象匹配合适的仪器参数,如曝光时间、帧速、载物台速度等。高光谱成像系统获取的是未经过校正的原始高光谱图像。由于相机暗电流的存在,以及不同的采集系统对检测光的敏感程度不同,因此即便是在相同的外界条件下采集同一个样品,不同高光谱成像系统所获取的高光谱图像也不一定相同。所以为了使高光谱数据更具稳定性和可比性,常常需要利用参考图像把原始高光谱图像校正成为高光谱反射率图像。校正公式为

$$R = \frac{I_{\text{raw}} - I_{\text{black}}}{I_{\text{white}} - I_{\text{black}}} \times 100\% \qquad (2\text{-}11)$$

式中,R 为校正后的反射率光谱图像;I_{raw} 为原始光谱图像;I_{black} 为拧上镜头盖后采集的全暗参考图像(暗电流);I_{white} 为扫描标准白板得到的全白参考图像。

2. 光谱处理与分析

为了消除光散射、光程畸变和随机噪声对光谱造成的影响，在光谱数据建模前，一般使用光谱预处理技术对光谱进行预处理。平滑、求导、归一化、多元散射校正、傅里叶变换和小波变换是常见的光谱预处理方法（参见 2.5 节）。不同的预处理方法具有不同的作用，如平滑可以用来降低光谱中的随机噪声；对光谱求一阶或二阶导数可以用于移除峰谷重叠和基线漂移，同时也可以根据导数的波峰和波谷选取特征波长；归一化和多元散射校正用于降低由于农产品表面形状差异而带来的光散射现象等。通常情况下，需要根据光谱的数据特点和具体应用选择合理的预处理方法。

3. 图像处理与分析

高光谱图像在每个波长处都有一幅图像，并不是每个波长处的单色图像都适合于检测，因此庞大的图像数据存在较大的冗余。为了实现农产品品质的快速在线检测，必须挑选适合进行特定品质检测的特征图像。特征图像一般为位于特征波长处的单色图像，其选择方法等同于特征波长的选择，既可以依据原始光谱和预处理光谱曲线的波峰波谷位置进行选取，也可以通过多元分析方法（如 PCA）进行选取。针对筛选得到的特征图像可采用图像预处理、图像分割和特征提取等进一步进行处理。

4. 建模分析

光谱数据包含农产品内部成分信息，不同品质的农产品的光谱曲线差异很大。图像特征信息往往与农产品的外观特征和位置信息密切相关，因此利用提取的光谱和图像信息结合多元校正分析方法可对农产品品质进行全面的定性或定量分析。

2.2 拉曼光谱及光谱成像技术概述

2.2.1 拉曼常规分析技术

随着拉曼光谱学、仪器学、激光技术的发展，拉曼光谱技术作为一种成熟的光谱分析技术，已发展了多种不同的分析技术，如傅里叶-拉曼光谱（FT-Raman）、表面增强拉曼光谱（Surface Enhanced Raman Spectroscopy，SERS）、激光共振拉曼光谱（Resonance Raman Spectrometry，RRS）、共焦显微拉曼光谱等。表 2-1 列出了各种拉曼光谱技术的原理、优缺点及主要的应用领域。

表 2-1　典型拉曼光谱技术

类型	原理	优点	缺点	应用领域
FT-Raman	傅里叶变换技术采集信号，1064nm 的激光光源	消除荧光、精度高	温度漂移、试样移动对光谱影响大	样品的结构分析，如蛋白质二级结构分析、染色纤维检验

类型	原理	优点	缺点	应用领域
SERS	衡痕量分子吸附于 Cu、Ag、Au 等金属溶胶和电极表面，信号增强 $10^4 \sim 10^6$ 倍	灵敏度高，所需样品浓度低	基衬重线性和稳定性难以控制	分子的理化研究，病理分析，药物分析，如 L−天冬氨酸在银胶中的吸附研究
RRS	激光频率与待测分子的某个电子吸收峰接近或重合时，信号增强 $10^4 \sim 10^6$ 倍	灵敏度高，所需样品浓度低	荧光干扰，热效应，要求光源可调	低浓度和微量样品检测，药物、生物大分子检测，如色素蛋白的研究
共焦显微拉曼光谱	使光源、样品、探测器 3 点共轭聚焦，消除杂散光，信号增强 $10^4 \sim 10^6$ 倍	灵敏度高，所需样品浓度低，信息量大	荧光干扰	电化学研究，宝石中细小包裹体的测量
高温拉曼光谱	高温下的理化反应，得到反应物和产物的结构信息及反应中间体和变化过程的信息	空间分辨率高，消除杂散光，样品可程序控温	热辐射	晶体生长、冶金熔渣、地质岩浆等物质的高温结构研究
固体光声拉曼光谱	通过光声方法直接探测样品而存储能量的一种非线性光存储方式	灵敏度高，分辨率高，避免了非共振拉曼散射的影响	要求激光具有高的亮度	气体、液体、固体介质的特性分析

2.2.2 拉曼光谱分析流程和方法

相较于近红外光谱，拉曼光谱谱峰清晰，并且指纹特征更为明显，因此在定性识别领域有较好的应用。拉曼光谱的分析流程可以参考 2.1.3 节，通常也是包含了建模和测试两个阶段。

由于其优越的指纹谱特性，拉曼光谱中多采用峰高、峰面积、特征峰高比等信息进行信息解析，采用距离匹配、聚类等简单的模式识别方法。而近红外中则大多采用复杂的化学计量学方法解析，究其根本原因在于近红外光谱谱峰重叠严重、多是合频和倍频的组合信息，因此为信息解析带来很大的困难。

2.2.3 拉曼光谱成像技术介绍

1928 年，印度物理学家 C. V. Raman 发现了拉曼散射效应，拉曼散射信号给出物质中分子振动的频率等信息，分析拉曼散射光谱，可快捷地认证物质，并从中导出有关物质化学和结构方面的信息，所以拉曼光谱是物质的"指纹"光谱。

显微技术与拉曼光谱仪的结合是拉曼实验技术的一次革命性突破，显微拉曼系统利用显微物镜将激光束聚焦在样品上，并利用同一物镜收集拉曼散射光，一方面减少测试所需要的样品量，另一方面也减小测量需要的激光功率，从而大大拓宽了拉曼光谱技术的应用范围。更为重要的是，显微技术使得拉曼测量的空间分辨率提升到亚微米和微米尺度，从而为拉曼光谱技术引入一项崭新的实验方法，即拉曼光谱成像（Raman Imaging 或 Raman Mapping），把传统的单点分析扩展到对一定空间范围内的样品同时进行对比分析。

实验中，测试样品放置在由步进电动机或压电晶体驱动的自动平台上，软件控制平台

在 XY 水平面内移动，移动步长最小可以达到 0.1μm，而在 Z 方向运动是通过移动聚焦物镜或载物平台实现的，步长最小可达到 0.1μm，移动范围只受物镜工作距离限制。如果系统中配置不限制样品空间的开放显微镜，那么水平面内的测量范围将不受任何限制。激光束经显微物镜聚焦在样品表面，光斑直径取决于所使用的物镜的数值孔径，大小为 1～2μm，设定测量范围和步长及测量条件后，由软件控制在每个样品点采集光谱，最后软件基于这一系列光谱数据，利用不同成分特征拉曼频率的强度变化，构建出该成分在样品上的空间分布图，这就是拉曼光谱图像。通过仔细挑选互相不重叠的特征拉曼峰，样品中各种不同成分的空间分布可以独立地绘制图像，这种成像方式可以充分利用共焦系统的空间滤波特性。

但是拉曼成像测量中获得的样品信息量和总采集时间之间存在着不可兼顾的矛盾，要获得更多信息，必然需要测量更多点的光谱，从而必然导致采集时间的延长。这一矛盾限制对样品进行较大面积范围的拉曼成像测量。解决这种矛盾的一种方式是采用"线扫描"成像，利用一组激光扫描装置使光斑沿着一条 X 方向的直线形式聚焦在样品表面，这个线状光斑成像在光谱仪的入射狭缝上，从而整个线状光斑辐照范围内各样品点上的拉曼散射光成像在不同的 CCD 像元上，同时收集多条光谱，再通过样品沿 Y 方向的移动就可以获得一定面积内全部样品的拉曼图像。线扫描模式的优势在于它仅用很小的成本就能很大程度上提高测量速度，并且由于激光功率分布在一条线上，从而减小样品热分解或光化学反应的可能。但其缺点也是明显的，线扫描只限于可见光激发，样品表面必须是平整的，该模式下未能充分利用系统的共焦性能。也有采用柱面镜代替扫描装置聚焦激光的系统，显然由于激光光强呈高斯分布，这种配置无法避免线光斑上功率不均匀的问题。

拉曼成像技术是通过采集一定样品区域中的拉曼信号来获得样品的详细化学图像的先进探测方法。以共聚焦拉曼成像为例，该方法是获得所探测区域内的每一点的拉曼光谱后，再根据特定拉曼峰的强度、波束或半峰宽等参数绘制成一幅伪色图像。该伪色图像的灰度与拉曼峰参数的变化相对应，可提供物质浓度及分布、分子结构和分子态、应力分布及结晶度和晶相等多种信息。

2.3　太赫兹时域光谱及光谱成像技术概述

2.3.1　太赫兹时域光谱光学参数提取

太赫兹时域光谱技术用来分析太赫兹脉冲通过样品的样品信号和它在自由空间中传播同等长度距离后的参考信号这两个太赫兹脉冲时间分辨电场的相对变化。由于样品结构的不同，太赫兹脉冲波形的变化也有所不同，因此可求得样品的复折射率、介电常数和电导率等。通过深入分析这些实验所得的光学参数，可以在一定程度上对样品的种类进行鉴别并可得到一些与样品有关的物理和化学信息。

典型太赫兹时域光谱系统主要是由飞秒激光器、太赫兹发射器、太赫兹波探测器及时间延迟系统组成的。图 2-4 所示为英国 TeraView 公司生产的 TeraPulse 4000 太赫兹时域光谱系统，实验中可根据不同的样品和不同的测试要求采用不同的附件。

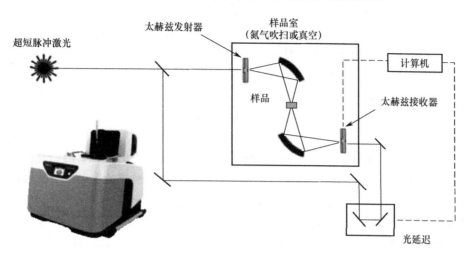

图 2-4　TeraPulse 4000 太赫兹时域光谱系统

飞秒激光通过分束镜后被分为两束：一束透射较强的作为抽运光，它通过可变延迟线入射到太赫兹发射晶体上产生太赫兹脉冲，太赫兹脉冲经过两组离轴抛物面镜，最后被聚焦到探测晶体之上；另一束较弱的反射光则作为探测光，它经过多次反射后通过偏振片，再由硅片将其反射到探测晶体上，使探测光与太赫兹脉冲共线通过探测晶体。由于太赫兹脉冲电场可使通过电光探测晶体的探测脉冲的偏振态发生改变，因此可间接探测出太赫兹脉冲电场的大小及其变化情况。当偏振态改变后的探测脉冲经 1/4 波片后被偏振分束镜分成偏振方向相互垂直的两束光，而后经由一个双眼光电探头连接到锁相放大器上，最后经过计算机进行相应的数据采集。在光路中，抽运光可由斩波器进行调制。延迟线的作用是改变太赫兹脉冲和探测脉冲之间的相对时间延迟，最后取样出太赫兹电场波形。

对于样品透射谱的光学常数提取是在真空近似（样品前后两侧的折射率均为1）和弱吸收近似（$n \gg K$）的前提下，将实验测得的样品信号和参考信号的频域谱进行比较，则有

$$E_{\text{sam}}(\omega)/E_{\text{ref}}(\omega) = T(\omega)\exp[-i\Delta\phi(\omega)] \tag{2-12}$$

式中，$E_{\text{sam}}(\omega)$ 和 $E_{\text{ref}}(\omega)$ 是频域中的复电场，分别为样品信号和参考信号；$T(\omega)$ 为透过样品的太赫兹电场，$\Delta\phi(\omega)$ 为相位变化。其中，$T(\omega)$ 和 $\Delta\phi(\omega)$ 可从实验中直接测得，由此可确定实折射率 $n(\omega)$、吸收系数 $a(\omega)$ 和消光系数 $k(\omega)$：

$$n(\omega) = 1 + \Delta\phi(\omega) \cdot \frac{c}{\omega d}, \quad a(\omega) = \frac{2}{d}\ln\left\{\frac{4n(\omega)}{T(\omega)\left[1+n(\omega)\right]^2}\right\}, \quad k(\omega) = \ln\left\{\frac{4n(\omega)}{T(\omega)\left[1+n(\omega)\right]^2}\right\}\frac{c}{\omega d}$$

$$\tag{2-13}$$

式中，c 为真空中的光速；d 为样本厚度。

2.3.2　太赫兹时域光谱成像技术介绍

Hu 等通过给 THz-TDS 系统增加二维扫描平移台，成功地实现了脉冲太赫兹时域光谱对树叶等样品成像。由于这种成像方法获得的是样品的光谱信息，不仅能够实现结构成像，而且能够实现功能成像，因此开启了成像研究的热潮。随着对太赫兹波新特性的深入了解，太赫兹成像技术也快速发展起来，涌现出了许多如太赫兹二维电光取样成像、层析成像、太赫兹啁啾脉冲时域场成像、近场成像、太赫兹连续波成像等，可应用于生物医学、质量检测、安全检查、无损检测等众多应用领域。

太赫兹时域光谱图像不仅包含物质外观几何信息，还包括对时域光谱图像的每个像素的时域光谱信息。这为成分鉴定、结构分析、隐藏物体检测提供了必要的信息，并且太赫兹辐射具有低能量特性，可以直接作用于生物组织进行活体检测成像，这些特性是太赫兹时域光谱成像技术区别于其他光谱成像技术的主要特点。

从 THz-DTS 成像原理可以看出，由成像技术得到的目标物图像，每个像素都对应着该点处目标材料对脉冲信号的一个时间响应序列。因而，图像不仅包含目标物的几何信息，还包含目标物对脉冲响应的强度、相位和时间等完整信息，从而可以计算出每个像素点处样品的吸收谱、吸光度和折射率谱等光学参数，这为目标物的分析和识别提供了丰富的信息。

太赫兹时域光谱成像系统获取的是数据量庞大的三维时空数据集［二维空间（x, y）轴向和一维时间轴向］，如图 2-5 所示。

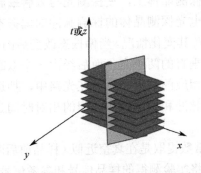

图 2-5　太赫兹时域光谱图像数据示意图

由于在一个时间点上的太赫兹图像所包含的信息量很少，因此通常要获取整个三维的数据集合。而太赫兹图像的重构通常基于太赫兹时域波形的特定参数或峰位的延迟时间。

目前对于样品重构的方法主要有以下 5 种。

（1）飞行时间成像：利用各像素点对太赫兹信号的时间延迟信息成像。

（2）利用各像素点太赫兹时域信号的最大值、最小值或最大值与最小值的差值成像。其中，时域最大值成像反映了样品对太赫兹波的消光系数。

（3）特定频率振幅（相位）成像：利用各像素点太赫兹频域信号在某一频率的振幅（相位）值成像。

（4）功率谱成像：对各像素点太赫兹频域信号在某一段频率范围内的振幅平方值积分的信息成像。

（5）脉宽成像：利用太赫兹主峰值的脉宽成像，该成像模型主要反映物体的色散特性，它可以清晰地呈现物体的轮廓。

太赫兹脉冲时域光谱成像技术与一般的强度成像不同，它的一个显著特点是信息量大。每个像素点对应一个时域波形，可以从时域信号及傅里叶变换频谱中选择任意一个数据点的振幅或相位进行成像，从而重构样品的空间密度分布、折射率和厚度分布。

2.4　化学计量学方法概述

化学计量学方法研究在现代分子光谱分析中占有非常重要的地位。稳定、可靠的光谱分析仪器与功能全面的化学计量学软件相结合，标志着现代分子光谱技术进入了崭新的一页。光谱分析中化学计量学方法的研究主要用于信号预处理、定量分析和模式识别定性分析等方面。

2.4.1　预处理

样品预处理包括异常样品的剔除及建模集样品的选取。

1. 异常样本剔除方法

在近红外光谱（NIR）建模分析过程中，出现异常样品是不可避免的。异常样品的存在严重影响了校正模型的预测能力，因此必须将其从建模集中剔除。所谓异常样品，是指浓度标准值或光谱数据存在较大误差的样品。浓度标准值产生误差的原因很多，主要是在测试浓度标准值时采用的方法不当和人为引起的浓度值抄写错误等；光谱数据的误差主要是由于光谱仪器本身有误差、样品前处理不当、环境温度和湿度的影响等。

剔除建模集中异常样品的准则，通常有基于预测浓度残差、基于重构光谱残差及杠杆值与学生 T 检验等标准。关于异常样品的判别和剔除方法的研究较多，如闵顺耕等利用马氏距离、Cook 距离、光谱特征异常值、光谱残差比、化学值绝对误差等指标结合数理统计检验来判断光谱和化学值的异常，并利用这些方法进行近红外光谱定量分析中的模型优化，取得了很好的效果。祝诗平等提出的异常样品"二审"剔除法采用"回收"算子，使定标模型保留了更多的样品，使模型更有代表性和稳定性，进一步提高通过近红外光谱模型进行农产品品质检测的精度。刘智超等在"蒙特卡罗交叉验证中的统计规律"中提出了一种奇异样本的识别方法，即首先利用蒙特卡罗交叉验证建立一定数量的模型，然后按照预测误差平方和（PRESS）排序并统计每个样本在不同模型中的出现频次。由于奇异样本的特殊性，其出现频次将与正常样本有显著差异。通过对 4 组数据进行考察，结果表明，此方法可以有效地识别近红外光谱中的奇异样本，比常用的留一法交叉验证（LOO-CV）方法具有更强、更准确的识别能力。

2. 建模集样本选取

近红外校正模型的稳定性取决于建模集样品所覆盖范围的大小。在应用近红外分析技术对背景复杂的农产品、食品等天然产物进行分析时往往需要大量的建模样品，定标较为复杂。选择有代表性的建模集样品不但可以减少建模的工作量，而且直接影响所建模型的适用性和准确性。目前，建模集样品的选择有常规选择和计算机识别两种方法。采用常规方法确定建模集样品的最大缺点是必须积累大量的样品以供选择。计算机识别则是纯粹通过光谱差异选择建模集，在很大程度上减少了像常规方法那样测量基础数据的样品数，降低了建模费用。但这种自动识别建模集的方法也存在一定的缺陷，如有些光谱的差异并非完全由所测样品的组成或性质差异引起，可能是由某些随机因素如样品的温度、粒径大小等因素的差异造成的。常见的建模集样品挑选方法较多，如含量梯度法、Kennard-Stone 法等。芦永军等通过采用相似样品剔除算法成功地从 178 个玉米粉样品中提取出 94 个优选样品，实验分析发现，经过该算法优选的样品不仅保持了原始样品集的代表性，而且达到了和原始样品集参与建模相近的建模精度，经此算法筛选得到的优选建模集样品数量上有了很大程度的减少，大大地减轻了实验人员的工作强度，而且为进行更多重复的实验提供了条件。舒庆尧等运用 InfraSoft International 公司的 CENTER 和 SELECT 计算机程序，研究了稻米表观直链淀粉含量近红外测定建立回归方程时样品群体的界定与选择。实验表明，用 SELECT 程序选择有代表性的样品，在建立测定 AAC 的回归方程时，可以大幅度减少需测定的样本数，从而大大减少实验室的工作量。

近红外数学模型的优劣及其预测能力是不能只靠模型的稳定性来衡量的，也就是说，并不是建模样品的代表性越好，模型的适应范围越宽，模型的稳定性越好，就意味着模型的预测能力也越好。定标模型中样品的变异范围越宽，则模型中所遇到的非线性或异质性问题越严重，干扰因素也越多，对某些预测样品而言其预测能力会下降。当 NIR 校正模型所覆盖的范围较小时，在一个窄的范围内线性会更好，模型的绝对预测能力就会得到提高。因此在有大量样品参与建模时，将样品集进行分类建模，可以减少样品的变异范围，从理论上可以提高样品的预测准确度。样品的分类标准有很多，对农产品而言，可以根据产地、品种或者光谱性质进行分类。

1）含量梯度法

含量梯度法是一种常见的常规选择方法。含量梯度法将样品集中的样品按某个组分的含量值顺序（由大到小或反之）排列，然后从中按序抽取样品组成建模集或校验集。这种方法较为简单直观，但是必须测量样品集中所有样品的基础数据才能使用。

2）Duplex 法

Duplex 法（双向算法）是一种计算机识别方法。这种方法的思想来源于 Kennard-Stone 设计实验方法。使用该方法，需事先指定预测集的样品数。Duplex 算法是：首先挑选出样品集中距离（指欧氏距离）最远的两个样品组成第一个子集，挑选距离次远的两个样品构成第二个子集（第二子集作为校验集）；然后在取出上述 4 个样品后，重新计算剩余样品集中两两样品间的欧氏距离，按照以上规则分别挑选出样品放在第一或第二子集；最后重复循环以上过程，直到第二子集的样品数目达到事先给定的校验集数目时停止计算。

此时，第一子集加上剩余样品就作为建模集。该方法纯粹通过样品的光谱差距挑选样品子集。

3）Kennard-Stone 法

Kennard-Stone 法的设计原理是将光谱差异较大的样品选入建模集，而其余较为相近的样品选入预测集，这样可使有代表性的样品全部进入建模集，从而在一定程度上避免建模集样品分布的不均匀。Kennard-Stone 算法如下。

（1）计算距离（欧氏距离），提取相距最大的两个样品进入定标集。

（2）计算剩余样品与已选建模集样品的距离，首先计算出每个待选样品与已选建模集样品距离的最小值，$D_v=\min(d_{1v},d_{2v},\cdots,d_{kv})$，其中 $1\sim k$ 为已选入建模集样品号，v 为待选样品号，若样品集中剩余的样品数为 m，则 $v=1,2,\cdots,m$。

（3）计算 D_v 最大值，$D=\max(D_v)$，将对应 D_v 最大值的样品添加到建模集。

（4）重复第（2）步和第（3）步直至建模集样品达到指定数目，剩余样品则作为预测集。

Kennard-Stone 法同 Duplex 法一样，没有考虑到有些光谱的差异并非完全由所测样品的组成或性质差异引起，因此很有可能将异常样品也选入建模集中。

4）GN 距离法

上述 3 种挑选算法都是在假设原始样品集中没有异常样品的情况下进行建模集样品挑选的，如果原始样品集中有异常样品，则使用上述 3 种方法时就无法避免将异常样品选入建模集的情况。另外，建模集样品所覆盖的范围会影响到所建模型的适用性和准确性，而 Duplex 法与 Kennard-Stone 法并没有考虑如何在挑选建模集样品时保证建模集的范围；上述 3 种方法计算中都需要事先指定建模集或预测集的样品数，这给计算带来很大的局限性，需要有先验知识才能给出一个估计值。针对上述问题，这里研究 GN（Global H and Neighborhood H）距离法用于建模集样品挑选。

首先介绍一下全局距离和邻域距离的概念。

全局距离（Global H）：空间分布中任一样品距离样品集中心点的距离，简写为 GH。

邻域距离（Neighborhood H）：空间分布中任一样品距离其邻近样品的距离，简写为 NH。

GN 距离法是一种基于马氏距离（Mahalanobis Distances，MD）的建模集样品挑选算法，一方面通过全局距离界定建模集样品范围，即排除可能的异常样品；另一方面通过邻域距离尽可能选择有代表性的样品，同时减少相似个体的数目，以便减少建模的工作量和获得准确、广适的回归方程。

2.4.2 光谱预处理

光谱预处理主要用于消除光谱噪声和其他谱图不规则因素的影响。近红外光谱仪器所采集的光谱除样品的自身信息之外，还包含了其他无关信息和噪声，如电噪声、样品背景和杂散光等。因此在用化学计量学方法建立模型时，消除光谱数据无关信息和噪声的预处理方法变得十分关键和必要。光谱预处理研究主要包括两个方面：一是谱图预处理；二是波长选择。

1. 谱图预处理

常用的光谱预处理方法有数据增强变换、平滑、导数、光散射校正、傅里叶变换等。近几年，小波变换、正交信号校正和净分析信号等一些新方法正在得到发展和应用。

数据增强算法（Data Enhancement）：在建立 NIR 定量或定性模型前，往往采用一些数据增强算法来消除多余信息，增加样品之间的差异，从而提高模型的稳健性和预测能力。常用的算法有均值中心化（Mean Centering）、标准化（Autoscaling）和归一化（Normalization）等。

平滑算法（Smoothing）：由光谱仪得到的光谱信号中既含有有用信息，同时也叠加着随机误差（噪声）。信号平滑是消除噪声最常用的一种方法，其基本假设是光谱含有的噪声为零均随机白噪声，若多次测量取平均值则可降低噪声，提高信噪比。常用的信号平滑方法有厢车平均法、移动窗口平均平滑法，以及 Savitzky 和 Golay 提出的卷积平滑法。

导数算法（Derivative）：近红外光谱测量的是样品振动的 3 级和 4 级倍频吸收，样品的背景颜色和其他因素常导致所测光谱出现明显位移和漂移。导数法可以消除基线漂移或平缓背景干扰的影响，提供比原光谱更高的分辨率和更清晰的光谱轮廓变化。对光谱求导一般有直接差分法和 Savitzky-Golay 求导法两种方法。对于分辨率高、波长采样点多的光谱，直接差分法求取的导数光谱与实际相差不大；但对于稀疏波长采样点的光谱，该方法所求的导数则存有较大误差，这时可采用 Savitzky-Golay 卷积求导法计算。导数光谱可有效地消除基线和其他背景的干扰，分辨重叠峰，提高分辨率和灵敏度，但它同时会引入噪声，降低信噪比。此外，根据微分的级数，对微分窗口的大小也应该做出合适的选择。

光散射校正（Light Scattering Correction）：漫反射测量时，由于样品粒径大小分布不均匀性，即使相同的样品，多次测量的光谱会出现差异，此即光散射现象。Geladi 等提出多元散射校正（Multiplicative Scatter Correction，MSC）主要是消除颗粒分布不均匀及颗粒大小产生的散射影响；Barnes 等提出的标准正态变量变换（Standard Normal Variate Transformation，SNV）主要用来消除固体颗粒大小、表面散射及光程变换对 NIR 漫反射光谱的影响。去趋势算法（De-trending）通常用于 SNV 处理后的光谱，用来消除漫反射光谱的基线漂移。

傅里叶变换（Fourier Transform）：它是一种十分重要的信号处理技术，能把原光谱分解成许多不同频率的正弦波的叠加和。根据需要可通过 FT 对原始光谱数据进行平滑、插值、滤波、拟合及提高分辨率等运算。在 NIR 光谱分析中，傅里叶变换可用来对光谱进行平滑去噪、数据压缩及信息的提取。例如，Devaux 对用于面粉分类的 NIR 反射光谱数据用 FT 数据压缩后再进行 PCA 处理，不但保证了准确度，而且大大减小了运算时间。

小波变换（Wavelet Transform）：20 世纪 90 年代初，WT 被引入化学领域并形成了化学小波分析。WT 能够根据频率的不同，将化学信号分解成多种尺度成分，并对大小不同的尺度成分采取相应粗细的取样步长，从而能够聚焦于信号中的任何部分。从原理上讲，在 NIR 光谱分析中，用到 FT 的地方一般都可使用 WT，如光谱去噪平滑、光谱数据压缩和化学信息的提取等。将小波消噪方法应用于近红外光谱分析的研究十分活跃，如闵顺耕等将小波变换与偏最小二乘法（PLS）相结合对 52 个烟草样品的 NIR 漫反射光谱进行了分析；陈斌将小波变换运用于方便面含油率近红外光谱检测中；祝诗平利用在小波变换下奇异信号和噪声在多尺度空间中的模极大值传递特性的不同，对 33 个小麦样品的近红外光谱信号进行了消噪处理等，上述研究都取得了较好的结果。但是目前在 WT 对光谱进行预处理的过程中，需要人为选择一些合适的参数，如小波基函数、压缩中的阈值、去噪中的截断尺度及分解层次等，目前对这些参数的选择尚没有客观的标准，需要靠经验和尝试来确定。尽管如此，因 WT 的时频局域性、多分辨率分析和有可供选择的大量基函数等特点，使其不失为一种强有力的信号预处理方法。将 WT 与其他化学计量学方法相结合是一个重要的研究热点和发展方向。

正交信号校正（Orthogonal Signal Correction）：上述光谱预处理方法，如导数、平滑、光散射校正、FT 和 WT 等，都只是对谱图本身数据进行处理，并未考虑浓度阵的影响，所以在进行预处理时，极有可能损失部分对建立校正模型有用的信息，又可能对噪声消除得不完全，而影响所建分析模型的质量。1998 年，S. Wold 提出了一类新概念谱图预处理方法：正交信号校正（Orthogonal Signal Correction，OSC）。这类预处理方法的基本原理是在建立定量校正模型前，将光谱阵与浓度阵正交，滤除光谱与浓度阵无关的信号，再进行多元校正，达到简化模型及提高模型预测能力的目的。各国化学计量学学者各自发展了多种OSC 算法，如直接正交信号校正（Direct Orthogonal Signal Correction，DOSC）、直接正交（Direct Orthogonalization，DO）、JSOSC、TFOSC、OPLS、POSC 等。Svensson 对不同的OSC 算法进行了比较。Blanco 等使用 OSC 方法有效地消除了两类 NIR 光谱数据（固体药物在线和实验室所测光谱）的差异，校正和预测结果均优于 1st Der、SNV 和 MSC。毕贤比较了目前比较成熟的 5 种基于正交投影的正交算法，并在谷物和柴油的近红外数据上应用这 5 种算法进行比较讨论。余浩使用三七药材固粉近红外光谱数据和黄连提取液近红外光谱数据测试了 6 种不同的 OSC 算法，实验结果表明，采用 OSC 建立的校正模型，与未经 OSC 处理而建立的模型相比，预测精度大大提高了。需要指出的是，由于校正过程中PLS 方法在一定程度上也可以消除非线性和其他的不相关变量，因此在大多数情况下，OSC算法并未显著提高模型的预测能力，在本质上也未简化模型所用的主因子数，但是 OSC 算法能够较好且直观地解释光谱特征。

净分析信号算法（Net Analyte Signal）：净分析信号也是有浓度阵参与的一种预处理算法，它的基本思想与 OSC 基本相同，都是通过正交投影除去光谱阵中与待测组分无关的信息。

2. 波长选择方法

在 NIR 结合 PLS 建模中，传统观点认为 PLS 具有较强的抗干扰能力，可全波长参与多元校正模型的建立。随着对 PLS 方法的深入研究发现，通过特定方法筛选特征波长或波长区间有可能得到更好的定量校正模型。波长选择一方面可以简化模型，更主要的是可以剔除不相关或非线性变量，得到预测能力强、稳健性好的校正模型。波长选择方法主要有相关系数法、方差分析法、逐步回归法、无信息变量的消除法（Uninformative Variables Elimination，UVE）、间隔偏最小二乘法（interval PLS，iPLS）、遗传算法（Genetic Algorithm，GA）等。其中，GA 是应用较为广泛的一种波长选取方式。张巧杰采用 6 种波长选择方法（包括相关系数法、方差分析法、相关矩阵分析法、无信息变量消除法、遗传算法和小波变换法）对校正集 90 个糙米粉样品光谱集进行波长选择后建立的校正模型，与未经波长选取的原始光谱建模进行比较，模型预测能力得到了不同程度的提高。

（1）分段排序法。近红外光谱谱区选择方法中，一般有经验法和"分段排序"法。经验法就是根据专家经验，凭借图示法，选取组分特征波长谱区，但主观性很大。

"分段排序"法的主要思想是：预先把光谱总区间分割为多个子区间（可以均分，也可以不均分）；然后取每个子区间的波长点数据建模，根据所建模型在最佳主成分时的PCR/PLS-CV预测值与标准值的相关系数 R 从大到小，交叉校验均方根误差 RMSECV 从小到大的顺序，对所有子区间综合排序，给出各个谱区对某组分建模的影响的重要程度；最后还是要凭专家经验选取哪些谱区参与最后建模。

（2）相关系数法。样品在有些光谱区域的光谱信息很弱，与样品的组成或性质间缺乏相关关系。为了找出最有效的光谱区域，可以将测定的组成或性质数据与样品的光谱数据进行关联，求出每个波长处的相关系数。

相关系数法将校正集光谱矩阵 $X_{n×m}$ 中每个波长对应的吸光度向量与待测组分浓度矩阵 $Y_{n×1}$ 进行相关性计算，相关系数越大的波长其信息越多，因此，可结合经验知识给定一初始阈值，选取相关系数大于该阈值的波长参与建模。然后根据模型的精度调整阈值，从而确定最优波段。第 j 个波长点处的相关系数 R_j 由下式计算。

$$R_j = \frac{\sum\limits_{i=1}^{n}(x_{ij}-\bar{x}_j)(y_i-\bar{Y})}{\sqrt{\sum\limits_{i=1}^{n}(x_{ij}-\bar{x}_j)^2 \sum\limits_{i=1}^{n}(y_i-\bar{Y})^2}} \tag{2-14}$$

式中，$\bar{x}_j = \dfrac{\sum\limits_{i=1}^{n}x_{ij}}{n}$，$\bar{Y} = \dfrac{\sum\limits_{i=1}^{n}y_{i1}}{n}$，$j=1,2,\cdots,m$（$m$ 为波长点数），$i=1,2,\cdots,n$（n 为样品数）。

（3）方差分析法。在理想的情况下，校正集样品光谱信息的最大变化是由被测样品的组成或性质的变化引起的。模型的建立是根据光谱的这种变化，而不是根据光谱的绝对强度。因此光谱变化最明显的区间也应当对应光谱信息最丰富的区域。在光谱仪器测量精度较高时，样品光谱的标准差将直接反映该波长处光谱的信息量。所以，除了通过对样品组成或性质与光谱进行相关处理进行波长选择，在不清楚组成或性质数据时，也可以对校正集样品的光谱进行方差处理来优选波长。

方差分析法谱区优化流程如图 2-6 所示。

（4）相关成分分析法。相关成分分析法是从近红外光谱与其组分含量之间的相关信息量的角度提出的一种简单有效的波长选择方法。

近红外光谱在各个波长点上光谱数据的方差越大，离散程度越大，则相应的样品差异也越大，因此反映离散度的方差值可以作为考察该数据点上信息差异的指标，能从整体上较好地反映各波段信息量的多少。从近红外光谱的角度，虽然考虑了波长点所含信息变化量的大小，但是这些变化可能是干扰因素引起的，与样品的被测成分差异之间并无联系，属于不相关的冗余信息，对近红外光谱的定量分析精度会产生影响。因此还需要考虑近红外光谱与样品的被测组分含量之间的相关关系，从而挑选出与被测组分信息相关性大的区域。为此，构造 $n×n$ 阶方阵 $Y=[Y_1,Y_2,\cdots,Y_n]^T$，其中，$Y_i=[0,\cdots,0,y_i,0,\cdots,0]^T$，$y_i$ 为经过标准化之后的样品的浓度数据。进而构造相关成分矩阵 $S=XC$，其中，X 为光谱矩阵，

相关成分矩阵 $\boldsymbol{S}$ 既体现了光谱矩阵的信息，同时也反映了浓度矩阵的信息。因此只需考察相关成分矩阵 $\boldsymbol{S}$ 各行向量的方差值，就可以反映出各个波长点上光谱数据所体现的样品被测成分浓度差异的信息量，即可以根据方差的大小判断各波长点上光谱数据的离散度，以及光谱数据与浓度的相关性，从而挑选出与样品被测组分含量相关性较强的近红外光谱区间。

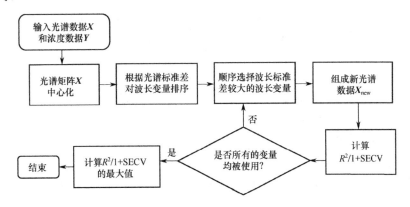

图 2-6　方差分析法谱区优化流程

算法的实现步骤如下。

① 对光谱矩阵 $\boldsymbol{X}_{n\times m}$、浓度矩阵 $\boldsymbol{Y}_{n\times 1}$ 分别做中心化处理，得到 $\boldsymbol{X}'_{n\times m}$ 和 $\boldsymbol{Y}'_{n\times 1}$，即

$$x'_{ij} = x_{ij} - \overline{x}_j, \quad \overline{x}_j = \frac{1}{n}\sum_{j=1}^{n} x_{ij}, \quad y'_i = y_i - \overline{y}_i, \quad \overline{y}_i = \frac{1}{n}\sum_{i=1}^{n} y_i \tag{2-15}$$

式中，$i=1,\cdots,n$（n 为样品个数）；$j=1,\cdots,m$（m 为波长点数）。

② 对 $\boldsymbol{Y}'$ 进行标准化得 $\boldsymbol{Y}''$，即

$$\boldsymbol{Y}'' = \frac{\boldsymbol{Y}'}{\text{range}} = [y''_1, y''_2, \cdots, y''_n] \tag{2-16}$$

式中，range 为浓度矩阵 $\boldsymbol{Y}$ 的极值。

③ 构造 $n\times n$ 阶方阵 $\boldsymbol{Y}$：

$$\boldsymbol{Y} = \begin{bmatrix} y_{11} & 0 & \cdots & 0 \\ 0 & y_{22} & \cdots & 0 \\ \vdots & \vdots & \ddots & \vdots \\ 0 & 0 & \cdots & y_{nn} \end{bmatrix} \tag{2-17}$$

式中，$y_{ij} = y''_j$，$i=j=1,2,\cdots,n$。

④ 构造相关成分矩阵 $\boldsymbol{S} = \boldsymbol{X}\boldsymbol{Y} = [\boldsymbol{S}_1, \boldsymbol{S}_2, \cdots, \boldsymbol{S}_p]^{\mathrm{T}}$，其中，$\boldsymbol{S}_i = [S_{i1}, S_{i2}, \cdots, S_{in}]$（$i=1,2,\cdots,p$），是相关成分矩阵 $\boldsymbol{S}$ 的行向量。

⑤ 计算相关成分矩阵 $\boldsymbol{S}$ 各行向量的方差值，即

$$\text{Var}(\boldsymbol{S}) = [\text{Var}(\boldsymbol{S}_1), \text{Var}(\boldsymbol{S}_2), \cdots, \text{Var}(\boldsymbol{S}_p)]^{\mathrm{T}} \tag{2-18}$$

⑥ 设定初始方差阈值，根据校正模型的精度调整阈值，从而确定最优波段。

（5）基于小波变换的波长选择方法。小波分解低频系数是对除去高频噪声系数后原光谱的替代，能够最大限度地表征原数据的结构特征。基于小波变换的波长选择方法首先将

原光谱用小波变换进行数据分解，根据小波分解低频系数与浓度矩阵所建模型的质量，找出最佳小波分解低频系数。然后将最佳小波分解低频系数与原光谱数据进行关联，求出最佳小波分解低频系数与原光谱数据的列相关系数 R，取与原光谱数据相关系数较大的波长组合来建模。最佳小波分解低频系数是根据所建模型的质量选出的，最后参与建模的波长是最佳低频系数与原光谱相关性大的波长组合，不仅考虑了浓度矩阵对波长选择的影响，而且由于已将小波分解的高频系数全部滤除，避免了高频噪声的干扰。选择与最佳小波分解低频系数相关系数大的波长组合来建模，因为相关系数大的光谱区间携带原光谱矩阵的信息比较多，所以对样品的组成或性质影响也较大。

采用预置的相关系数阈值，自动选择那些相关系数大于阈值的波长点建立校正模型。阈值的选择根据所建模型的精度来确定。取不同的阈值对波长选择并建模，模型精度最高时的阈值对应的波长组合即为所求。

算法的实现过程如下。

① 分别对原始光谱矩阵 $X_{n×p}$ 的每一行（代表一个样品的光谱数据）进行小波分解，分解到第 J 层，得到 J 个小波分解低频系数矩阵，找出最好的一个低频系数矩阵 $Y_{n×pj}^{j^{opt}}$，对应的分解层为 j^{opt}。

② 计算最佳小波分解低频系数矩阵 $Y_{n×pj}^{j^{opt}}$ 与原始光谱矩阵 $X_{n×p}$ 列向量的相关系数。

③ 设定初始相关系数阈值，根据所建模型的精度调整阈值，从而确定最优波长组合。基于小波变换的波长选择算法示意图如图 2-7 所示。

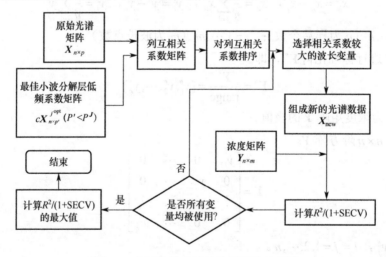

图 2-7　小波变换的波长选择算法示意图

（6）基于遗传算法的谱区选择法。1975 年，Holland 提出了遗传算法（Genetic Algorithms，GA）。遗传算法是一种模拟生物进化过程的优化方法，主要是通过选择（Selection）、交叉（Crossover）和变异（Mutation）等模拟生物基因操作的步骤来进行"优胜劣汰"的，在算法的运行过程中，种群逐代优化而趋近于问题的最优解。

在光谱分析中，遗传算法对于多组分分析的波长选择（Wavelength Selecting by Genetic Algorithms，WSGA）非常有效，是提高分析结果准确性的一个重要途径。Lucasius 等将遗传算法用于 UV 法测定 4 种 RNA 核苷酸时的波长选择，使用 36 位的二进制字符串表示 36 个波长，"1"表示该波长被选择，"0"表示不被选择，并分别以体系对波长的选择性、结果的准确性及最小均方误差为评价指标，将遗传算法与模拟退火法、逐步消元法进行比较，预测结果表明，遗传算法的效果最佳。褚小立等利用遗传算法对重整汽油中各组成的近红外光谱的波长变量进行筛选（以相关系数作为评价指标），再用偏最小二乘方法建立分析校正模型，不仅简化优化了模型，而且增强了模型的预测能力。王宏等利用遗传算法对人体血糖近红外光谱的波长进行了优化选择（评价指标为预测标准偏差 RMSEP），提高了血糖浓度的测量精度。

由于 WSGA 都是每个波长对应一个基因，如果有 p 个波长，那么染色体就有 p 个基因，如果波长数目较大，遗传算法的染色体的基因位数就很多，因此使优化搜索空间变得十分巨大。对于近红外光谱分析，往往不需要选择具体的波长点，只需要选择某些波长区间，本节提出一种基于遗传算法的近红外光谱波长区间选择方法（Region Selecting by Genetic Algorithms，RSGA）。

RSGA 不是每个波长对应一个基因，而是将原全谱区间按照某种方法分割成一定数目的子区间（这里区间数目远小于波长点数目），每个子区间对应一个基因，然后找出最优的子区间组合。显然，分割全谱区间的各子区间的波长点数均为 1 时，RSGA 就变成 WSGA 了，即 WSGA 是 RSGA 的特例。

（7）CARS 变量选择方法。近红外光谱通常由大量数据点构成，建模时波长点数远多于样本数，因此光谱共线性非常严重，利用变量筛选可简化模型，并提高模型的预测能力。CARS 方法模仿达尔文进化理论中的"适者生存"原则，每次通过自适应重加权采样技术筛选出 PLS 模型中回归系数绝对值大的波长点，去掉权重小的波长点，利用交互检验（CV）选出模型交互验证均方差（RMSECV）值最低的子集，可有效选择与所测性质相关的最优波长组合。具体计算如下。

矩阵 $X_{m \times p}$ 为所测样本的光谱矩阵，其中 m 为样本数，p 为变量数；$Y_{n \times l}$ 表示组分向量；T 为 X 的得分矩阵，是 X 与 W 的线性组合；W 为组合系数；c 表示 Y 和 T 建立的 PLS 校正模型的回归系数向量；E 为预测残差，则有下列关系式成立：

$$T = XW \tag{2-19}$$

$$Y = Tc + E = XWc + E = Xb + E \tag{2-20}$$

$b = Wc = [b_1 \quad b_2 \quad \cdots \quad b_p]^T$，这是一个 p 维的系数向量。其中，b 中第 i 个元素的绝对值 $|b_i|(1 \leq i \leq p)$ 表示第 i 个波长对 Y 的贡献，$|b_i|$ 值越大则该变量越重要。为评价每个波长的重要性，定义权重 w_i 为

$$w_i = \frac{|b_i|}{\sum_{j=1}^{p} |b_j|}, \quad i = 1, 2, \cdots, p \tag{2-21}$$

通过 CARS 法去掉的变量，其权重 w_i 均设为 0。

① 采用蒙特卡罗采样（MCS）法采样 N 次，每次从样品集中随机抽取 80% 的样品作为校正集，分别建立 PLS 回归模型。

② 利用指数衰减函数（Exponentially decreasing function，EDF）强行去掉$|b_i|$值相对较小的波长点。

第 i 次 MCS 采样时，波长点的保留率为 $r_i = ae^{-ki}$。其中，a 与 k 为常数，其值可根据下列两种情况求出：①第一次 MCS 采样时，p 个变量均被用于建模，故 $r_1=1$；②第 N 次 MCS 采样时，仅两个波长被使用，故 $r_N = 2/p$。a 和 k 的计算公式为

$$a = (p/2)^{1/(N-1)} \qquad (2\text{-}22)$$

$$k = [\ln(p/2)]/(N-1) \qquad (2\text{-}23)$$

③ 通过 N 次自适应重加权采样技术筛选出 PLS 模型中回归系数绝对值大的波长点，用每次产生的新变量子集建立 PLS 回归模型，计算各模型的 RMSECV，选择 RMSECV 值最小的变量子集，即为最优变量子集。

（8）基于移动窗口的特征谱区筛选算法。

1）移动窗口偏最小二乘法

移动窗口偏最小二乘法（Moving Window Partial Least Squares，MWPLS）的基本原理是沿波长变化的方向顺序滑动截取指定窗口宽度的区间，建立一系列的 PLS 模型，根据 RMSECV 选取最佳光谱区间，窗口宽度不同则所包含的光谱信息不同，因此窗口宽度决定了所建 PLS 模型性能，是采用 MWPLS 法的关键。该算法的最大优势在于：即使有干扰存在，所建模型依然非常稳定，其预测能力优于传统全光谱的偏最小二乘法。

2）间隔偏最小二乘法

间隔偏最小二乘法（interval Partial Least Squares，iPLS）将全光谱等分成 n 个子区间，然后分别在全光谱及各个子区间内建立 PLS 回归模型，并利用交互验证分别计算出全波谱回归模型和各子区间回归模型的预测残差平方和（PRESS），以全波段回归模型的 PRESS 作为阈值，从各间隔中选取出 PRESS 值小于阈值的波段建模，以达到波段优选的目的。n 取值不同，区间宽度不同，则子区间光谱信息不同，因此如何确定合适子区间数目 n 是采用 iPLS 法的关键。该算法的缺点是只能选择单一子区间进行建模，没有考虑到可以使用多个子区间进行联合建模。

3）向后间隔偏最小二乘法

向后间隔偏最小二乘法（Backward interval Partial Least Squares，BiPLS）将全光谱等分成 n 个子区间，依次剔除一个子区间，用剩下的 $n-1$ 个区间联合建模，共计可以计算得到 n 个 RMSECV 值。最小 RMSECV 值所对应的区间就是第一个排除的区间，以此类推，计算直到剩下最后一个区间。确定合适的子区间个数 n 值是采用 BiPLS 法的关键。相较于 iPLS 法，该方法可以弥补间隔偏最小二乘法利用单一子区间建模的缺陷。

4）联合间隔偏最小二乘法

联合间隔偏最小二乘法（Synergy interval Partial Least Squares，SiPLS）是 iPLS 的一个扩展，它是通过划分不同子区间个数 n 及子区间的任意组合来筛选相关系数最大且误差最小的一个组合区间。因此合适的子区间的个数和联合区间数是采用 SiPLS 法的关键。该方法可以弥补间隔偏最小二乘法利用单一区间建模的缺陷，但同时随着子区间个数的增加，运算次数会急剧增大，建模时间也会更长。

2.4.3　定量校正

1. PLS 校正方法

近红外光谱图谱复杂，谱图重叠严重，利用单一或有限特征波长下获得的光谱数据的一元线性回归（Single Linear Regression，SLR）、多元线性回归（Multi Linear Regression，MLR）等校正方法，很难获得准确的定量分析结果。近年来，由于化学计量学的发展和应用，光谱分析进入了一个新时代。光谱和化学计量学的结合已成为一种快速和高效的分析技术，尤其在近红外光谱方面，化学计量学方法可以有效地剔除噪声，克服了经典方法的缺点，并保留了其优点。现代近红外光谱分析都是在多波长下进行的，即利用全谱信息，提高了分析结果的准确性，定量校正方法多采用各种多元线性校正方法：逐步多元线性回归（Step Multi Linear Regression，SMLR）、主成分回归（Principal Component Regression，PCR）、偏最小二乘回归（Partial Least Squares Regression，PLSR）、稳健偏最小二乘回归（Robust Partial Least Squares Regression，RPLS）等方法。

PCR 和 PLS 方法均利用了全谱信息，将光谱变量压缩为为数不多的独立变量建立回归方程，通过交叉验证（Cross Validation）来防止过模型现象，比 MLR 和 SLR 分析精度提高，但 PCR 没有保证主成分一定与感兴趣组分浓度相关（主成分是数据在方差变化最大的方向的投影）。而 PLS 保证了主成分一定与感兴趣组分浓度相关，是在与感兴趣组分浓度最相关的方向的投影，而不是简单地在方差变化最大的方向投影。因此，目前 PLS 是近红外光谱分析上应用最多的回归方法。

偏最小二乘法（又称隐变量投影法）是一种多元统计数据分析方法，于 1966 年提出并首先应用于社会科学，1979 年开始应用于化学领域，多年来一直受到化学化工工作者的高度重视，是化学计量学中最有力的工具之一。目前，PLS 是近红外光谱定量分析中应用最广泛和效果最好的一种方法，基本上所有的近红外分析软件中都包含这种定量分析方法。

PLS 是将因子分析和回归分析结合的方法。记样品光谱矩阵（自变量矩阵）为 $\boldsymbol{X}$，样品浓度矩阵（因变量矩阵）为 $\boldsymbol{Y}$。

PLS 的第一步：因子分析。将 $\boldsymbol{X}$ 和 $\boldsymbol{Y}$ 做如下分解：

$$\boldsymbol{X} = \boldsymbol{TP}^{\mathrm{T}} + \boldsymbol{E} \tag{2-24}$$

$$\boldsymbol{Y} = \boldsymbol{UQ}^{\mathrm{T}} + \boldsymbol{F} \tag{2-25}$$

式中，上标 T 表示求矩阵转置。

$\boldsymbol{T}$ 和 $\boldsymbol{U}$ 分别为 $\boldsymbol{X}$ 和 $\boldsymbol{Y}$ 的得分矩阵，$\boldsymbol{P}$ 和 $\boldsymbol{Q}$ 分别为 $\boldsymbol{X}$ 和 $\boldsymbol{Y}$ 的载荷（主成分矩阵），$\boldsymbol{E}$ 和 $\boldsymbol{F}$ 分别为用 PLS 模型拟合 $\boldsymbol{X}$ 和 $\boldsymbol{Y}$ 时所引进的残差矩阵。

PLS 的第二步：回归分析。将 $\boldsymbol{T}$ 和 $\boldsymbol{U}$ 做线性回归，$\boldsymbol{B}$ 为关联系数矩阵，得

$$\boldsymbol{U} = \boldsymbol{TB} \tag{2-26}$$

$$\boldsymbol{Y}_{未知} = \boldsymbol{T}_{未知}\boldsymbol{BQ} = \boldsymbol{X}_{未知}\boldsymbol{P}^{\mathrm{T}}\boldsymbol{BQ} \tag{2-27}$$

在预测时，由未知样品的矩阵 $\boldsymbol{X}_{未知}$ 和校正得到的 $\boldsymbol{P}$，求出未知样品 $\boldsymbol{X}$ 矩阵的 $\boldsymbol{T}_{未知}$，即

$$\boldsymbol{Y}_{未知} = \boldsymbol{T}_{未知}\boldsymbol{BQ} = \boldsymbol{X}_{未知}\boldsymbol{P}^{\mathrm{T}}\boldsymbol{BQ} \tag{2-28}$$

实际上，PLS 计算并非如此，PLS 把矩阵分解和回归并为一步，即 X 矩阵和 Y 矩阵的分解是同时进行的，并且，将 Y 信息引入到 X 矩阵分解过程中，在每计算一个新成分之前，将 X 得分和 Y 得分进行交换，使得 X 主成分直接与 Y 关联。PLS 算法可分为建模和预测两部分，其流程分别如图 2-8 和图 2-9 所示。

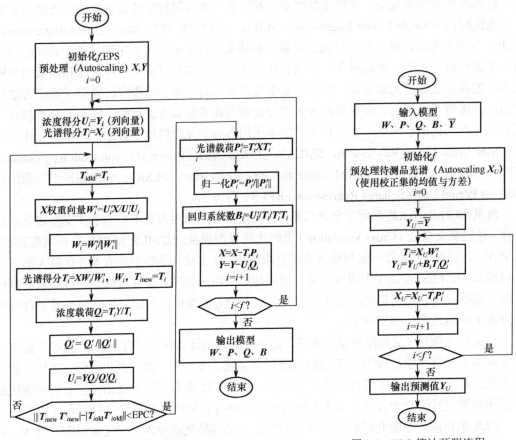

图 2-8 PLS 算法建模流程 　　　　图 2-9 PLS 算法预测流程

若样品光谱矩阵 X 和样品浓度矩阵 Y 间的关系符合线性模型，则描述模型的主成分数应与模型的维数相等。主成分数是偏最小二乘模型的重要性质。

在 PLS 建模中，最困难的问题之一就是如何确定建立模型所使用的主成分数目 f。随着主成分数目的增加，载荷向量对建模的重要程度逐步减小，到一定程度后，载荷向量将变成模型噪声。在建立模型时，使用过少的主成分数，则可能出现欠拟合现象，即太少的主成分不足以反映未知样品被测组分产生的光谱变化；反之，若使用过多的主成分数则可能出现过拟合现象，即将一些代表噪声的主成分加入模型，使模型预测能力下降。因此，合理确定参加建立模型的主成分数是充分利用光谱信息和滤除噪声的有效方法之一。

目前，最常用的确定主成分数的方法是 PRESS（Prediction Residual Error Sum of Squares，预测残差平方和）法。PRESS 法的表达式为

$$\text{PRESS} = \sum_{i=1}^{n} \sum_{j=1}^{f} (Y_{p,ij} - Y_{ij})^2 \tag{2-29}$$

式中，n 为训练集中样品数；f 为建立模型使用的主成分数目；$Y_{p,ij}$ 为样品的预测值；Y_{ij} 为样品的已知值。

PRESS 值越小，说明模型的预测能力越好，因此一般取 PRESS 最小时对应的主成分数 f 作为建模最佳主成分数。

根据 PRESS 值判断主成分数目的方法有自预测法（使用校正集模型对校正集进行预测）、交叉验证法（Cross Validation）、杠杆点预测法（Leverage Prediction）、验证集预测法和 PRESS 法等[6]。目前应用最广泛和最有效的是交叉验证法。

2. ANN 人工神经网络

在建立近红外光谱定量校正模型时，通常使用逐步回归分析（SRA）、主成分回归（PCR）及偏最小二乘法（PLS）等，建立的样品化学标准值与样品光谱参数之间的模型都是线性的。线性算法对具有内在线性关系的体系的校正能力是很强的，但对于存在非线性关系的体系就会出现预测误差远大于校验误差的现象。但近红外吸收光谱中，光谱参数与样品组分含量的化学标准值之间具有一定的非线性，特别是当样品的含量范围较大时，其非线性较明显。非线性校正算法主要有人工神经网络（Artificial Neural Networks，ANN）、非线性 PLS、局部权重回归（Local Weighted Regression，LWR）等方法。

ANN 始于 20 世纪 40 年代初，它的基本思想是模拟人脑细胞（神经元）的工作原理，建立模型进行分类和预测。近红外光谱分析中传统的数据处理方法将自变量之间的关系处理成线性或近似处理成线性，将导致精度的损失，神经网络作为近些年发展起来的数学处理方法具有传统方法不可比拟的优点：第一，具有较强的抗干扰、抗噪声能力和非线性转换能力，采用 Sigmoid 传递函数的 ANN 能很好地模拟非线性体系，因此利用人工神经网络（ANN）这种多元非线性校正方法建立近红外光谱非线性校正模型，在一定条件下可以得到更小的校正误差和预测误差；第二，它是自变量和因变量的非线性映射，可避免因近似处理带来的误差；第三，它具有学习功能，可以通过学习来提高分析的精度。虽然神经网络具有许多优点，但它对信息的解释性较差，而且学习的时间较长。

BP 神经网络通常是指基于误差反向传播算法（BP 算法）的多层前向神经网络，它是 D. E. Rumelhart 和 J. L. McCelland 及其研究小组在 1986 年研究并设计出来的[30]。目前 BP 神经网络已成为近红外光谱定量分析中应用最广泛的非线性多元校正方法[11-16,19,31,32]。

1）BP 神经网络结构

一个典型的 BP 神经网络如图 2-10 所示。其中，隐含层神经元通常采用 Sigmoid 传递函数，而输出层神经元则采用 Purelin 传递函数。理论已经证明，一个三层 BP 网络，当隐含层神经元数目足够多时，其可以以任意精度逼近任何一个具有有限间断点的非线性函数。

2）基本 BP 算法

BP 算法是一种监督式学习算法。算法由信息的正向传递与误差的反向传播这两部分组成。在正向传递过程中，输入信息从输入层经隐含层逐层计算传向输出层，每层神经元的状态只影响下一层神经元的状态。如果在输出层没有得到期望的输出，则计算输出层的误差变化值，然后反向传播，通过网络将误差信号沿原来的连接通路反传回来修改各层神经元的权值，直至达到期望目标为止。

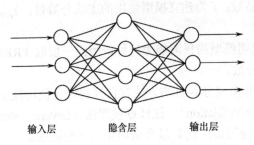

输入层　　　　　隐含层　　　　　输出层

图 2-10　BP 神经网络的基本结构

定义 BP 网络的误差函数为

$$E = (\boldsymbol{y} - \hat{\boldsymbol{y}})^{\mathrm{T}}(\boldsymbol{y} - \hat{\boldsymbol{y}}) \tag{2-30}$$

式中，$\boldsymbol{y}$ 为目标值；$\hat{\boldsymbol{y}}$ 为人工神经网络运算所得的预测值。

对于一组学习样本，BP 神经网络训练的目标就是寻找使 E 最小的网络权值。基本的 BP 算法是通过连续不断地在误差函数梯度下降的方向上计算网络权值和偏差的变化而逐渐逼近目标的。网络训练的实质就是不断调整权值和偏置值，改变函数形状，使由不同神经元组合形成的函数最适合表达输入—输出的关系。网络训练一旦完成，就确定了最终的权重和偏置值。

3）改进 BP 算法

限于梯度下降算法的固有缺陷，基本的 BP 算法通常具有收敛速度慢、易陷入局部极小值等缺点，因此出现了许多改进的算法。这里借助 MATLAB 6.5 提供的人工神经网络工具箱，重点研究了采用改进算法训练得到的 BP 神经网络在近红外光谱定量分析中的使用情况，以期提高 BP 神经网络在近红外定量分析中的预测性能。

（1）快速学习算法。为了克服基本 BP 学习算法的缺陷，MATLAB 神经网络工具箱对基本 BP 算法进行改进，提供了一系列快速学习算法。快速 BP 算法从改进途径上可分为两大类：一类是采用启发式学习方法，如引入动量因子的学习算法、变学习速率的学习算法和"弹性"学习算法；另一类是采用更有效的数值优化方法，如共轭梯度学习算法、Quasi-Newton 算法及 Levenberg-Marquardt 优化方法等。

对于不同的问题，在选择学习算法对 BP 网络进行训练时，不仅要考虑算法本身的性能，还要视问题的复杂度、样本集大小、网络规模、网络误差目标和所要解决的问题类型（判断是属于"函数拟合"还是"模式分类"问题）而定。表 2-2 比较了上述几种典型学习算法的性能[34]。从表 2-2 中可以看出，Levenberg-Marquardt 优化算法、Quasi-Newton 算法和共轭梯度学习算法均适用于近红外光谱定量分析。

表 2-2　5 种改进的 BP 快速学习算法的性能比较

学习算法	适用问题类型	收敛性能
Levenberg-Marquardt 优化方法	函数拟合	收敛快，收敛误差小
"弹性"学习算法	模式分类	收敛最快
共轭梯度学习算法	函数拟合 模式分类	收敛较快，性能稳定

学习算法	适用问题类型	收敛性能
Quasi-Newton 算法	函数拟合	收敛较快
变学习速率的学习算法	模式分类	收敛较慢

（2）提高泛化能力的方法。泛化能力是衡量神经网络性能好坏的重要标志。过拟合（Overfitting）和过训练（Overtraining）都将导致数学模型的不稳定，大大降低神经网络的泛化能力。为了提高神经网络泛化能力，针对 BP 神经网络的过拟合和过训练问题，许多文献给出了较详细的讨论和结论性的意见[2,34]。MATLAB 神经网络工具箱给出了两种用于提高神经网络泛化能力的方法：正则化方法和提前停止方法[34]。

① 正则化方法。正则化方法是为克服过拟合问题而提出的。在训练集大小一定的情况下，网络的推广能力与网络的规模直接相关。如果神经网络的规模远远小于训练样本集的大小，则发生过拟合的机会较小。但是，对于特定的问题，确定合适的网络规模（通常指隐含层的神经元数目）是一件非常困难的事情。正则化方法是通过修正神经网络的训练性能函数来提高泛化能力的。一般情况下，神经网络的训练性能函数采用均方差函数 MSE。其表达式为

$$\mathrm{MSE} = \frac{1}{n}\sum_{i=1}^{n}(\boldsymbol{Y}_i - \boldsymbol{O}_i)^2 \tag{2-31}$$

式中，$\boldsymbol{Y}_i$ 为目标值；$\boldsymbol{O}_i$ 为预测值；n 为训练集样本数量。

在正则化方法中，网络性能函数改变为

$$\mathrm{MSEREG} = \gamma \cdot \mathrm{MSE} + (1-\gamma) \cdot \mathrm{MSW} \tag{2-32}$$

式中，γ 为比例系数；MSW 为所有网络权值平方和的平均值，即

$$\mathrm{MSW} = \frac{1}{p}\sum_{i=1}^{p} w_i^2 \tag{2-33}$$

式中，w_i 为权值；p 为网络中所有连接权的个数。

通过采用新的性能指标函数，可以在保证网络训练误差尽可能小的情况下使网络具有较小的权值，即使得网络的有效权值尽可能小，这实际上就相当于缩小了网络的规模。常规的正则化方法通常很难确定比例系数 γ 的大小，而贝叶斯正则化方法则可以在网络训练过程中自适应地调节 γ 的大小，并使其达到最优。需要指出的是，该算法只适用于小规模网络的函数拟合或逼近问题，不适用于解决模式分类问题，而且其收敛速度比较慢。

② 提前停止方法。提前停止方法是为克服过训练问题而提出的。在该方法中，原始样本集在训练之前需要被划分为训练集、验证集和测试集。训练集用于对神经网络进行训练，验证集用于在神经网络训练的同时监控网络的训练进程。在训练初始阶段，验证集形成的验证误差通常会随着网络的训练误差的减小而减小，但是当网络开始"过训练"时，验证误差就会逐渐增大，当验证误差增大到一定程度时，网络训练会提前停止，这时训练函数会返回当验证误差取最小值时的网络对象。测试集形成的测试误差在网络训练时未被使用，但它可以用来评价网络训练结果和样本集划分的合理性。若测试误差与验证误差分别达到最小值时的训练步数差别很大，或者两者曲线的变化趋势差别较大，则说明样本集的划分不合理，需要重新划分。

提前停止方法的缺点是需要对样本集划分，且划分的合理性不易控制。

ANN 应用于定量分析时，其输入节点不能太多，否则迭代时间会过长。研究结果表明，将光谱仪生成的成百上千个采样数据直接输入 BP 神经网络，即使建立一个只含 3 层节点的网，其计算量之大也是目前计算机难以承受的。而且这样建成的模型只会对输出产生"过拟合"，其预测能力反而大大下降。所以现在很少单独使用神经网络，通常与其他算法结合，以减少网络学习时间。

人工神经网络方法非线性逼近能力很强，在近红外光谱分析方面的应用已越来越广泛，但人工神经网络方法也存在一些局限性，如训练速度很慢，容易陷入局部极小，也存在过拟合现象及当输入变量间存在共线性时预测能力较差；同时，关于人工神经网络的类型、结构、训练参数、训练样本数目、学习过程等参数的选择大多还是凭经验，还有待于进一步研究。

3. 其他校正方法

为建立预测准确性好、稳健性强的近红外分析模型，近年来出现了一些新算法与建模策略，如基于核函数的非线性校正方法、集成（或共识）的建模策略、多维分辨与校正方法、基于局部样本的建模策略及二维相关光谱方法等。

1）基于核函数的非线性校正方法

支持向量机（Support Vector Machines，SVM）是一种基于统计学习理论的机器学习算法，最初产生于模式识别问题，可解决非线性分类问题。其关键技术就是采用了 Mercer 核函数（Kernel Function），通过引入核函数把基于内积运算的线性算法非线性化，即将输入样本空间非线性映射到新的高维特征空间，在高维空间中进行相应的线性操作。SVM 在机器学习领域取得了成功，引发人们将传统的各种可用内积表达的线性方法"核化"，从而成为非线性方法。核函数的思想逐渐发展成核方法，为处理许多问题提供了一个统一的框架，如核主成分分析（KPCA）、核主成分回归（KPCR）、核偏最小二乘法（KPLS）、核 Fisher 判别分析（KFD）和核独立主元分析（KICA）等，这些方法在回归分析等不同领域的应用中都表现了很好的性能。Rosipal 通过引入核函数将线性 PLS 方法推广为 KPLS 非线性方法。Kim 等将正交信号校正算法（OSC）与 KPLS 结合提出了 OSC-PLS 方法；Shinzawa 等将集成建模策略与 KPLS 结合，用于近红外光谱定量分析模型的建立；Nicolaï 等则将小波变换和 KPLS 用于测定苹果的糖含量，其预测性能都要明显优于传统的 PLS 方法。与其他非线性校正方法（如 ANN 和 SVM）相比，KPLS 方法的参数选择少，容易实现，有望成为一种常用的光谱建模方法。

2）集成（或共识）的建模策略

传统的多元校正技术（如 PLS 和 ANN）一般采用单一模型，即采用已定的训练集建立一个最优模型用于预测分析。但是，当训练集样本数目有限或者校正方法不稳定时，模型的预测精度与稳定性往往不能令人满意。集成（或共识）策略（Ensemble or Consensus Strategy）的基本思想是采用随机或组合的方式，利用同一训练集中的不同子集建立多个模型（成员模型）同时进行预测，将多个预测结果通过简单平均或加权平均作为最终的预测结果。其特点是通过多次使用训练集中不同子集样本的信息，降低了预测结果对某一（或某些）样本的依赖性，从而提高模型的预测稳定性。集成策略最早应用于模式识别分类问题，尤其是一些相对不稳定的算法，如 ANN 等。近年来，集成策略逐渐受到光谱工作者的重视，与多种算法（如 PLS、SVM 和 ANN）结合，用来建立光谱的定量校正模型。集成建模中成员模型样本的选择是至关重要的，Bagging（Bootstrap Aggregating）与 Boosting 是两种主要的方法。

3）多维分辨与校正方法

随着现代联用分析仪器技术的快速发展，越来越多的仪器产生二维或更高维数的响应数据。例如，激发—发射荧光仪、色谱—质谱和气相色谱—红外光谱联用仪等。当用这些仪器测量一组样本时，得到的是一个三维数据矩阵。显然，建立在二维数据矩阵理论和双线性模型基础之上的化学计量学方法已很难对三维量测阵进行分解、分辨和校正。为此，三维（多维）分解方法应运而生，如平行因子分析（PARAFAC）、Tucker3 算法，以及梁逸曾等提出的系列交替三线性分解算法等。这类方法分辨分析能力较强，可以在未知干扰物存在下，同时分辨出多个性质相似分析物的响应信号，并直接对感兴趣的分析物组分进行定量测定。

4）基于局部样本的建模策略

基于局部（Local）样本的建模策略早在 1988 年就被提出，但由于仪器硬件平台等原因，一直未受到应有的重视。随着仪器制造的不断标准化，这种基于数据库和库搜索的方法才具有真正的实用性。这种建模策略的基本思想是：根据近红外光谱（或其衍生出的特征变量）从数据库（训练集样本）中选取与未知样本最相似的一组样本，然后由这些样本（局部样本）经过统计分析或经典的校正方法得到最终的结果。针对如何选取局部样本及如何得到最终的预测结果，出现了多种经典的局部分析方法，如 CARNAC（Comparison Analysis Using Restructured Near Infrared and Constituent Data）方法、LWR（Locally Weighted Regression）方法和 LOCAL 方法等。

CARNAC 方法采用傅里叶变换对光谱进行处理（光谱数据压缩），以傅里叶系数作为搜索局部样本的特征变量。为保证准确测定低含量组分，这种方法需要针对不同的分析指标来选取局部样本，即通过逐步多元线性回归选取特征傅里叶系数，然后根据相似指数 $s[s = 1/(1 - r^2)$，其中 r 为未知样本与数据库某样本间的相关系数] 选取局部样本。最终的预测结果由局部样本对应的基础数据通过相似指数加权平均方法给出。Davies 等用小波变换替代傅里叶变换对 CARNAC 方法进行了改进。

LWR 方法采用主成分分析对数据库样本光谱进行压缩，以主成分得分为特征变量结合欧氏或马氏距离来选取局部样本，基于局部样本利用主成分回归建立校正模型对未知样本进行预测分析。随后 Centner 等对局部样本的选择和回归方法做了多项改进，如主成分的计算和选取、距离的计算等。

LOCAL 方法采用未知样本光谱和数据库样本光谱之间的相关系数选取局部样本，利用偏最小二乘方法建立局部校正模型（不同主因子加权）对未知样本进行预测分析。该方法已成为 FOSS 公司 WINISI 软件中一种方法。

目前，基于局部样本的建模策略又出现了多种方法。基于局部样本的建模策略可适用于非线性体系的校正，还可充分利用数据库的优势，避免传统因子分析方法因样品组成等变动需要频繁更新模型的弊端。但针对特定的分析项目，如何选取与未知样本最相似的局部样品，以及如何得到最终的预测结果仍需进一步深入研究。

5）二维相关光谱方法

1986 年，Isao Noda 首先提出获得二维相关红外光谱（2DCOS）的实验方案，即将一定形式的微扰（最初为正弦波形的低频扰动）作用在样品体系上，使样品产生红外吸收光谱的动态变化。然后对随时间变化的红外信号进行数学上的相关分析，产生二维相关红外光谱。随后，Noda 于 1993 年提出广义二维相关谱的概念，将外部微扰从正弦波形的振荡应力、电场作用等固定形式，拓展到能导致光谱信号变化的任何形式，如温度、浓度、压力及样品成分等，进而也将二维相关光谱学由红外光谱推广到近红外、拉曼及荧光等技术领域。

二维相关光谱可用三维立体图或二维等高线图进行可视化显示，便于直观地对二维信息解析。在二维相关光谱的等高线图中，Z 坐标轴值用 XY 平面中的等高线表示。二维相关光谱方法强调由外界扰动引起的光谱变化的细微特征，提高了光谱分辨率，还可解析分子内部与分子之间的相互作用，是一种灵活、有效的光谱分析技术。

二维红外相关光谱是目前应用较多的一种分析手段，在聚合物、蛋白质、液晶材料及生物学等研究领域取得成功的应用。我国已编辑出版了《中药二维相关红外光谱鉴定图集》，利用二维相关红外图谱来区分不同级别的复杂中药。二维相关光谱在近红外光谱分析方面也取得了很多研究成果。

除了上述介绍的方法，还有一些新兴方法在近红外光谱分析中得到了研究和应用。这些新兴化学计量学方法的研究和应用，促进了近红外光谱技术的发展和应用，同时在具体应用过程中也会对这些方法不断进行改进，使其更适合近红外光谱分析的特点，也对其他分析手段起到借鉴的作用，最终这些被实践证明行之有效的算法和策略将会逐渐成为商品化数据处理软件中的常用方法。尽管如此，这些新方法并非一定要替代经典的方法。在实际应用时，需要根据具体问题加以选择运用，用最简洁的方式获得最好的结果仍是模型建立所遵循的一个主要原则。

2.4.4 模式识别

模式识别最早出现在 20 世纪 20 年代，20 世纪 60 年代末被引入化学领域。化学模式识别是利用统计学、信号处理、数学算法等工具，从化学量测数据推理出物质类的本质属性，进而对物质进行识别和归类的一门技术。

化学模式识别方法包括聚类分析（Cluster Analysis）、判别分析（Discriminant Analysis）、特征投影显示（Latent Projection）等方法。按照有没有训练集可以划分为无监督的模式识别方法（Unsupervised Pattern Recognition）和有监督的模式识别方法（Supervised Pattern Recognition）。聚类分析属于无监督的模式识别方法，判别分析属于有监督的模式识别方法，特征投影显示可以是无监督的，也可以是有监督的。

化学模式识别方法可以追溯到一些经典的统计学方法，如基于 18 世纪 Bayes 的统计学原理提出的 Bayes 意义下的判别分析，以及基于 1901 年 Pearson 所提出的主成分分析（PCA）而形成的 PCA 特征投影显示识别方法。下面对化学模式识别的主要方法做如下介绍。

1. 聚类分析法

聚类分析是数理统计的一种方法，适用于对于样本没有类的先验知识的情况。它包括系统聚类法、k 均值聚类法、图论方法中的最小生成树等方法。其中，系统聚类法和 k 均值聚类法是比较常用的方法。系统聚类法的基本思想是在各自成类样本中，将距离最近的样本并为一个新类，计算新类与其他类间的距离，按最小距离重新合并，重复此过程，每次减少一类，直到所有的样本并为一类；k 均值聚类法是一种凝聚分类的动态聚类方法，其基本思想是先假定一个分类数目 k，任意选取 k 个点作为初始类凝聚点，逐个计算其他样本与 k 个类重心之间的距离，选定距离最小者将其并入该类，再重新计算各类的重心，并以该重心为新的凝聚点，直到每个样本都被归类。

2. 判别分析法

判别分析属于有监督的模式识别方法，它需要用已知类别的样本集进行训练，得到判别模型，才能对未知样本进行类别判定。判别分析的一个代表性方法即前面提到的 Bayes 意义下的判别分析。20 世纪 30 年代，Fisher 提出了另一个有代表性的判别分析法，称为 Fisher 线性判别分析法（Linear Discriminant Analysis，LDA）。这种方法的思想是：设法找到一个最佳投影方向，将高维空间中的点投影到低维空间，使不同类别的点尽可能分开，然后在低维空间中进行分类；20 世纪 40 年代出现的人工神经网络（ANN），因其具有很强的非线性映射能力，从 20 世纪 80 年代开始受到化学计量学家的普遍关注，成为化学计量学中发展较快的研究领域；相比于其他方法，K 最近邻法（KNN）是一种更容易理解的判别分析方法，使用该方法对样本进行判别时，和该样本距离最近的 K 个样本中多数样本属于某类，即把该样本判为某类。

3. 特征投影显示判别法

特征投影显示判别法的基本原理是将多元变量用特征投影的方式进行降维，得到可在二维或三维空间显示的特征变量，然后利用人眼进行分类识别。其主要方法包括基于主成分分析的特征投影显示、基于主成分分析的 SIMCA 分类法、基于偏最小二乘的特征投影显示方法等。主成分分析是化学计量学最重要的方法之一，很多定量校正方法和模式识别方法都是在主成分分析基础上形成的，如目前在近红外定量分析建立校正模型中受到广泛认可的偏最小二乘法（PLS）。和 PCA 一样，PLS 最初也被用作定量分析的建模方法，而后被发现在模式识别方面也可以有较大的应用价值。Barros 等对 PLS 在模式识别中的应用进行了较深入的探讨，并给出了应用实例。另外一种基于主成分分析的特征投影显示方法 SIMCA（Soft Independent Modeling of Class Analogy）是 Wold 于 1976 年提出来的。其基本思想是先利用主成分分析的显示结果得到一个样本分类的基本印象，然后分别建立各类样本的类模型，进而利用这些类模型来对未知样本进行判别分析。

4. 化学模式识别方法的新进展

经过数十年的发展，已经有几十种化学模式识别方法被提出。以上是近红外模式识别中应用较多的方法，其他一些方法如逐步判别法（Stepwise Discriminant Analysis）、线性学习机（Linear Learning Machine）、典型判别分析法（Canonical Discriminant Analysis，CDA）

等也有一定应用。在统计学及化学计量学快速发展的推动下，原有的化学模式识别方法在应用过程中不断被改进，形成更稳健的方法，例如，Branden 等基于稳健的 PCA 提出了稳健的 SIMCA 方法（RSIMCA），他们用实例证明了此种方法比原有的 SIMCA 方法在模式识别上具有更好的稳健性。

值得注意的是，Vapnik 提出的支持向量机（SVM）作为一种新的通用学习方法受到关注，成为继 ANN 之后的又一个热点。SVM 最初是为了解决模式识别中的两分类问题而设计的，该方法基于统计学习理论中结构风险最小化的原则，通过一定的非线性映射方法将原始变量投射到高维空间，然后在高维空间构造最优分类超平面，实现样品的分类。SVM 有效地解决了 ANN 存在的过拟合和局部最小等问题，具有很强的推广能力。通过引入不敏感损失函数和借助一定的核函数，该方法也可推广应用到非线性回归估计。SVM 方法具有严格理论基础和出色的学习能力，越来越受到相关领域研究者的重视。

更令人欣喜的是，最近又有一些新的化学模式识别方法被提出，比较有代表性的一个是 Barakat 等提出的用于无监督聚类分析的气泡凝聚（Bubble Agglomeration Algorithm，BA）算法，此方法将每个数据点视为一个具有一定半径的气泡的中心，通过逐渐增大气泡的半径，将相互邻近的数据点凝聚为一类；另一个有代表性的方法是 Roger 等提出的焦点本征函数（Focal Eigen Functions，FEF）算法，该算法不同于以往模式识别方法的是：它不是基于矩阵降维的方法得到特征变量，而是利用扫描函数（Scanning Functions）的方法来获取判别向量。研究表明，该方法可以应用到实际光谱数据的模式识别中。

化学模式识别方法的这些进展，为近红外模式识别的应用提供了更好的工具和手段，必将推动近红外模式识别技术在各行业的应用和发展。

参考文献

[1] 刘建学. 实用近红外光谱分析技术[M]. 北京：科学出版社，2008.

[2] 严衍禄，赵龙莲，韩东海，等. 近红外光谱分析基础与应用[M]. 北京：中国轻工业出版社，2005.

[3] 陆婉珍，袁洪福，徐广通，等. 现代近红外光谱分析技术[M]. 2 版. 北京：中国石化出版社，2007.

[4] 吴瑾光. 近代傅里叶变换红外光谱技术及应用[M]. 北京：科学技术文献出版社，1994.

[5] Jerry W，Weyer J L. 近红外光谱解析实用指南[M]. 褚小立，许育鹏，田高友，译. 北京：化学工业出版社，2009.

[6] 徐云. 农产品品质检测中的近红外光谱分析方法研究[D]. 北京：中国农业大学，2009.

[7] 祝诗平. 近红外光谱品质检测方法研究[D]：北京：中国农业大学，2003.

[8] 吴静珠. 农产品品质检测中的近红外光谱分析技术研究[D]. 北京：中国农业大学，2006.

[9] 陈念贻，钦佩，陈瑞亮，等. 模式识别方法在化学化工中的应用[M]. 北京：科学出版社，2000.

[10] 许禄，邵学广. 化学计量学方法[M]. 北京：科学出版社，2004.

[11] 梁逸增，俞汝勤. 化学计量学[M]. 北京：高等教育出版社，2003.

[12] 严衍禄，赵龙莲，李军会，等．现代近红外光谱分析的信息处理技术[J]．光谱学与光谱分析，2000，20（6）：777-780．

[13] 王惠文．偏最小二乘回归方法及其应用[M]．北京：国防工业出版社，1999．

[14] 江涛，晓晨．利用近红外分光法非破坏测定水果内部质量[J]．激光与光电子学进展，2000，（8）：52-55．

[15] 赵丽丽．果品类内部品质近红外无损检测技术的研究[D]．北京：中国农业大学，2003．

[16] Hiroshi M．Nondestructive determination of internal quality of fruits using near infrared（NIR）spectrometry[J]．Opluse，1999，21（10）：1259-1263．

[17] 何东健，前川孝昭，森岛博．水果内部品质在线近红外分光检测装置及实验[J]．农业工程学报，2001，17（1）：146-148．

[18] 杨序刚，吴琪琳．拉曼光谱的分析与应用[M]．北京：国际工业出版社，2009．

[19] 张雁，尹利辉，冯芳．拉曼光谱分析法的应用介绍[J]．药物分析杂志，2009，29（7）：1236-1241．

[20] 朱纪春，郭建宇．拉曼光谱技术的优势及应用[J]．光谱学与光谱分析，2010，20（1）：174-176．

[21] 杨芳．拉曼光谱技术与应用[J]．中国当代医药，2010，17（27）：12-13．

[22] Galactic Industries Corp．Thermo Galactic Algorithms[EB/OL]．http：//www．galactic.com/Algorithms/，2002-09-07．

[23] 闵顺耕，李宁，张明祥．近红外光谱分析中异常值的判别与定量模型优化[J]．光谱学与光谱分析．2004，10．

[24] 祝诗平，王一鸣，张小超，等．近红外光谱建模异常样品剔除准则与方法研究[J]．农业机械学报，2004，35（04）：115-119．

[25] 刘智超，蔡文生，邵学广．蒙特卡罗交叉验证用于近红外光谱奇异样本的识别[J]．中国科学 B 辑：化学，2008，38（4）：316-323．

[26] 王艳斌．人工神经网络在近红外分析方法中的应用和深色油品的分析[D]．北京：石油化工研究院，2002．

[27] Kennard R W，Stone L A．Computer Aided Design of Experiments[J]．Technometrics，1969，11：137-148．

[28] 芦永军，曲艳玲，朴仁官，等．近红外光谱分析技术定标和预测中的相似样品剔除算法[J]．光谱学与光谱分析，2004，24（2）：158-161．

[29] 舒庆尧，吴殿星，夏英武，等．稻米表观直链淀粉含量近红外测定定标群体的界定和样品选择[J]．浙江农业学报，1999，11（3）：123-126．

[30] 梁逸曾，俞汝勤．分析化学手册（10）——化学计量学[M]．北京：化工出版社，2001．

[31] 刘树深，易忠胜．基础化学计量学[M]．北京：科学出版社，1999．

[32] Geladi P，MacDougall D，Martens H．Linearization and scatter-correction for near-infrared reflectance spectra of meat[J]．Applied Spectroscopy，1985，39（03）：491-500．

[33] Tomas I，Bruce K．Piece-wise multiplicative scatter correction applied to near-infrared diffuse transmittance data from meat products[J]．Applied Spectroscopy，1993，47（06）：702-711．

[34] Barnes R J，Dhanoa M S，Lister S J．Standard normal variate transformation and de-trending of near-infrared diffuse reflectance spectra[J]．Applied Spectroscopy，1989，43（05）：772-777．

[35] 邵学广，庞春艳，孙莉．小波变换与分析化学信号处理[J]．化学进展，2000，12（03）：233-244．

[36] 郭怀忠，杨准，张尊建．小波变换及其在分析化学中的应用[J]．药学进展，2000（01）：5-9．

[37] 秦侠，沈兰荪．小波分析及其在光谱分析中的应用[J]．光谱学与光谱分析，2000，20（06）：892-897．

[38] 高志明，李井会，高礼让，等．小波分析在化学中的应用进展[J]．化学进展，2000，12（02）：179-191．

[39] 田高友，袁洪福，刘慧颖，等．小波变换在近红外光谱分析中的应用进展[J]．光谱学与光谱分析，2003，23（06），1111-1114．

[40] 闵顺耕，谢秀娟，周学秋，等. 近红外漫反射光谱的小波变换滤波[J]. 分析化学，1998，26（01）：34-37.

[41] 陈斌. 基于小波变换的方便面含油率近红外光谱检测技术[J]. 农业机械学报，2001，32（06）：74-76.

[42] 祝诗平，王一鸣，张小超. 小波消噪及其在小麦蛋白质近红外光谱分析中的应用[J]. 西南农业大学学报，2003，25（06）：522-525.

[43] Wold S，Antti H，Lindgren F. Orthogonal signal correction of near-infrared spectral[J]. Chemom Intell Lab Syst，1998，44：175-185.

[44] Johan A W，Sijmen d J，Age K S. Direct orthogonal signal correction[J]. Chemom Intell Lab Syst，2001，56：13-25.

[45] Claus A A. Direct orthogonalization[J]. Chemom. Intell. Lab. Syst，1999，47：51-63.

[46] Sjoblom J，Svensson O，Josefson M，et al. An evaluation of orthogonal signal correction applied to calibration transfer of near infrared spectra [J]. Chemom Intell Lab Syst，1998，44：229-244.

[47] Tom F. On orthogonal signal correction [J]. Chemom Intell Lab Syst，2000，50：47-52.

[48] Johan Trygg，Svante Wold. Orthogonal projections to latent structures（O-PLS）[J]. Journal of Chemometrics，2002，16：119-128.

[49] Robert N F，Huwei T，Steven D B. Piecewise orthogonal signal correction [J]. Chemom Intell Lab Syst，2002，63：129-138.

[50] Svensson O，Kourti T，MacGregor J F. An investigation of orthogonal signal correction algorithms and their characterics [J]. Journal of Chemometrics，2002，16：176-188.

[51] 毕贤，李通化. 基于正交投影校正的算法及其应用[J]. 计算机与应用化学，2003，20（6）：700-754.

[52] 余浩. 基于正交信号校正的近红外光谱预处理[D]. 杭州：浙江大学，2004.

[53] 褚小立，袁洪福，陆婉珍. 近红外分析中光谱预处理及波长选择方法进展与应用[J]. 化学进展，2004，16（4）：528-542.

[54] 张巧杰. 直链淀粉检测方法与检测技术研究[D]. 北京：中国农业大学，2005.

[55] 吴静珠，王一鸣，张小超，等. 近红外光谱分析中定标集样品挑选方法研究[J]. 农业机械学报，2006，37（4）：80-82.

[56] 吴静珠，王一鸣，张小超，等. 样品状态与装样条件对近红外光谱测定的影响研究[J]. 现代科学仪器，2006，01：69-71.

[57] 吴静珠，王一鸣，张小超，等. 分段小波变换在近红外光谱预处理中的应用研究[C]. 农业工程学会2005年学术年会会议论文集，2005.

[58] Maesschalk R D，Rimbaud D J，Massart D L. The Mahalanobis distance[J]. Chemom Intell Lab Syst, 2000，50：1-18.

[59] 胡昌华，张军波，夏军，等. 基于MATLAB的系统分析与设计——小波分析[M]. 西安：西安电子科技大学出版社，1999.

[60] 袁志发，周静于. 多元统计分析[M]. 北京：科学出版社，2002.

[61] 张小超，张银桥，王辉. 基于近红外分析技术的信号预处理与模型建立方法研究[C]. 2008农业信息化、自动化与电气化国际会议，2008.

[62] Stephane M，Sifen Z. Characterization of Signals from Multiscale Edges[J]. IEEE Transactions on Pattern Analysis and Machine Intelligence，1992，14（7）：710-732.

[63] Stephane M，Wen L H. Singularity Detection and Processing with Wavelets[J]. IEEE Transactions on Information Theory，1992，38（2）：617-643.

[64] 刘贵忠，邸双亮. 小波分析及其应用[M]. 西安：西安电子科技大学出版社，1995.

[65] 秦前清，杨宗凯. 实用小波分析[M]. 西安：西安电子科技大学出版社，1995.

[66] 徐佩霞，孙功宪. 小波分析与应用实用实例[M]. 合肥：中国科学技术大学出版社，1996.

[67] 邵学广，蔡文生. 小波包分析用于重叠分析化学信号的处理[J]. 高等学校化学学报，1999，20（01）：42-46.

[68] 鲁怀伟，杜三山. 一种小波包去噪自适应阈值算法[J]. 兰州铁道学院学报，2001，20（06）：11-15.

[69] 王俊，陈逢时，张守宏. 一种利用子波变换多尺度分辨特性的信号消噪技术[J]. 信号处理，1996，12（02）：104，106-109.

[70] Donoho D L. De-noising by soft-thresholding[J]. IEEE Transactions on Information Theory，1995，41（3）：613-627.

[71] Donoho D L. Adapting to unknown smoothness via wavelets hrinkage[J]. J Amer Statist Assoc，1995，90（总 432）：231-245.

[72] Coifman R R，Wickerhauser M V. Entropy-based algorithms for best basis selection[J]. IEEE Transactions on Information Theory，1992，38（02）：713-718.

[73] 杨曙明，张瑜. 近红外光谱分析技术及其在饲料质量分析中的应用[J]. 分析测试仪器通讯，1997（04）：215-221.

[74] Miralbes C. Discrimination of European wheat varietiesusing near infrared reflectance spectroscopy. FoodChemistry，2007.

[75] HollandJ H. Adaptation in Natural and Artificial Systems[M]. University of Michigan Press，1975.

[76] 周明，孙树栋. 遗传算法原理及应用[M]. 北京：国防工业出版社，1999.

[77] 何险峰，周家驹. 遗传算法及其在化学化工中的应用[J]. 化学进展，1998，10（03）：312-318.

[78] 姚芳莲，李维云，邓联东，等. 遗传算法及其在化学领域中的应用[J]. 天津化工，2000，（04）：1-3.

[79] Lucasius C B，Beckers M L M，Kateman G. Genetic algorithms in wavelength selection：a comparative study [J]. Analytical Chemical Acta，1994，286（02）：135-153.

[80] 褚小立，袁洪福，王艳斌，等. 遗传算法用于偏最小二乘方法建模中的变量筛选[J]. 分析化学，2001，29（04）：437-442.

[81] 王宏，李庆波，刘则毅，等. 遗传算法在近红外无创伤人体血糖浓度测量基础研究中的应用[J]. 分析化学，2002，30（08）：779-783.

[82] 祝诗平，王一鸣，张小超，等. 基于遗传算法的近红外光谱谱区选择方法[J]. 农业机械学报，2004，（5）：152-156.

[83] Jiang J H，Berry R J，Siesler H W，et a1. Wavelength interval selection in multi component spectral analysis by moving window partial least-squares regression with applications to mid-infrared and near-infrared spectroscopic data[J]. Analytical Chemistry（Anal. Chem.），2002，74（14）：3555-3565.

[84] Li Hongdong，Liang Yizeng，Xu Qingsong，et a1. Key wavelengths screening using competitive adaptive reweighted sampling method for multivariate calibration[J]. Analytica Chimica Acta（Anal. Chim. Acta），2009，648（1）：77-84.

[85] 张华秀，李晓宁，范伟，等. 近红外光谱结合 CARS 变量筛选方法用于液态奶中蛋白质与脂肪含量的测定[J]. 分析测试学报，2010，29（5）：430-434.

[86] 吴静珠，徐云. 基于 CARS-PLS 的食用油脂肪酸近红外定量分析模型的优化[J]. 农业机械学报，2011，

[87] 姚建铨. 太赫兹技术及其应用[J]. 重庆邮电大学学报（自然科学版），2010，22（06）：703-707.

[88] 刘盛纲，钟任斌. 太赫兹科学技术及其应用的新发展[J]. 电子科技大学学报，2009，38（05）：481-486.

[89] 张存林，牧凯军. 太赫兹波谱与成像[J]. 激光与光电子学进展，2010，47（2）：1-14.

[90] Peiponen K E，AxelAeitler J，Makoto Kuwata-Gonokami. Terahertz Spectroscopy and Imaging [M]. Springer Berlin Heidelberg，2013.

[91] 谢丽娟，徐文道，应义斌，等. 太赫兹波谱无损检测技术研究进展[J]. 农业机械学报，2013，44（7）：246-255.

.Chapter 3

第 3 章

种子发芽率近红外光谱检测

3.1　引言

　　农业上最大的风险之一就是所播种的种子不能表现其生产能力。种子检验便是为了在播种前评定种子的质量，使这种风险降到最低程度。常规的种子质量检测需要检验种子的净度、水分、活力和发芽率等指标。其中，种子发芽率是影响种子出苗的重要指标，也是目前种子质量检验中最常规、最经典的指标之一。目前《农作物种子检验教程 发芽试验》（GT3543.4—1995）规定，检验种子发芽率一般在人工气候培养箱内使用沙床法进行，这个过程通常耗费 1~2 周的时间。若出现种子贸易纠纷，则需要国际种子协会 ISTA 授权的实验室出具具有一定法律效力的种子检验报告，还需把待测样品种子打包邮寄或专人送到这些认证实验室，在这个过程中耗费较多人力和物力。

　　分子光谱检测法是能够检测物质成分含量的快速分析方法，它可以根据物质的光谱响应特征来鉴别物质并确定其化学组成和相对含量，具有测定时间短、非破坏性、多指标同时测定等优点，能够实现在线、实时、原位的定量分析与检测。其中，对近红外光谱技术结合化学计量学方法来分析农作物种子品质的应用已有大量的研究报道，如单籽粒油菜籽的油酸和亚麻酸含量的测定及高通量检测装置的研制，不同种类的葵花籽可以根据油酸含量特性进行识别，葡萄籽黄烷醇的测定，刀豆种子的蛋白、淀粉和重量的预测及品质的综合评定，水稻种子的储藏年份预测，燕麦种子活力测定等。这些研究表明，近红外光谱技术作为一种全新的种子质量检测方法，具有明显的理论研究和生产应用价值，但应用近红外光谱检测种子发芽指标（发芽率、发芽势和发芽指数等）的相关研究工作尚处在探索阶段。戴子云等、王春华等和李毅念等采用 NIR 技术结合偏最小二乘法建立快速测定结缕草种子、小麦种子、杂交水稻种子发芽率的 NIR 模型，初步取得了较为理想的结果。

但是 NIR 模型在预测的稳定性和准确性方面还有待深入探索，因此本章以小麦种子为例，以小麦种子发芽率快速无损准确测定为目标，重点研究基于 NIR 的小麦种子发芽率定量建模及模型稳健优化方法，探索 NIR 技术快速无损量化测定种子发芽率的实际可行性。

3.2　基于近红外全谱的种子发芽率 PLS 模型的建立

PLS 均利用全谱信息，将光谱变量压缩为为数不多的独立变量建立回归方程，通过交叉验证（Cross Validation）来防止过模型现象，并且 PLS 保证了主成分一定与感兴趣的组分浓度相关，是在与感兴趣组分浓度最相关的方向投影，而不是简单地在方差变化最大的方向投影。目前，PLS 是近红外光谱定量分析中应用最广泛和效果最好的一种方法，基本上所有的近红外分析软件中都包含这种定量分析方法。本节采用 PLS 直接建立种子发芽率近红外全谱模型，重点考察该定量分析模型性能参数的实用性。

3.2.1　样本制备

1. 样本收集

从中国农业科学院作物科学研究所及各地的种子公司收集的不同品种和产地的小麦种子共计 84 份，产地覆盖安徽、河北、河南、江苏、山东、浙江等省份，涵盖 38 个品种，如表 3-1 所示。由于此次实验收集的样本均是 2014 年收获的较新种子，发芽率较高，为扩展小麦种子发芽率近红外全谱模型的适用范围，需要一批发芽率值较低的样本加入模型的训练数据集，因此从 84 份样本中挑选 34 份进行人工老化处理，使种子产生不同程度的劣变，从而获取低发芽率的种子样本。

表 3-1　小麦种子样本集的品种信息

品种	数量	品种	数量	品种	数量	品种	数量
高产多抗王	4	山农 17	3	淮麦 33	1	烟农 21	1
烟农矮秆王	2	山农 20	7	济麦 22	1	烟农 999	1
晋麦 47 号	1	川农 19	1	淮麦 19	2	丰收 919	3
西峰 27 号	1	小偃 22	3	京 9428	1	豫麦 035	4
临远 3158	1	新冬 20	1	科龙 199	1	豫麦 57	1
保麦 1 号	2	新冬 22	1	临丰 615	1	豫麦 58	4
矮丰王子	1	新麦 26	2	AK58	8	周麦 16	2

续表

品种	数量	品种	数量	品种	数量	品种	数量
紫麦 1 号	1	漯麦 18	2	鲁原 502	1	周麦 22	3
百农 207	1	烟农 19	4	轮选 988	1		
烟丰 268	4	邯 6172	3	周麦 27	3		

2. 老化实验

种子的"老化"或"劣变"指种子活力自然衰退、萌发力下降的不可逆转变化，是一个伴随着种子储藏时间的延长而发生和发展的、自然而不可避免的过程。种子在高温高湿条件下老化与自然条件下老化的机制是类似的，只是劣变的速度大大提高，因此可以采用种子老化箱设置高温高湿的环境老化种子，降低种子发芽率。本实验采用 LH-80 智能种子老化箱（杭州硕联仪器有限公司）进行人工老化实验，如图 3-1 所示。

（a）LH-80 智能种子老化箱　　　（b）人工老化实验

图 3-1　人工老化实验设备

将种子置于密闭的干燥器内，干燥器底部加水使环境保持一定湿度，将干燥器放置在老化箱中，设置温度为 40℃，如图 3-1（b）所示，老化时间设置为 4 天、6 天、8 天不等。处理完毕后，取出种子，在室温下晾置 3～4 天，使种子含水量降至原状态后再进行发芽试验。老化前后部分样本的发芽率对照如表 3-2 所示。

表 3-2　老化前后部分样本发芽率对照

品种	发芽率/%			
	未处理	老化 4 天	老化 6 天	老化 8 天
高产多抗王	90	64.5	22	2.5
豫麦 57	89.5	55.8	25.3	1.3
豫麦 035	96.8	65.3	4.8	0.8
徐麦 32	89.3	40	12.3	16.8
漯麦 4 号	96	75	64.8	0
烟丰 268	90.8	46.8	7.3	0

由表 3-2 可知，小麦种子样本经过不同时间的人工老化处理，发芽率发生不同程度的

下降，由此获得了发芽率水平分布更广的小麦种子样本，用于后续建模。

3. 发芽实验

参照国标法中的规定进行发芽试验。发芽床采用纸床纸上（TP）方式，每个样本进行 4 次重复，每次随机抽取小麦种子 100 粒均匀地放置在经过消毒的内铺 3 层湿润滤纸的发芽盒中，小麦种子腹沟朝下，粒与粒间保持一定间距。发芽箱温度恒定在 20℃±1℃，24 小时光照，每日定时用喷雾器补水 1 次。4 天时初次计数，8 天时结束实验。实验过程如图 3-2 所示。

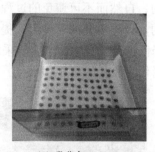 

（a）发芽盒　　　　　　　　　　　　（b）发芽实验

图 3-2　小麦种子发芽实验

84 份小麦种子样本的发芽率统计值如表 3-3 所示。

表 3-3　84 份小麦种子样本的发芽率统计值

样本数	平均值/%	数值范围/%	标准偏差	变异系数/%
84	63	0～98.3	35	56

3.2.2　光谱采集

采用德国布鲁克公司的 VERTEX 70 傅里叶变换红外光谱仪器扫描小麦种子的近红外光谱，如图 3-3 所示。采用大样品杯旋转采样方式，装样前仔细筛查，剔除夹杂物和空粒，尽量保证每份样本装在样品杯中的高度一致，且顶端铺平，以减小光程差的影响。仪器参数设定如下：波数范围为 4000～12500cm^{-1}，分辨率为 8cm^{-1}，扫描次数为 64 次，采样点数为 2074。小麦种子样本的近红外光谱如图 3-4 所示。

图 3-3　VERTEX 70 傅里叶变换红外光谱仪器

近红外光谱的采集容易受到样品的状态、仪器响应，以及光的散射、杂射等因素的干扰，获得的光谱除了含有样品本身的化学信息，还包含样品背景和杂散光等其他无关信息，因此需要对原始光谱进行预处理以消减噪声干扰。

由图 3-4 可知，样品集的近红外光谱在波数较高的谱段噪声较大，因此截取 4000～10000cm^{-1} 范围的光谱，光谱数据点共计 1557 个，如图 3-5 所示。对光谱数据采用均值中心化预处理，进而增加样本光谱之间的差异性，消除噪声信息，如图 3-6 所示。

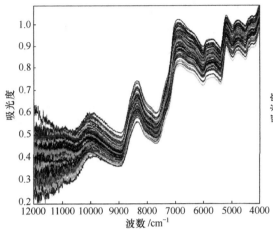

图 3-4　小麦种子样本的近红外光谱　　　　图 3-5　原始光谱（4000～10000cm^{-1}）

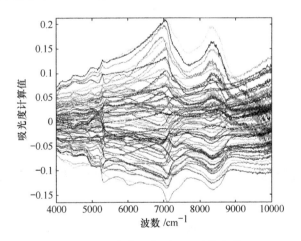

图 3-6　均值中心化预处理后的光谱

3.2.3　PLS 模型建立与评价

1. 样本集划分

对 84 份小麦种子样本按照 Kennard-Stone 法以校正集和预测集样品个数的比例为 3∶1 进行划分，样本集发芽率的统计结果如表 3-4 所示。

表 3-4   校正集和预测集小麦种子样本发芽率统计

类　别	样本数	平均值/%	数值范围/%	标准偏差	变异系数/%
校正集	63	68.9	0～98.3	32.2	46.7
预测集	21	45.2	0～95.6	37.1	82.1

2. 结果与讨论

采用全光谱（范围为 4000～100000cm^{-1}）建立 PLS 模型，采用 5 折交叉验证，模型主成分数 f 选取 1～10 的最优值 8，即 RMSECV 取最小值时对应的主成分数。模型结果：校正集的 RMSECV 为 16.54%，预测集的 RMSEP 为 11.95%，预测集相关系数为 0.951，如图 3-7 所示。

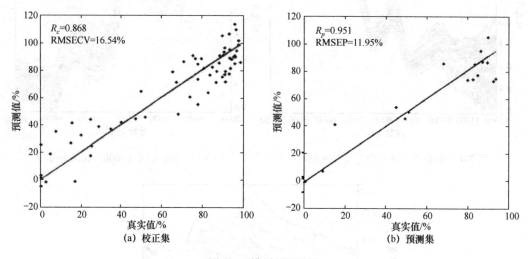

图 3-7　模型预测结果

3.3　基于特征谱区的种子发芽率 PLS 模型优化方法

近红外光谱反映的是种子内部组成的混合谱，且光谱吸收强度弱，谱带之间存在重叠干扰，使得模型不稳定，预测能力差。特征谱区筛选一方面可以从化学信息的角度分析影响种子发芽率的近红外定量模型的主要因素；另一方面可以剔除不相关或非线性变量，简化模型的同时减少干扰信息对模型的影响，对于建立预测能力强、稳健性好的种子发芽指标 NIR 模型具有重要意义。

SiPLS 和 BiPLS 是目前较为主流且实际应用效果较为显著的特征波段筛选方法，本节分别采用上述两种方法筛选与发芽率相关的特征波段优化建模，并从机制上解析特征波段与影响种子发芽率的主要成分的相关性。

3.3.1 样本制备

同 3.2.1 节。

3.3.2 光谱采集

同 3.2.2 节。

3.3.3 基于 SiPLS 的种子发芽率 PLS 模型优化方法

采用 Kennard-Stone 法以校正集和预测集样品个数的比例为 3∶1 进行划分。

对原始光谱进行均值中心化预处理后，分别设置联合区间数 m 为 2、3、4，对于每个确定的联合区间数 m，筛选子区间个数 6～40 的最优 PLS 模型，计算结果如表 3-5 所示。

表 3-5　不同联合区间个数下的最优 PLS 模型

联合区间数	区间数	区间组合	光谱范围/cm⁻¹	nF	R_c	RMSECV/%	R_p	RMSEP/%
2	34	[16, 23]	5923～6097	5	0.877	16.05	0.961	10.66
			7164～7338					
3	20	[9, 10, 14]	5792～6089	7	0.902	14.42	0.967	9.86
			6995～7592					
4	15	[3, 7, 10, 11]	5592～6390	8	0.921	12.99	0.964	10.53
			7195～7592					
			8799～9196					

在不同联合区间数下，SiPLS 算法筛选的最优特征区间组合分别如图 3-8 所示。

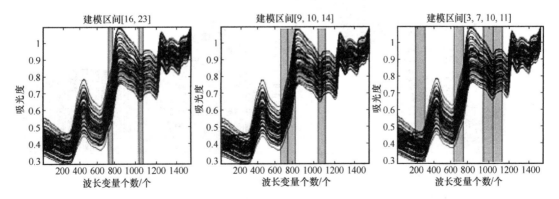

图 3-8　SiPLS 算法分别联合 2、3、4 个区间优选的特征区间

对于联合区间数为 3 的情况，当划分区间数为 20、建模区间组合为[9, 10, 14]时建立的模型指标最优，R_c 为 0.902，RMSECV 为 14.42%，R_p 为 0.967，RMSEP 为 9.86%，对应

的光谱区间是 5792～6089cm^{-1} 和 6995～7592cm^{-1}。最优模型的验证和预测结果如图 3-9 和图 3-10 所示。

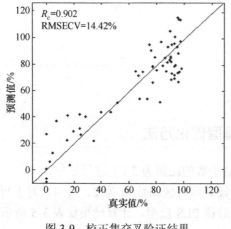

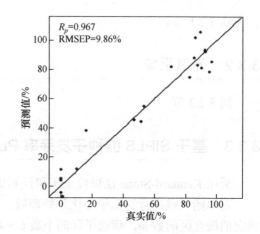

图 3-9　校正集交叉验证结果　　　　　图 3-10　预测集预测值与真实值的相关图

3.3.4　基于 BiPLS 的种子发芽率 PLS 模型优化方法

对原始光谱进行均值中心化预处理后，将全光谱分成 3～40 个区间分别建模比较。当划分区间数为 14、建模区间组合为[3, 5, 6, 7, 14]时筛选的谱区如图 3-11 所示。此时，建立的模型指标最优。根据图 3-12 所示选择 RMSECV 值最小时所对应的主成分数建立 PLS 模型。

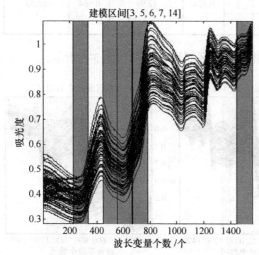

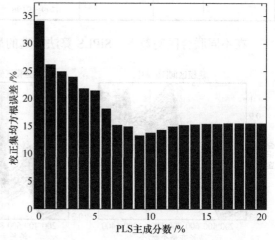

图 3-11　BIPLS 算法优选的特征谱区　　　图 3-12　校正集 RMSECV 随主成分数的变化

最佳 PLS 模型的 R_c 为 0.918，RMSECV 为 13.26%，R_p 为 0.964，RMSEP 为 10.39%，对应的光谱区间为 4000～4424cm^{-1}、6995～8275cm^{-1} 和 8706～9134cm^{-1}。最优模型的验证和预测结果如图 3-13 和图 3-14 所示。

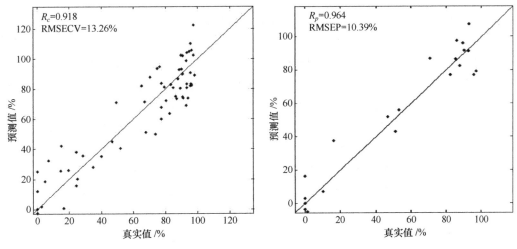

图 3-13　校正集交叉验证结果　　　　图 3-14　预测集预测值与真实值相关图

3.3.5　两类模型性能比较

比较 SiPLS、BiPLS 算法建立的最佳模型和全谱 PLS 模型，如表 3-6 所示。3 种 PLS 模型均 RPD>3，说明 3 种模型的实用性较好。其中，基于全光谱偏最小二乘模型预测小麦种子发芽率的精度不高，且建模所用的波数点变量较多，使得模型相对复杂。两种基于特征谱区的模型预测精度均明显优于全光谱建模，其中 SiPLS（3 区间组合）所建的模型具有最高的稳健性和最大的预测能力，模型主成分数最小，建模采用的波数点不足全光谱的 1/6，说明筛选特征谱区可以有效地简化模型，提高模型的预测精度。

表 3-6　3 种模型性能比较

建模方法	nF	变量个数	校正集		预测集		RPD
			R_c	RMSECV/%	R_p	RMSEP/%	
PLS（全谱）	8	1557	0.868	16.54	0.951	11.95	3.10
SiPLS（3 区间组合）	6	233	0.902	14.42	0.967	9.86	3.75
BiPLS	9	555	0.918	13.26	0.964	10.39	3.57

3.3.6　种子发芽率特征光谱解析

小麦种子的近红外光谱反映的是种子内部组成的混合谱，种子的反射率或吸收率在某一波长会出现峰值，这一峰值的变化是与种子内部生理指标相联系的。上述 SiPLS 和 BiPLS 两种算法筛选的光谱在 6995～7592cm^{-1} 有公共区域，包含 C—H 键的组合频 $2v+\delta$ 和 $2v+2\delta$ 吸收谱带（7200～7350cm^{-1} 和 6900～7090cm^{-1}）及游离 OH 的一级倍频吸收谱带（7040～7140cm^{-1}），且 6995cm^{-1} 处存在伯酰胺中 N—H 键对称振动的一级倍频。此外，预测效果较好的 BiPLS 算法的还筛选了 4000～4424cm^{-1} 和 8706～9134cm^{-1} 的特征光谱，包含结合 OH 的二级倍频吸收谱带 8850～10000cm^{-1}。

C—H 键是种子中的糖类、蛋白质、脂肪等有机物公有的组成结构，因此尚不能依此推断出相关的具体成分。与 OH 键相关联的是水分，种子中的水分有游离水和结合水两种状态，游离 OH 存在于游离水中，结合 OH 存在于结合水中。种子中包含酰胺键（—CONH—）的化合物为蛋白质。而 BiPLS 算法筛选出的 $4000\sim4424cm^{-1}$ 的特征谱区对应的是种子中的淀粉、纤维素等糖类的吸收谱带，具体为淀粉和糖中的 C—H 伸缩、C—C 和 C—O—C 伸缩振动的组合频（$4000cm^{-1}$）、C—H 伸缩和 CH_2 变形振动的组合频（$4283\sim4386cm^{-1}$），以及纤维素中的 C—H 伸缩和 C—C 伸缩振动的组合频（$4019cm^{-1}$）、C—H 弯曲振动（$4252cm^{-1}$）、C—H（$2v\,CH_2$ 对称伸缩振动$+\delta\,CH_2$）的组合频（$4261cm^{-1}$）、C—H 伸缩和 CH_2 变形振动的组合频（$4283cm^{-1}$）。

种子中自由水的含量是控制种子萌发与否的重要因素，当自由水出现，种子内的酶开始活化，种子才开始萌发。种子中的蛋白质是发芽时不可缺少的养分，也是生命活动的基质，在储藏不当或老化过程中，种子蛋白质会变性，导致发芽率降低。淀粉等糖类是种子中重要的储藏物质，也是主要的呼吸基质，为种子的萌发提供养分。此外，种子中可溶性糖的含量可以反映种子成熟程度、衰老程度和储藏情况等生理信息，这些生理信息也与种子的发芽能力相关。纤维素是种皮的主要成分，种皮的机械约束作用及种皮的透水、透气能力等对种子的发芽能力也有影响。

因此，本实验采用两种特征谱区筛选方法所筛选的小麦种子发芽率近红外特征谱区，反映了影响种子萌发的种子内部营养成分信息，从而初步解释了用近红外光谱技术检测小麦种子发芽率这个物理量的机制。

3.4 基于多模型共识的种子发芽率 NIR 模型优化方法

3.2 节表明，近红外光谱技术结合多元校正方法（如 PLS）可以应用于小麦种子发芽率的定量分析。但传统的多元校正方法一般建立单一模型，也就是一次性建模，用固定的训练集数据建模并优化，最终筛选出性能最优的一个模型，对未知样本进行预测分析。单一模型对数据噪声和样本数量比较敏感，如果所收集的样本难以表达样本的总体信息，只要样本变量发生一点儿变动，必然对模型结果产生影响，使得模型的准确度与稳定性难以保证。因此如何最有效地利用有限的样本所提供的信息来建立尽量符合总体信息的模型，降低一次性建模结果的不确定性，是近红外光谱建模分析中需要重视的问题。

共识策略（Consensus Strategy）通过随机抽样、蒙特卡罗采样、自助（Bootstrap）采样等方法抽取训练集中的样本，获得多个数据子集，进而建立多个模型，并对每个模型的预测结果通过简单平均或加权平均的方式融合成最终的预测结果。这种方法可以从不同角度来考察数据集的内在性质，充分地利用已有样本集的信息减弱模型预测结果对建模样本的依赖性，从而获得准确度和稳定性较好的模型。

本节采用多模型共识的偏最小二乘法（consensus PLS，cPLS）优化小麦种子发芽率

NIR 模型，在此基础上提出了多模型共识与组合间隔特征筛选相结合的 Si-cPLS（Synergy interval-consensus PLS）算法、Boosting 与多模型共识相结合的 bPLS（boosting PLS）算法，并比较不同模型的性能，从而探索提升小麦种子发芽率等复杂检测对象 NIR 模型的方法。

3.4.1　样本制备

同 3.2.1 节。

3.4.2　光谱采集

同 3.2.2 节。

3.4.3　基于多模型共识的小麦种子发芽率 NIR 模型优化

1. 多模型共识策略算法

本节采用 cPLS 建模过程，具体介绍如下。

（1）选择合适的 cPLS 模型参数，如样本集（训练集和独立预测集）划分比例、成员模型的选择标准及成员模型的个数等。

（2）随机抽取训练集中 75%的样本作为校正集建立 PLS 模型，训练集中剩余样本作为检验集。

（3）使用 PLS 模型对检验集数据进行预测。

（4）使用 PLS 模型对检验集预测结果的预测均方根误差 RMSEP 作为 cPLS 成员模型的选择标准，判断该模型是否入选。

（5）重复步骤（2）～（4），直到 cPLS 的成员模型数达到预设值为止。

2. 样本集划分

通过 SPXY（Sample set Partitioning based on joint X-Y distances）法将 84 份样本划分为训练集（66 份）、独立预测集（18 份）。SPXY 法在计算样品间的距离时，除了光谱变量 X，还将性质数据 Y 考虑在内，进而覆盖多维的向量空间，延长浓度窗口，提高模型的预测性能。

3. 结果与分析

1）子模型的选取

每次从训练集中随机抽取 48 个样本作为校正集，建立单一 PLS 模型，运行 200 次，如图 3-15 所示。结果表明，单一 PLS 模型对检验集样本的 RMSEP 主要分布在 12%～16%，故分别取 RMSEP 为 13%、14%、15%、16%作为成员模型的选择标准，成员模型数设置为 30，对应得到的 cPLS 模型对预测集样本的平均 RMSEP 分别为 12.533%、12.549%、12.554%、12.568%，选定不同阈值，cPLS 模型的预测结果相差不大，而随着阈值的增大，cPLS 模型平均预测精度下降，因此最终选定 RMSEP<13%作为子模型的选择标准。

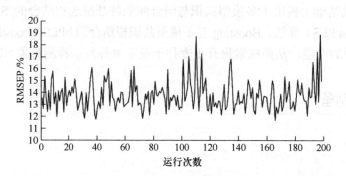

图 3-15　PLS 模型运行 200 次对检验集的 RMSEP 的变化

2）确定成员模型数

按照上文确定的成员模型选择标准，建立成员模型数分别为 1～150 时的 cPLS 模型，在每种成员模型数的设置方案下，cPLS 模型对预测集的 RMSEP 随模型数的变化，如图 3-16 所示。结果表明，当模型数较少时（小于 20），cPLS 模型对预测集 RMSEP 较大且不稳定；当子模型数增至 100 时，RMSEP 基本稳定，因此选定成员模型数为 100。

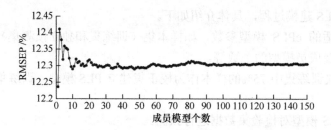

图 3-16　预测集 RMSEP 随 cPLS 成员模型个数变化关系

3）cPLS 与 PLS 模型比较

为了充分比较模型的性能，cPLS 与 PLS 模型在建立时选取了相同的训练集和预测集样本。按 3∶1 的比例，每次对训练集样本进行校正集、验证集随机划分建模，经过 50 次重复运算后，所建立的 PLS 和 cPLS 模型对预测集的发芽率预测结果如图 3-17 所示。PLS 和 cPLS 模型的 RMSEP 的平均值分别为 13.735% 和 12.533%，RMSEP 的标准偏差分别为 1.144% 和 0.096%，相关系数的均值分别为 0.935 和 0.949。

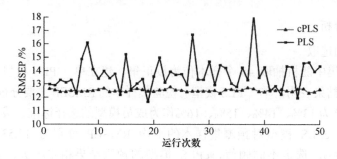

图 3-17　运行 50 次 cPLS 和 PLS 模型 RMSEP 的变化

实验结果表明，PLS 算法 50 次重复预测结果之间的离散度较大，RMSEP 曲线跳跃性波动，说明模型的预测稳定性较差；而 cPLS 算法 RMSEP 曲线较平稳，预测结果之间的波动较小，模型较稳定。因此多模型共识策略可以有效地解决小麦种子发芽率模型预测结果不稳定的问题，但是 cPLS 模型的预测精度与单一 PLS 模型相比，并未有显著提高。

3.4.4　基于 Boosting 和多模型共识的小麦种子发芽率 NIR 模型优化

上述研究中的 cPLS 及 Si-cPLS 均随机抽取不同样本集建立 PLS 子模型，且多模型共识的预测结果是成员模型的预测结果的简单平均，然而每个成员模型对预测集样本的预测误差是不同的，即不同成员模型的预测精度存在很大差异，直接进行简单平均有时会存在较大误差，因此应该对每个成员模型加权，针对每个模型的预测性能，将它们"区别"对待，赋予不同的权值构成最终的预测结果。

1. Boosting 算法原理介绍

Boosting 算法是 Schapire 于 1990 年提出的，它源于可学习理论 PAC（Probably Approximately Correct），现在已广泛应用于机器学习领域。Boosting 算法的基本思想是通过循环迭代建立多个简单的、预测精度不高的弱分类器，再将这些弱分类器集成，构造一个具有低分类错误率的强分类器。

Boosting 算法用于回归计算的基本思想如下。

（1）首先确定基础的学习算法，如 ANN、PLS 等。初始时，赋予原始训练集$\{x_i, i=1, 2, \cdots, n\}$（$n$ 为原始训练集的样本数）中每个训练集样本相等的取样权重：

$$D_1(x_i) = \frac{1}{n}, i = 1, 2, \cdots, n \qquad (3-1)$$

取迭代次数 $t = 1, 2, \cdots, T$，重复步骤（2）～（5）。

（2）原始训练集中每个样本的采样概率 $p_t(x_i) = D_t(x_i) \Big/ \sum_{j=1}^{n} D_t(x_j)$，根据样本的采样概率，采用轮盘赌等方法，从原始训练集中抽取第 t 轮的 m 个样本（允许重复抽样）建立成员模型 C_t。

（3）用所建立的成员模型 C_t 对原始训练集中的每个样本进行预测，计算每个样本 x_i 预测相对误差 ε_i 的加权平均值，得到该模型的预测误差 ε_t：

$$\varepsilon_t = \sum_{i=1}^{n} D_t(x_i)\varepsilon_i \qquad (3-2)$$

式中，t 为当前迭代次数；$D_t(x_i)$ 为样本 x_i 的取样权重。继而算出该模型 C_t 的权重为

$$a_t = \frac{1}{2}\ln\frac{1-\varepsilon_t}{\varepsilon_t} \qquad (3-3)$$

（4）然后按照以下公式更新样本权重，并归一化，样本权重和为 1。

$$D_{t+1}(x_i) = \frac{D_t(x_i)\exp(a_t\varepsilon_t)}{Z_t} \tag{3-4}$$

式中，Z_t 用来进行归一化。

（5）多个成员模型对预测集 $\{v_i, i=1,2,\cdots,n\}$ 样本的预测结果通过加权平均融合为最终的预测结果。

$$C(v_i) = \sum_t^T a_t C_t(v_i) \tag{3-5}$$

式中，$C_t(v_i)$ 为成员模型 C_t 对预测集中样本 v_i 的预测结果。

2. 结果与讨论

本节采用 PLS 建立小麦种子发芽率 NIR 光谱定量分析的成员模型，构造基于 Boosting 的多模型共识偏最小二乘模型 bPLS，建模过程如下。

（1）初始对训练集（66 个样本）每个样本赋予相同的取样权重 1/66。

（2）根据样本的取样权重，通过轮盘赌方法从训练集中抽取 50 个样本建立 PLS 成员模型 C_t。

（3）用模型 C_t 对原始训练集中的每个样本进行预测，通过式（3-2）和式（3-3）计算模型的权重。

（4）根据式（3-4）更新样本的取样权重。

（5）重复步骤（2）～（4），迭代 T 次，用建立的 T 个成员模型依次对预测集样本进行预测，按照式（3-5）将多个预测结果融合为最终值。

设置 bPLS 算法迭代次数 T 为 50 次，为了统一比较，bPLS 与 PLS、cPLS 采用相同的样本集，对独立预测集重复预测 50 次，3 种模型对预测集的 RMSEP 随运行次数的变化如图 3-18 所示。

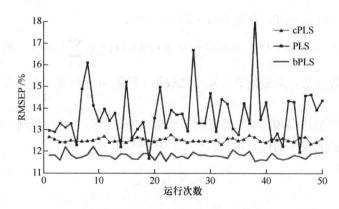

图 3-18　cPLS、bPLS 与 PLS 模型对预测集的 RMSEP 随运行次数的变化

由图 3-18 可知，bPLS 预测精度比 cPLS 高，说明成员模型加权可以有效地提高多模型的预测精度。而 bPLS 的稳定性略低于 cPLS，原因是迭代 50 次，每次建立的 PLS 都通过加权的方式计入 bPLS 的最终预测结果，而 cPLS 的 50 个成员模型都是经过严格的阈值

（对测试集 RMSEP<13%）筛选的，整体性能较高，所以整体预测稳定性高。

3.4.5　基于特征谱区和多模型共识的小麦种子发芽率 NIR 模型优化

小麦样本属于复杂样本，对应的近红外光谱复杂、谱峰重叠严重、干扰信息多，使得模型不稳定、预测能力差。因此消除不相关信息的影响，选择合适的光谱区间建模对提高小麦种子发芽率 NIR 模型的预测能力有重要意义。

采用 SiPLS 算法，依次将全谱划分为 5～35 个子区间，按照排列组合的思想依次联合其中 3 个子区间建模，建立 PLS 模型并比较结果，筛选相关系数最大且误差最小的模型对应的子区间组合作为特征谱区。最终选取的特征谱区为 5808～6066cm^{-1}、7118～7377cm^{-1} 和 8953～9211cm^{-1}，共计 204 个波长点。采用全光谱（4000～10000cm^{-1}）和选取的特征谱区建模结果比较如表 3-7 所示。

表 3-7　采用全光谱和选取的特征谱区建模结果比较

建模方法	nF	变量个数	校正集		预测集		RPD
			R_c	RMSECV/%	R_p	RMSEP/%	
PLS（全谱）	8	1557	0.868	16.54	0.951	11.95	3.10
SiPLS（3 区间组合）	6	204	0.924	12.94	0.966	10.48	3.53

采用相同样本集建立基于上述特征谱区的 cPLS 模型（Si-cPLS）、SiPLS 模型，并与基于全谱的 PLS 模型和 cPLS、bPLS 模型比较，运行 50 次，计算统计结果如表 3-7 所示，5 种模型对预测集的 RMSEP 随运行次数的变化如图 3-19 所示。

5 种模型结果的对比如表 3-8 所示。

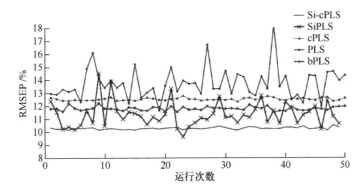

图 3-19　5 种模型结果对预测集的 RMSEP 随运行次数的变化

表 3-8　5 种模型性能比较

模型	R_{mean}	RMSEP$_{mean}$/%	R_{std}	RMSEP$_{std}$/%
PLS	0.935	13.735	0.011	1.144
cPLS	0.949	12.533	0.001	0.096

模型	R_{mean}	RMSEP$_{mean}$/%	R_{std}	RMSEP$_{std}$ /%
SiPLS	0.960	11.337	0.007	0.941
Si-cPLS	0.967	10.273	0.001	0.080
bPLS	0.956	11.804	0.001	0.151

根据表 3-8，比较 PLS 与 SiPLS 模型可以看出，SiPLS 建模所用数据点不足全光谱的 1/7，大大简化了模型，模型预测精度明显提高，平均 RMSEP 从 13.735%降到 11.337%，而模型的稳定性虽有所提升，标准偏差从 1.144%降到 0.941%，但从图 3-19 可以直观地看出，SiPLS 模型的稳定性依然较差，50 次运行结果波动较大，说明特征筛选可以解决模型的准确性问题，但无法保证模型的稳定性。而将 Si-cPLS、cPLS 和 SiPLS 模型相比较可以看出，Si-cPLS 模型分别继承了 cPLS 和 SiPLS 模型所具有的较高稳定性和准确性的优点，平均 RMSEP 最低，标准差也最小，模型性能最优，说明多模型共识结合特征筛选可以有效地同时提高模型的稳定性和准确性，建立优秀的小麦种子发芽率定量分析模型。

3.5 本章小结

本章以小麦种子为例，重点研究了基于近红外光谱的种子发芽率模型的建模和优化方法。本章首先从可行性出发，初步建立小麦种子发芽率的 NIR 定量分析模型，进而从提高模型的预测准确度出发，分别采用特征谱区筛选算法 SiPLS 和 BiPLS 筛选了和种子发芽率相关的特征谱区，根据特征谱区建立的种子发芽率模型显著提高了模型预测的准确度；然后为了提高模型预测的稳定性，本章继续深入研究了多模型共识算法 cPLS 和 bPLS，并将多模型共识和特征谱区筛选相结合（Si-cPLS）以提高模型的稳健性。实验结果表明，特征谱区筛选和多模型共识两类优化方法可以分别有效地提升模型的稳定性和准确性，集成两类优化方法的 Si-cPLS 模型不但表现出了较高的稳定性，还兼具了出色的预测性能。该方法可以有效地克服传统建模方法由于样品复杂或校正集样品较少而表现出的不稳定，以及预测精度差等缺陷，为建立农作物种子发芽率等复杂样本的 NIR 模型提供了新思路。

参考文献

[1] 许为钢，胡琳，张磊，等. 小麦种质资源研究、创新与利用[M]. 北京：科学出版社，2012.

[2] 何中虎，夏先春，陈新民，等. 中国小麦育种进展与展望[J]. 作物学报，2011，37（2）：202-215.

[3] 中华人民共和国国家标准. 粮食作物种子 第 1 部分：禾谷类，GB4404．1-2008[S].

[4] 纪瑛，胡虹文. 种子生物学[M]. 北京：化学工业出版社，2009.

[5] International Seed Testing Association. International Rules for Seed Testing[S]，2004。

[6] 王新燕，刘志宏，王金玲. 种子质量检测技术[M]. 北京：中国农业大学出版社，2008.

[7] Ching T M. Genetic testing and hereditary feature for seedvigor, Uniformity[J]. Rynd And Agron，1960，46：368-387.

[8] 姜艳丽，黄国峰，黄修梅，等. 种子活力测定在玉米育种中的应用[J]. 种子，2016，35（3）：53-54.

[9] Seed Vigour Testing Handbook. Association of Official Seed Analysts，NE，USA[S]，2002.

[10] 中华人民共和国国家标准. 农作物种子检验规程总则，GB/T 3543. 1-1995[S].

[11] 张玲丽，郭月霞，宋喜悦. 不同类型小麦品种人工老化处理后种子活力特性的研究[J]. 种子，2008，27（10）：52-55.

[12] 贾婉，毛培胜. 近红外光谱技术在种子质量检测方面的研究进展[J]. 种子，2013，（11）：46-51.

[13] 孙群，王庆，薛卫青，等. 无损检测技术在种子质量检验上的应用研究进展[J]. 中国农业大学学报，2012，（03）：1-6.

[14] 伟利国，张小超，赵博，等. 电子鼻技术及其在小麦活性检测中的应用[J]. 农机化研究，2010，6：150-152.

[15] Antihus H G，Wang J，Hu G X，et al. Electronic nose technique potential monitoring mandrin maturity [J]. Sensors and Actuators B，2006，113：347-353.

[16] 陈能阜，朱祝军. 利用 Q2 技术快速检测番茄种子引发后的活力[J]. 中国蔬菜，2010，20：47-51.

[17] Aquila D. Pepper seed germination assessed by combined X-radiography and computer-aided imaging analysis[J]. Biologica Plantarum，2007，51（4）：777-781.

[18] Kranner I，Kastberger G，Hartbauer M. Noninvasive diagnosis of seed viability using infrared thermography[J]. Proc Natl Acad Sci USA，2010，107：3913-3917.

[19] 陆婉珍，现代近红外光谱分析技术[M]. 2 版. 北京：中国石化出版社，2007.

[20] 褚小立. 化学计量学方法与分析光谱分析技术[M]. 北京：化学工业出版社，2011.

[21] 张小超，吴静珠，徐云. 近红外光谱分析技术及其在现代农业领域中的应用[M]. 北京：电子工业出版社，2012.

[22] 褚小立，陆婉珍. 近五年我国近红外光谱分析技术研究与应用进展[J]. 光谱学与光谱分析，2014，（10）：2595-2605.

[23] 孙玉侠. 近红外光谱技术在粮食工业中的应用[J]. 粮油食品科技，2017，（01）：58-60.

[24] 朱丽伟，马文广，胡晋，等. 近红外光谱技术检测种子质量的应用研究进展[J]. 光谱学与光谱分析，2015，35（2）：346-349.

[25] 彭建，张正茂. 小麦籽粒淀粉和直链淀粉含量的近红外漫反射光谱法快速检测[J]. 麦类作物学报，2010，30（2）：276-279.

[26] 李军涛，杨文军，陈义强，等. 近红外反射光谱技术快速测定小麦中必需氨基酸含量的研究[J]. 中国畜牧杂志，2014，（09）：50-55.

[27] 潘安龙，王晶，李典格，等. 利用近红外光谱测定玉米非淀粉组分中纤维素及半纤维素含量[J]. 农业工程学报，2011，（07）：349-352.

[28] 剧森，邱道尹，张红涛，等. 近红外光谱在麦粒内部害虫检测中的应用[J]. 科技致富向导，2013，（4）：

25-25.

[29] 张红涛，毛罕平，韩绿化. 近红外高光谱成像技术检测粮仓米象活虫[J]. 农业工程学报，2012，28（8）：263-268.

[30] Esteve A L，Ellis D D，Duvick S，et al. Feasibility of near infrared spectroscopy for analyzing corn kernel damage and viability of soybean and corn kernels[J]. Journal of Cereal Science，2012，55（2）：160-166.

[31] Soltani A，Lestander T A，Tigabu M，et al. Prediction ofviability of oriental beechnuts, Fagus orientalis, using near infrared spectroscopy and partial least squares regression[J]. Journal of Near Infrared Spectroscopy，2003，11（5）：357-364.

[32] Tigabu M，Odén P C. Rapid and non-destructive analysis of vigour of Pinus patula seeds using single seed near infrared transmittance spectra and multivariate analysis[J]. Seed Science and Technology，2004，32（2）：593-606.

[33] 杜尚广. 基于近红外光谱技术快速评价芸苔属种子活力[D]. 南昌：南昌大学，2014.

[34] 韩亮亮，毛培胜，王新国，等，近红外光谱技术在燕麦种子活力测定中的应用研究[J]. 红外与毫米波学报，2008，27（2）：77-81.

[35] 阴佳鸿，毛培胜，黄莺，等. 不同含水量劣变燕麦种子活力的近红外光谱分析[J]. 红外，2010，31（7）：39-44.

[36] 高艳琪，陈争光，刘翔. 基于近红外光谱的水稻种子老化程度检测[J]. 农业科技与信息，2017，（03）：55-57.

[37] 郭婷婷，徐丽，刘金. 玉米亚正常籽粒生活力近红外光谱判别方法研究[J]. 光谱学与光谱分析，2013，33（2）：1501-1505.

[38] 徐荣，孙素琴，陈君，等. 肉苁蓉种子成分及活力的红外光谱分析[J]. 光谱学与光谱分析，2009，（1）：97-101.

[39] 戴子云，梁小红，张利娟，等. 近红外光谱技术的结缕草种子发芽率研究[J]. 光谱学与光谱分析，2013，33（10）：2642-2645.

[40] 王春华，黄亚伟，王若兰，等. 小麦发芽率近红外测定模型的建立与优化[J]. 粮油食品科技，2013，21（6）：73-75.

[41] 李毅念，姜丹，刘璎瑛，等. 基于近红外光谱的杂交水稻种子发芽率测试研究[J]. 光谱学与光谱分析，2014，34（6）：1528-1532.

[42] 朱银，颜伟，杨欣，等. 人工加速老化对小麦种子活力和品质性状的影响[J]. 江苏农业科学，2016，（10）：146-148.

[43] 许惠滨，魏毅东，连玲，等. 水稻种子人工老化与自然老化的分析比较[J]. 分子植物育种，2013，（05）：552-556.

[44] Yin D，Xiao Q，Chen Y，et al. Effect of natural ageing and pre-straining on the hardening behaviour and microstructural response during artificial ageing of an Al–Mg–Si–Cu alloy[J]. Materials & Design，2016，95（22）：329-339.

[45] 严衍禄. 近红外光谱分析的原理、技术与应用[M]. 北京：中国轻工业出版社，2013.

[46] Ambrose A，Lohumi S，Lee W H，et al. Comparative nondestructive measurement of corn seed viability

using Fourier transform near-infrared（FT-NIR）and Raman spectroscopy[J]. Sensors & Actuators B Chemical，2015，224：500-506.

[47] Sharmaa A D，Rathoreb S V S，Srinivasana K，et al. Comparison of various seed priming methods for seed germination，seedling vigour and fruit yield in okra（Abelmoschus esculentus L. Moench）[J]. Sci Hortic-Amsterdam，2014，165：75–81.

[48] Wang W Q，Liu S J，Song S Q，et al. Proteomics of seed development，desiccation tolerance，germination and vigor[J]. Plant Physiol Biochem，2015，86：1–5.

[49] 覃鹏，孔治有，刘叶菊. 人工加速老化处理对小麦种子生理生化特性的影响[J]. 麦类作物学报，2010，30（4）：656-659.

[50] Kennard R W，Stone L A. Computer-aided design of experiments[J]. Technometrics，1969，11：137-148.

[51] Nérgaard L，Saudland A，Wagner J，et al. Interval Partial least squares regression （iPLS）：A comparative chemometric study with an example from near-infrared spectroscopy[J]，Applied Spectroscopy，2000，54：413-419.

[52] 邹小波，黄晓玮，石吉勇，等. 银杏叶总黄酮含量近红外光谱检测的特征谱区筛选[J]. 农业机械学报，2012，09：155-159.

[53] Chen Quansheng，Jiang Pei，Zhao Jiewen. Measurement of total flavone content in snow lotus（Saussurea involucrate）using near infrared spectroscopy combined with interval PLS and genetic algorithm [J]. Spectrochimica Acta Part A：Molecularand Biomolecular Spectroscopy，2010，76（1）：50-55.

[54] 石吉勇，邹小波，赵杰文，等. BiPLS 结合模拟退火算法的近红外光谱特征波长选择研究[J]. 红外与毫米波学报，2011，30（5）：458-462.

[55] 杰尔·沃克曼，洛伊斯·文依. 近红外光谱解析实用指南[M]. 褚小立，许育鹏，田高友，译. 北京：化学工业出版社，2009.

[56] Cortes C，Vapnik V N. Support vector networks[J]. Machine Learning，1995，20（3）：273-297.

[57] 李艳坤，邵学广，蔡文生. 基于多模型共识的偏最小二乘法用于近红外光谱定量分析[J]. 高等学校化学学报，2007，28（2）：246-249.

[58] Yan kun Li，Jing Jing. A consensus PLS method based on diverse wavelength variables models for analysis of near-infrared spectra[J]. Chemometrics and Intelligent Laboratory Systems，2014，130：45-49.

[59] 张明锦，张世芝，杜一平. 多模型共识偏最小二乘法用于近红外光谱定量分析[J]. 分析试验室，2012，（04）：102-105.

[60] Roberto K H G，Mário C U A，Gledson E J，et al. A method for calibration and Validation subset partitioning [J]. Talanta，2005，67：736-740.

[61] Menezes F S D，Liska G R，Cirillo M A，et al. Data Classification with Binary Response through the Boosting Algorithm and Logistic Regression[J]. Expert Systems with Applications，2016，69：62-73.

[62] Adam T K，Rocco A S. Boosting in the presence of noise[J]. Journal of Computer and System Sciences，2005，71（3）：266-290.

[63] 李艳坤. 基于改进的 Boosting 多模型共识算法用于复杂样品的分析[C]. Intelligent Information

Technology Application Association. Proceedings of 2011 AASRI Conference on Artificial Intelligence and Industry Application（AASRI-AIIA 2011 V4），2011，4.

[64] 张博，郝杰，马刚，等. 混合概率典型相关性分析[J]. 计算机研究与发展，2015，（07）：1463-1476.

[65] 丁世飞，齐丙娟，谭红艳. 支持向量机理论与算法研究综述[J]. 电子科技大学学报，2011，01：2-10.

[66] Vapnik V，Chapelle O. Bounds on error expectation for support vector machines [J]. Neural Computation，1989，12（9）：2013-2036.

[67] 林升梁，刘志. 基于 RBF 核函数的支持向量机参数选择[J]. 浙江工业大学学报，2007，02：163-167.

.Chapter 4

第4章

种子活力近红外光谱判别

4.1 引言

种子活力反映了种子发芽能力、生长潜势和生产潜力等综合性能，通常指田间条件下的种子上述性能的表现。广义的种子活力包括种子发芽力。种子发芽力是种子在一定的温度、湿度条件下正常萌发和生长的能力，可用发芽率、发芽势和发芽指数等指标评价。在适宜的发芽试验条件下，活力测定和发芽力测定的结果基本一致，但种子活力是比发芽力更敏感、更综合的指标。

种子活力是种子播种质量的重要指标。种子发芽指标检测在农业生产上具有重要的作用。高活力的种子发芽率也高，且能迅速整齐地出苗，幼苗健壮、生长旺盛，对不良环境抵抗力强；而低活力的种子在适宜的条件下虽能发芽，但发芽迟缓，在不良环境下出苗不整齐甚至不出苗，因此选用高活力的种子可以为作物增产打下良好的基础。此外，种子活力检测也是种子储藏必不可少的环节，种子入库前要经过干燥、清选、加工等前处理，储藏过程要控制好环境温度和湿度，如果以上过程中条件不合适，会造成种子机械损伤、变质等，进而降低种子活力。因此定期对种子活力进行检测可以监测种子活力状况并及时调整、改善储藏条件。同时，种子活力检测也是育种工作必不可少的手段。大量的研究证明，种子活力水平的高低主要取决于遗传基础。育种工作者在选用亲本时，需要通过种子活力检测衡量种子抗逆性、发芽力等综合特性，筛选高活力的亲本，通过杂交选育提高品种的活力，为种子出苗质量提供保障。

种子活力测定方法分为直接法和间接法两类。直接法模拟田间的播种条件，观察种子出苗情况或幼苗生长速度和健壮度。间接法测定与种子活力有关的生理生化指标和物理特性，如种子中酶的活性、浸出液电导率、种子呼吸强度等。国际种子检验协会（International Seed Testing Association，ISTA）和北美官方种子分析家协会（Association of Official Seed Analysts，AOSA）推荐的活力测定方法主要有幼苗生长测定法、电导率测定法、加速老化试验测定法、TTC（四唑）定量法等。上述种子活力测定方法可以较为准确、直观地测定表征种子活力的某项指标，但存在操作复杂、检测工作量大、可重复性低、测量周期长、损坏实验种子样本等缺点。以幼苗生长测定法中的发芽试验为例，通常一次试验需要 4～10 天，且对种子样本具有破坏性。传统种子活力测定方法的弊端严重制约了种子产业的快速发展，寻求更快、更为准确的检测方法是目前种子活力检测的发展趋势。

随着现代信息、生物、光电技术的发展，新兴技术被不断应用到种子活力检测领域，如 NIR 技术、激光散斑技术、聚合酶链式反应（Polymerase Chain Reaction，PCR）技术、Q2 技术（氧传感技术）、红外热成像技术等。其中，激光散斑技术和 PCR 技术还停留在实验室研究阶段；红外热成像技术和 Q2 技术需要结合种子的萌发过程去检测活力，且对种子具有破坏性；NIR 技术以其快速、无损检测优势在种子活力检测领域表现出极大的应用潜力，受到了国内外学者的众多关注。

Esteve 等运用 NIR 技术分析玉米胚损伤及大豆和玉米籽粒的活力，结果表明，运用偏最小二乘判别分析法（PLS-DA）可以准确地区分热损伤的玉米籽粒，鉴别率为 99%，但对于冷冻损伤和失去活力的种子进行分类是不可行的。Soltani 应用 NIR 技术检测山毛榉树种子的活力，结果表明，NIR 光谱技术可以准确地鉴别单粒种子是否有活力，模型的鉴别率为 100%。Tiguba 等利用 NIR 技术对松树种子活力进行测定，结果表明，NIR 技术可以区分老化后的种子和未老化的种子。杜尚广以白菜、芥菜、菜心等常见芸苔属种子为实验材料，检测经人工老化后种子的发芽势、发芽率和活力指数等指标，探究种子老化原理，并采用 NIR 技术较好地预测了人工老化后种子的活力水平。韩亮亮等和阴佳鸿等将 NIR 技术与主成分马氏距离识别方法相结合，可以准确地区别不同活力水平的燕麦种子。高艳琪等采用 NIR 技术结合平滑、多元散射预处理方法并用主成分分析降维，建立神经网络模型鉴别老化 0 天、4 天、8 天的水稻种子，鉴别率达 100%，说明利用 NIR 技术鉴定种子老化程度是可行的。郭婷婷等用 NIR 技术对玉米诱导过程中产生的亚正常种子的活力进行判别，发芽籽粒随机筛选准确率不足 40%，而文中建立的 NIR 判别模型筛选准确率可达 85% 以上。徐荣等采用傅里叶变换红外光谱法分析了肉苁蓉种子经过不同处理后的光谱差异及种子不同部位的光谱差异，初步研究发现，可以通过蛋白质和脂类的峰高比来评价种子的活力。经过多次试验，该方法的最高准确率达 100%。

NIR 技术以其快速、多组分检测优势可在种子活力多指标检测中有较好的应用前景。因此本章以小麦种子为例，以种子活力的非破坏性快速检测为目标，探索基于 NIR 和发芽指标的种子活力快速无损判别方法。此外，鉴于目前文献报道中采用 NIR 技术判别的大多是基于人工老化之后的种子样本，本章探索应用 NIR 技术判别自然老化种子的活力水平，以期在保持种子完整性的前提下，实现对种子质量更加科学、经济、大规模、高效率的检测。

4.2　基于 NIR 和发芽指标的种子活力综合评价探索

目前应用 NIR 技术测定种子活力的研究多集中于通过发芽率这一项指标建立单模型来定性判别种子活力水平，而基于幼苗生长特性的种子活力评价中通常采用发芽率、发芽势、发芽指数和活力指数等多项指标来反映种子活力水平。相较于定性给出种子活力水平高低，上述反映生长特性的量化指标可以为指导农业生产提供更为明确和直接的依据。因此，应用 NIR 技术建立快速测定种子发芽特性指标的定量分析模型，对于种子活力进行综合评价是极具研究价值和实用意义的。

本节首先采用 NIR 技术分别建立小麦种子发芽率、发芽势和发芽指数的快速定量分析模型，在此基础上探索种子的发芽指标和理化指标间的相关性，并采用发芽率、发芽势和发芽指数 3 个反映幼苗生长特性的发芽指标综合评价小麦种子活力。

4.2.1　样本制备

实验从中国农业科学院作物科学研究所及各地的种子公司获得总计 79 份小麦种子样本。为了扩大样本的活力差异，其中 32 份样本进行人工老化处理（4～8 天）。按照国标法进行小麦种子发芽试验，试验结束按照公式分别计算获得样本的发芽率、发芽势、发芽指数指标数据，如表 4-1 所示。

表 4-1　样本集发芽指标统计

指标	样本数	范围/%	均值/%	标准差
发芽率	79	0.75～99.25	68.21	32.02
发芽势	79	0～99	57.90	36.43
发芽指数	79	0.14～95.50	24.53	15.10

4.2.2　光谱采集

采用德国布鲁克公司的 VERTEX 70 傅里叶变换红外光谱仪器扫描小麦种子的近红外光谱。采用大样品杯旋转采样方式，装样前仔细筛查，剔除夹杂物和空粒，尽量保证每份样本装在样品杯中的高度一致，且顶端铺平，以减小光程差的影响。仪器参数设定如下：波数范围为 4000～12500cm^{-1}，分辨率为 8cm^{-1}，扫描次数为 64 次，采样点数为 2074。

4.2.3　种子发芽指标 NIR 量化模型建立

采用 OPUS 7.2 分析软件建立小麦种子发芽率、发芽势、发芽指数 3 个发芽指标的近红外光谱 PLS 模型。首先根据预测浓度残差分布剔除异常样本；然后采用 OPUS 中的因子分析功能按照校正样本与测试样本的个数比例 3∶1 划分样本集；最后采用 OPUS 自动优化建模。

OPUS 软件自动优化功能有通用方法 A 和通用方法 B 两种方法。将选定的建模光谱频率范围分成 10 个等间隔区域，组合这些间隔的光谱用于建模，比较不同组合下模型的预测误差。通用方法 A 从 10 个频率范围开始计算，然后连续去除范围，直到找出最优组合。通用方法 B 从 1 个频率范围开始，连续增加范围（直到 10 个），然后找出最优组合。本书选用通用方法 A+B 组合，分别建立小麦种子发芽率、发芽势和发芽指数 3 个指标的近红外模型，模型结果如表 4-2 所示。模型预测值与真实值的相关图如图 4-1～图 4-6 所示。

表 4-2　发芽指标的 PLS 模型

模型指标	剔除异常样本	校正集/测试集	主成分数	R_c	RMSECV/%	R_p	RMSEP /%	RPD
发芽率	2	58/19	6	0.77	18.8	0.95	11.1	3.19
发芽势	8	52/18	4	0.92	13.8	0.97	8.31	4.59
发芽指数	3	56/20	6	0.82	6.98	0.95	4.55	3.1

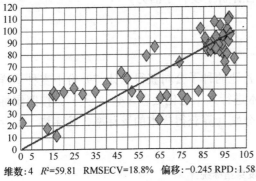

维数:4　R^2=59.81　RMSECV=18.8%　偏移:-0.245 RPD:1.58

图 4-1　发芽率模型校正集样本交叉检验图

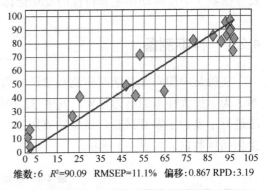

维数:6　R^2=90.09　RMSEP=11.1%　偏移:0.867 RPD:3.19

图 4-2　发芽率模型测试集检验图

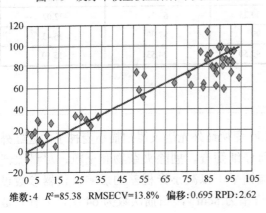

维数:4　R^2=85.38　RMSECV=13.8%　偏移:0.695 RPD:2.62

图 4-3　发芽势模型校正集样本交叉检验图

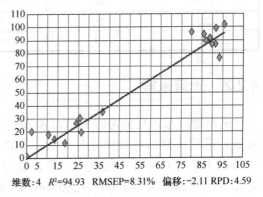

维数:4　R^2=94.93　RMSEP=8.31%　偏移:-2.11 RPD:4.59

图 4-4　发芽势模型测试集检验图

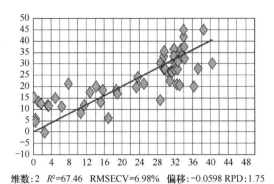

维数：2　$R^2=67.46$　RMSECV=6.98%　偏移：-0.0598 RPD：1.75

图 4-5　发芽指数模型校正集样本交叉检验图

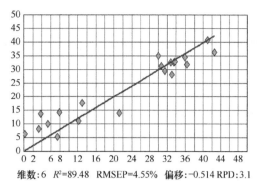

维数：6　$R^2=89.48$　RMSEP=4.55%　偏移：-0.514 RPD：3.1

图 4-6　发芽指数模型测试集检验图

4.2.4　基于发芽指标的小麦种子活力综合评价探索

种子活力代表的是种子在萌发和出苗期间的发芽率、出苗率、逆境抗性等综合特性，单一的发芽率指标不能代表种子活力的总体情况，从不同角度综合评价种子活力才更准确可靠。同时，种子中糖类、水分、蛋白质等营养成分也对种子活力有影响。因此本节在4.2.3 节内容的基础上，采用典型相关分析探索种子的发芽指标（发芽率、发芽势和发芽指数）和理化指标间的相关性，据此综合评价种子活力。

1. 典型相关分析原理

典型相关分析可以用于分析两组变量之间的相关程度。这种方法类似主成分分析，根据两组变量间的相关关系，用一个或少数几个变量的线性组合代替原始变量，将两组变量的关系求解问题转化为两个综合变量的相关性分析。典型相关分析的数学描述如下。

设有两组变量 $\boldsymbol{X}=(X_1,X_2,X_3,\cdots,X_p)'$ 和 $\boldsymbol{Y}=(Y_1,Y_2,Y_3,\cdots,Y_P)'$，设 $p\leqslant q$。

设第一组变量的均值矩阵和协方差矩阵分别为 $E(\boldsymbol{X})=\boldsymbol{\mu}_1$ 和 $\mathrm{Cov}(\boldsymbol{X})$，第二组变量的均值矩阵和协方差矩阵分别为 $E(\boldsymbol{Y})=\boldsymbol{\mu}_2$ 和 $\mathrm{Cov}(\boldsymbol{Y})$，两组变量的协方差矩阵为 $\mathrm{Cov}(\boldsymbol{X},\boldsymbol{Y})$。对于矩阵 $\boldsymbol{Z}=\left[\dfrac{E(\boldsymbol{X})}{E(\boldsymbol{Y})}\right]$，有均值向量

$$\boldsymbol{\mu}=E(\boldsymbol{Z})=E\left[\frac{E(\boldsymbol{X})}{E(\boldsymbol{Y})}\right]=\left[\frac{\boldsymbol{\mu}_1}{\boldsymbol{\mu}_2}\right] \tag{4-1}$$

协方差矩阵：

$$\mathrm{Cov}(\boldsymbol{Z})=E(\boldsymbol{Z}-\boldsymbol{\mu})(\boldsymbol{Z}-\boldsymbol{\mu})' \tag{4-2}$$

分别作两组变量 $\boldsymbol{X},\boldsymbol{Y}$ 的线性组合，即

$$U=a_1X_1+a_2X_2+a_3X_3+\cdots+a_pX_p=\boldsymbol{a}'\boldsymbol{X} \tag{4-3}$$

$$V=b_1Y_1+b_2Y_2+b_3Y_3+\cdots+b_qY_q=\boldsymbol{b}'\boldsymbol{Y} \tag{4-4}$$

式中，$\boldsymbol{a}=(a_1,a_2,a_3,\cdots,a_p)'$，$\boldsymbol{b}=(b_1,b_2,b_3,\cdots,b_q)'$ 分别为任意非零常向量，则可得

$$\mathrm{Var}(U)=\boldsymbol{a}'\mathrm{Cov}(\boldsymbol{X})\boldsymbol{a} \tag{4-5}$$

$$\mathrm{Var}(V)=\boldsymbol{b}'\mathrm{Cov}(\boldsymbol{Y})\boldsymbol{b} \tag{4-6}$$

$$Cov(U,V) = \boldsymbol{a}'Cov(\boldsymbol{X},\boldsymbol{Y})\boldsymbol{b} \tag{4-7}$$

则称 U 与 V 为典型变量，它们之间的相关系数 p 称为典型相关系数，即

$$p = \frac{Cov(U,V)}{\sqrt{Var(U)}\sqrt{Var(V)}} \tag{4-8}$$

根据 U 和 V 典型相关系数由大到小逐对提取典型变量 U_1 和 V_1，U_2 和 V_2，$\cdots$，U_p 和 V_p。

2. 相关系数分析

从中国农业科学院作物科学研究所搜集不同品种和产地的小麦种子共计 47 份。每份样本已知 7 个理化指标数据 Set-1（见表 4-3），以及 3 个发芽指标数据 Set-2（见表 4-4）。

表 4-3　Set-1 小麦种子理化指标

粗蛋白	降落数值	湿面筋	面筋指数	水分	硬度	容重
x_1	x_2	x_3	x_4	x_5	x_6	x_7

表 4-4　Set-2 发芽指标

发芽率	发芽势	发芽指数
y_1	y_2	y_3

首先，通过相关分析得到任意两组理化指标间的相关系数，如表 4-5 所示。

表 4-5　理化指标间的相关系数

理化指标	x_1	x_2	x_3	x_4	x_5	x_6	x_7
x_1	1.0000	0.2729	0.8817	0.3330	0.0792	0.1954	0.2984
x_2	0.2729	1.0000	0.3149	0.1653	0.0182	0.1239	0.4622
x_3	0.8817	0.3149	1.0000	0.5487	0.2294	0.1677	0.3655
x_4	0.3330	0.1653	0.5487	1.0000	0.3557	0.2673	0.3391
x_5	0.0792	0.0182	0.2294	0.3557	1.0000	0.0866	0.2188
x_6	0.1954	0.1239	0.1677	0.2673	0.0866	1.0000	0.0635
x_7	0.2984	0.4622	0.3655	0.3391	0.2188	0.0635	1.0000

由表 4-5 可知，小麦样本 7 种理化指标中，相关性较大的有粗蛋白和湿面筋（相关系数为 0.8817）、湿面筋和面筋指数（0.5487）、降落数值和容重（0.4622）。

然后，通过相关分析得到任意两组发芽指标间的相关系数，如表 4-6 所示。

表 4-6　发芽指标间的相关系数

发芽指标	y_1	y_2	y_3
y_1	1.0000	0.5504	0.7262
y_2	0.5504	1.0000	0.6456
y_3	0.7262	0.6456	1.0000

由表 4-6 可知，反映种子活力的 3 个发芽指标之间相关性较大，其中发芽率和发芽指数相

关系数为 0.7262、发芽率和发芽势相关系数为 0.5504、发芽势和发芽指数相关系数为 0.6456。最后，通过相关分析初步获得发芽指标和理化指标之间的相关系数，如表 4-7 所示。

表 4-7　发芽指标和理化指标之间的相关系数

理化指标	发芽指标		
	y_1	y_2	y_3
x_1	0.2144	0.0146	0.1988
x_2	0.0759	0.1339	0.0002
x_3	0.2720	0.1202	0.2735
x_4	0.3094	0.0522	0.1929
x_5	0.1884	0.0305	0.2243
x_6	0.0849	0.0594	0.0235
x_7	0.3166	0.0865	0.019

根据表 4-7 可得，与 y_1（发芽率）指标相关性较大的理化指标依次为 x_7（容重）、x_4（面筋指数）、x_3（湿面筋）、x_1（粗蛋白）和 x_5（水分），相关系数分别为 0.3166、0.3094、0.2720、0.2144 和 0.1884。而其他理化指标与发芽指标间的直接关联不大，更多的可能是综合影响。容重是单位容积内种子的绝对质量，单位为 g/L。容重可以作为评价种子品质的一项指标。容重高，说明籽粒饱满、内部充实、籽粒成熟度高，因此也对应着高发芽率。种子中的蛋白质是发芽时不可缺少的养分，在储藏不当或老化过程中，种子蛋白质会变性，导致发芽率降低。种子中自由水的含量是控制种子萌发与否的重要因素。综上可知，种子理化指标中与发芽率等发芽指标关联较大的理化值对种子的萌发能力确实有一定的影响，且有种子生物学、化学原理等具体依据。

与 y_2（发芽势）指标相关性较大的理化指标主要是 x_2（降落数值）、x_3（湿面筋），相关系数分别为 0.1339 和 0.1202。

与 y_3（发芽指数）指标相关性较大的理化指标主要是 x_3（湿面筋）、x_5（水分）、x_1（粗蛋白）和 x_4（面筋指数），相关系数分别为 0.2735、0.2243、0.1988 和 0.1929。

3. 典型结构分析

典型结构分析也就是分析原始变量和典型变量之间的相关性。典型载荷（Canonical Loadings）表示一组原始变量与其相应的典型变量之间的关系，如理化指标原始变量与表示理化的典型变量 U_1 之间的关系（见表 4-8）；交叉典型载荷（Cross Loadings）表示一组原始变量与其对应的典型变量之间的关系，可以用于判断一个原始指标是否可以用其对应的典型变量进行预测。

表 4-8　理化指标原始变量与其相应的典型变量之间的关系

理化指标	典型变量		
	U_1	U_2	U_3
x_1	−0.478	0.069	0.371
x_2	0.312	0.181	0.355
x_3	−0.827	0.006	0.203

续表

理化指标	典型变量		
	U_1	U_2	U_3
x_4	0.615	0.341	0.302
x_5	0.409	0.062	0.529
x_6	0.012	0.189	0.256
x_7	0.438	0.816	0.058

理化指标第一对典型变量的典型结构如图 4-7 所示。

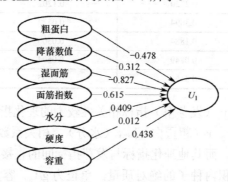

图 4-7 理化指标第一对典型变量的典型结构

由图 4-7 可知，理化指标中湿面筋、面筋指数、粗蛋白可以相对较好地由理化指标的第一对典型变量预测，相关系数分别为-0.827、0.615、-0.478。

发芽指标原始变量与其相应的典型变量之间的关系如表 4-9 所示。

表 4-9 发芽指标原始变量与其相应的典型变量之间的关系

发芽指标	典型变量		
	V_1	V_2	V_3
y_1	0.473	0.496	0.729
y_2	0.325	0.030	0.945
y_3	0.469	0.234	0.852

发芽指标第一对典型变量的典型结构如图 4-8 所示。

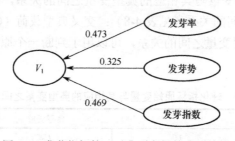

图 4-8 发芽指标第一对典型变量的典型结构

由图 4-8 可知，发芽指标的第一对典型变量与 3 个发芽指标的相关性系数相差不大，说明种子活力是由多个指标共同决定的。其中，发芽率与发芽指数与第一对典型变量相关系数较高，分别为 0.473、0.469。

发芽指标原始变量与理化指标对应的典型变量之间的关系如表 4-10 所示。

表 4-10　发芽指标原始变量与理化指标对应的典型变量之间的关系

发芽指标	典型变量		
	U_1	U_2	U_3
y_1	0.287	0.246	0.163
y_2	0.197	0.015	0.212
y_3	0.285	0.116	0.191

由表 4-10 可知，3 个发芽指标与理化指标的典型变量之间相关性不大，y_1（发芽率）和 y_3（发芽指数）可以相对较好地由理化指标的第一典型相关变量 U_1 预测，相关系数分别为 0.287 和 0.285。

4.3　自然老化种子活力的近红外光谱无损识别

老化是农作物种子在储藏过程中普遍存在的一种自然现象。种子老化与种子活力密切相关。种子老化程度严重，则种子活力下降明显。老化不但影响种子的萌发、幼苗生长及后期种子的质量与品质，而且对种质资源的保存、开发和利用都产生严重的影响。因此，监测种子老化程度，解析老化过程中种子的生理特性变化，对于种子储藏及开发利用是至关重要的。

以小麦种子为例，现行小麦种子老化检测主要根据小麦种子品质性状的变化，如感官品质、过氧化氢酶活动度、降落数值、脂肪酸值、发芽率等指标判定。上述指标均能在一定程度上反映了小麦品质劣变程度与储藏时间的相关性，但在实际检测过程中存在操作烦琐、耗时，且破坏试样等缺点，难以适应现代农业生产发展提出的快速、无损、便捷的检测需求。

近年来，NIR 技术以其快速、多组分、非破坏性等技术优势在种子质量快检领域崭露头角。Ashabahebwa Ambrose 等实验表明 NIR 技术在无损判别玉米种子生活力领域较拉曼光谱技术更具优势。杜尚广以白菜、芥菜、菜心等常见芸苔属种子为实验材料，检测经人工老化后种子的发芽势、发芽率和发芽指数等指标，探究种子老化原理，并采用 NIR 技术较好地预测了人工老化后种子的活力水平。Le Song 等利用 NIR 技术准确鉴别了经 γ 射线照射的人工老化处理后的水稻种子的活力水平。目前应用 NIR 技术鉴别种子活力的研究报道中，采用的都是人工加速老化替代自然老化来节省实验时间。但是人工老化和自然老化两种老化形成的环境有着显著的差异，对种子内部的生理生化活动产生的影响也有着显著差异。有研究报道，经人工/自然老化后的种子在苗期后的生长发育特性存在本质上的差异，NIR 技术能否有效鉴别和区分自然老化种子的活力水平还有待进一步验证。

因此，本节通过解析不同自然老化阶段的小麦种子的近红外光谱来研究种子主要成分的变化，探索采用 NIR 技术判别小麦种子自然老化程度的可行性，为进一步采用 NIR 技术无损解析种子自然老化过程中生理生化指标变化规律及活力下降主要原因提供理论研究和技术支撑。

4.3.1　样本制备

本实验收集的 45 份小麦样本由中国农业科学院作物科学研究所提供（2016 年收获）。将小麦样本装在纱网中存放于室温条件下进行自然老化，分别在老化初期、4 个月、7 个月和 9 个月取样。

4.3.2　光谱采集

采用德国布鲁克公司的 VERTEX 70 傅里叶变换红外光谱仪器（大样品杯旋转采样），采集该批小麦样本在老化初期、4 个月、7 个月和 9 个月的近红外光谱，共计 180 份。装样前仔细筛查剔除夹杂物和空粒。光谱仪参数设定如下：波数范围为 4000～10000cm^{-1}，分辨率为 8 cm^{-1}，采样点数为 1557，每个样品扫描 64 次后取平均值。

4.3.3　光谱数据预处理

4 个老化时间节点采集的 180 份小麦样本近红外光谱如图 4-9（a）所示。可以观察到 4 类小麦样本原始光谱吸光度趋势相似，但由于样品颗粒大小、光散射和光程变化等因素的影响，不同样品光谱的基线漂移严重。为消除样品状态、仪器状态等对光谱分析的干扰，采用标准正态化处理（Standard Normal Variate，SNV）对原始光谱进行预处理，如图 4-9（b）所示。从图 4-9（b）中可以看出，经过 SNV 预处理后光谱谱峰变化更为清晰，基线偏移量得到明显修正。但是仪器噪声在光谱两端表现较为明显，尤其是在 9000～10000cm^{-1}，光谱毛刺较多。

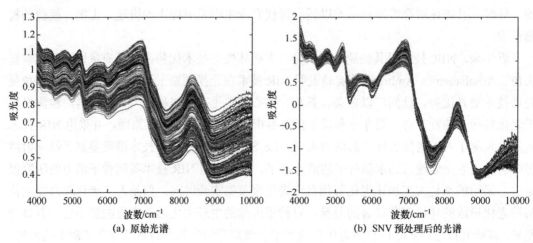

(a) 原始光谱　　　　　　　　　　　　　　(b) SNV 预处理后的光谱

图 4-9　小麦种子近红外光谱预处理

4.3.4　自然老化种子光谱定性解析

小麦种子的水分、粗蛋白和淀粉等主要成分的分子结构中都存在含氢基团，因此小麦种子具有丰富的近红外光谱信息，为了明确每个样本在各波长点处的吸光度随老化阶段的具体变化情况，实验统计了样本在 4 个老化阶段随波长变化的离散度。离散度是用来表征数据离散程度的统计量，离散度越大，则表明该波长点处吸光度波动越明显。因此，根据离散度大小就可以筛选出与自然老化时间显著相关的谱区。为避免单个样本由于偶然因素导致的离散度值异常，实验求取了 45 份样本光谱离散度的平均值，并归一化至[-1,1]，如图 4-10 所示。由图 4-10 可以观察到，按照离散度值大小，谱峰主要分布在 $6900\pm100\mathrm{cm}^{-1}$、$7600\pm100\mathrm{cm}^{-1}$、$8300\pm100\mathrm{cm}^{-1}$，以及 $5300\pm50\mathrm{cm}^{-1}$、$5100\pm50\mathrm{cm}^{-1}$ 等区域。$10000\mathrm{cm}^{-1}$ 处离散度最大，但其处在仪器噪声较大的区域，因此不对该区域解析。

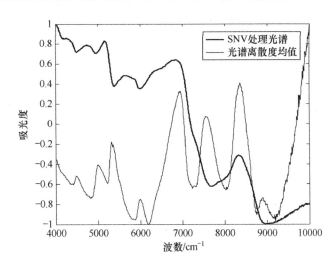

图 4-10　小麦不同老化阶段光谱的离散度分析

（1）在离散度较大的 $6900\pm100\mathrm{cm}^{-1}$、$7600\pm100\mathrm{cm}^{-1}$、$8300\pm100\mathrm{cm}^{-1}$：据文献[15]检索可得 $6944\mathrm{cm}^{-1}$ 附近对应了液态水中 O—H 伸缩振动的一级倍频，$8197\mathrm{cm}^{-1}$ 附近对应了 O—H 的合频吸收谱带等。因此该特征谱区反映了种子在自然老化阶段中水分的显著变化。分析其原因可得，种子样本放置于室内开放环境下进行自然老化，随着储藏时间延长，小麦逐渐干燥，水分减少，因此其近红外光谱在该区间出现了明显波动。

（2）在离散度次之的 $5300\pm50\mathrm{cm}^{-1}$、$5100\pm50\mathrm{cm}^{-1}$：据文献检索可得，$5208\mathrm{cm}^{-1}$ 附近对应了蛋白质仲酰胺 CONH 中 C=O 伸缩振动的二级倍频吸收，$5051\mathrm{cm}^{-1}$ 对应了蛋白质伯酰胺 $CONH_2$ 中 N—H 伸缩振动与酰胺 II 谱带合频吸收；$5180\mathrm{cm}^{-1}$ 附近对应了淀粉与纤维素中 O—H 伸缩和 O—H 变形振动的组合频吸收等。因此该特征谱区显著反映了种子在自然老化阶段中蛋白质和淀粉的变化。分析其原因可得，小麦种子中的蛋白质在储藏不当或老化过程中会变性，亲水能力及蛋白质分子间的凝聚力都会有所降低，在籽粒吸湿回潮后还会水解成游离氨基酸；淀粉则会因水解酶的作用产生可溶性糖，可溶性糖分不断上升，因此小麦种子的近红外光谱在该区间出现了显著的波动。

解析上述波动显著谱区离散度的大小及对应的化学基团归属可得，小麦种子在短期自然老化阶段中以水分的显著变化为主，蛋白质和淀粉等变化次之。

4.3.5　种子自然老化程度近红外光谱无损识别

通过上述小麦种子在自然老化阶段的近红外光谱解析可得，小麦种子在老化过程中水分、蛋白质、淀粉等化学成分的变化可以显著反映在相应的近红外特征谱区上，因此可为应用 NIR 技术识别小麦种子的自然老化程度提供切实可行的理论基础。

支持向量机（SVM）是建立在统计学习理论 VC 维理论和结构风险最小化原理基础上的机器学习方法，能够较好地解决小样本、非线性和高维数的识别问题，具有很好的泛化能力。因此本实验采用 4 分类 SVM 建立无损识别小麦种子 4 种自然老化程度的近红外光谱模型。实验采用的支持向量机算法参考台湾大学林智仁（Lin Chih-Jen）等开发的 LIBSVM 工具包实现，在 MATLAB2014a 环境中运行。

1. SVM 分类器原理

SVM 是一种新的通用的机器学习方法，以其小样本下良好的推广能力而被广泛用于各种模式分类问题。下面简单介绍一下 SVM 分类器。

设训练集为 $\{x_i, y_i\}(i=1,\cdots,n)$，$x_i \in R^n$，$y_i \in \{-1,1\}$，则 SVM 分类器的一般形式为

$$f(x) = \text{sgn}\left\{\sum_{i=1}^{n} a_i^* y_i K(x_i, x) + b\right\} \tag{4-9}$$

式中，$K(x_i, x)$ 为核函数；a_i^* 通过在约束条件 $\sum_{i=1}^{n} y_i a_i = 0$ 和 $0 \leqslant a_i \leqslant c$（$i=1,\cdots,n$）下最大化式（4-9）求得。其中，$c$ 为惩罚参数。

$$Q(a) = \sum_{i=1}^{n} a_i - \frac{1}{2} \sum_{i,j=1}^{n} a_i a_j y_i y_j K(x_i \cdot x_j) \tag{4-10}$$

Vapnik 证明，如果训练集中的样本能被 SVM 建立的最优超平面完全划分，则测试未知样本的最大出错概率，即支持向量机期望风险的上界为

$$E(\text{Pr}(\text{error})) \leqslant \frac{E(支持向量个数)}{训练向量的个数 - 1} \tag{4-11}$$

式（4-11）表明，支持向量的数目越少，支持向量机期望风险的上界越小，该支持向量机泛化能力越强。

近红外光谱分析中会经常遇到如下问题：小样本，建模样本量太少导致模型的稳定性和可靠性都较差；非线性，近红外光谱在测定时有非线性因素的干扰，导致近红外光谱不能真实地反映待测物质的组成和结构；高维，近红外光谱全谱参与建模时，由于全谱的波长点数是成百上千的，因此光谱维数给计算带来了很大的问题。SVM 出色的学习性能正适

合解决此类问题，因此如何将 SVM 与 NIR 相结合，利用 SVM 出色的学习性能和 NIR 技术的分析特点来拓展 NIR 技术的应用范围，解决实际生产或生活中遇到的定性判别问题，是一项值得研究的内容。

2. LIBSVM 软件包

1）LIBSVM 软件包简介

目前与 SVM 计算相关的软件有很多，如 LIBSVM、mySVM、SVMLight 等，这些软件大部分的免费下载地址和简单介绍都可以在 http://www.kernel-machines.org/ 上获得。其中，LIBSVM 是台湾大学林智仁等开发设计的一个简单、易于使用的快速有效的 SVM 模式识别与回归的软件包。

LIBSVM 软件包可以解决分类问题（包括 C- SVC、n - SVC）、回归问题（包括 e - SVR、n - SVR）及分布估计（one-class-SVM）等问题，提供了线性、多项式、径向基和 S 形函数 4 种常用核函数供选择，可以有效地解决多类问题，如交叉验证选择参数、对不平衡样本加权、多类问题的概率估计等。

LIBSVM 软件包不但提供了编译好的可在 Windows 系统中执行的文件，还提供了 LIBSVM 的 C++语言的算法源代码，以及 Python、Java、R、MATLAB、Perl、Ruby、LabVIEW 及 C#.net 等语言的接口，可以方便地在 Windows 或 UNIX 平台下使用，也便于科研工作者根据自己的需要进行改进；提供了 Windows 平台下的可视化操作工具 SVM-toy，并且在进行模型参数选择时可以绘制出交叉验证精度的等高线图；提供了 SVM 定量回归函数、二分类及多分类定性分析函数等。

2）LIBSVM 的使用方法及步骤

LIBSVM 是以源代码和可执行文件两种方式给出的。如果是 Windows 系列操作系统，则可以直接使用软件包提供的程序，也可以进行修改编译；如果是 UNIX 类系统，则必须自己编译，软件包提供了编译格式文件。LIBSVM 提供的 Windows 操作系统下的可执行文件包括：进行支持向量机训练的 svmtrain.exe、根据已获得的支持向量机模型对数据集进行预测的 svmpredict.exe，以及对训练数据与测试数据进行简单缩放操作的 svmscale.exe。它们都可以直接在 DOS 环境中使用。

LIBSVM 使用的一般步骤如下。

（1）按照 LIBSVM 软件包所要求的格式准备数据集。

（2）对数据进行简单的缩放操作。

（3）考虑选用 RBF 核函数。

（4）采用交叉验证选择最佳参数 C 与 g。

（5）最佳参数 C 与 g 对整个训练集进行训练，获取支持向量机模型。

（6）利用获取的模型进行测试与预测。

3）LIBSVM-MATLAB 接口使用

LIBSVM 提供了多种语言的使用接口。其中，MATLAB 在矩阵运算、二维和三维图形的绘制、数值拟合等方面均有极强的功能，它具有丰富的函数资源，可供用户直接调用，非常适合于近红外光谱分析。

3. 结果与分析

构造一个具有良好性能的小麦种子活力水平 SVM 分类模型，核函数和参数的选择是关键。本节采用径向基函数（Radial Basis Function，RBF）作为核函数，参数（C,γ）是影响 SVM 性能的关键因素，其中 C 为惩罚因子，γ 为核函数参数。将 180 份样本光谱按照 3:1 的比例，随机抽取 135 份样本作为训练集，其余样本作为测试集，采用网格搜索法对 C、γ 进行参数寻优，参数 C 和 γ 的搜索范围分别设定为 $[2^{-5}, 2^{10}]$、$[2^{-15}, 2^{0}]$。对每组（C,γ）建立的模型用 3 折交叉验证方法得到训练集验证分类准确率，最终选定使训练集验证分类准确率最高的参数组合作为最优值。得到的最优参数分别为 $C=8$、$\gamma=0.0089742$，如图 4-11 所示。利用最优参数建立小麦种子活力 SVM 分类模型，支持向量数为 51，模型对测试集样本进行验证的结果如表 4-11 所示。

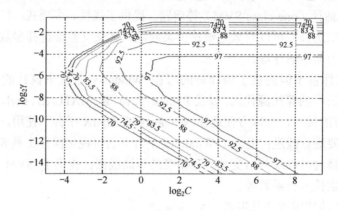

图 4-11　模型参数选择结果（等高线图）

表 4-11　SVM 分类模型识别结果

样本类别	训练集	测试集			
	识别率/%	实际数量	识别率/%	误识数	误识类型
原始样本	—	11	90.91	1	老化 4 个月
老化 4 个月	—	13	100	0	—
老化 7 个月	—	9	100	0	—
老化 9 个月	—	12	100	0	—
4 类总体	99.26	45	97.78	0	—

从表 4-11 中可以看出，SVM 分类模型对于 4 类不同老化时间的小麦样本识别效果较好，训练集识别率达到 99.26%，测试集识别率达到 97.78%。测试集样本实际类别和预测类别关系如图 4-12 所示。

从图 4-12 可以观察到，测试集 45 份样本中仅有一个分类错误，即只有 1 个原始样本被误分为老化 4 个月的样本，原因在于：小麦的老化过程是缓慢进行的，存放 4 个月时小麦的老化程度较轻，与未老化样本没有明显差别，从而对分类效果有影响。而老化 4 个月、7 个月、9 个月的样本虽然最短间隔只有两个月，但可以准确被区分，说明用近红外光谱鉴别小麦种子活力水平具有较高的准确度和灵敏度。

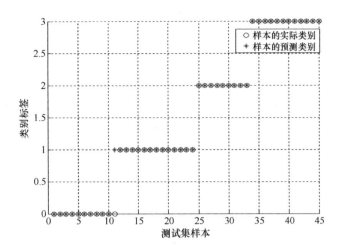

图 4-12　测试集样本实际类别和预测类别关系图

4.4　本章小结

种子活力可以通过种子的发芽特性来综合表示。本章首先探索建立了小麦种子发芽率、发芽势和发芽指数的快速 NIR 定量分析模型，在此基础上采用典型相关分析法，探索种子的发芽指标和理化指标间的相关性，并尝试采用发芽率、发芽势和发芽指数 3 个指标建立组合公式来表征、综合评价小麦种子活力。

种子活力与种子老化密切相关。因此，监测种子老化程度，对于解析老化过程中种子的活力变化至关重要。本章实验跟踪采集了 45 份小麦种子在短期自然老化阶段的近红外光谱，通过光谱离散度均值分析筛选得到了与老化程度显著相关的近红外特征谱区，通过谱区对应的化学基团归属解析可得，小麦种子在短期自然老化阶段中以水分的显著变化为主，蛋白质和淀粉等变化次之。针对不同老化阶段的样本集近红外光谱，采用标准正态化预处理后，又采用 4 分类支持向量机方法建立了无损识别小麦种子自然老化程度的定性分析模型，对于 4 类样本分类识别率可达 97.78%。实验结果表明，采用近红外光谱无损判别小麦种子老化程度在理论上和实践上都是切实可行的，但应用近红外光谱解析小麦种子在自然老化阶段中主要化学成分的变化规律及其对种子活力的影响还有待后续深入分析。

参考文献

[1]　李振华, 王建华. 种子活力与萌发的生理与分子机制研究进展[J]. 中国农业科学, 2015, 48(4): 646-660.

[2]　余波, 杜尚广, 罗丽萍. 种子活力测定方法[J]. 中国科学：生命科学, 2015, 45: 709-713.

[3] Mirjana M，Milka V，Đura K．Vigour Tests as Indicators of Seed Viability[J]．Genetika，2010，42（1）：103-118.

[4] Association of Official Seed Analysts．Seed Vigour Testing Handbook[M]．NE，USA，2002.

[5] Moreira J，Cardoso R R，Bragab R A．Quality test protocol to dynamic laser speckle analysis[J]．Opt Laser Eng，2014，61：8-13.

[6] Robene I，Perret M，Jouen E，et al．Development and validation of a real-time quantitative PCR assay to detect Xanthomonas axonopodispv．allii from onion seed[J]．J Microbiol Meth，2015，114：78-86.

[7] Kranner I，Kastberger G，Hartbauer M．Noninvasive diagnosis of seed viability using infrared thermography[J]．Proc Natl Acad Sci USA，2010，107：3913-3917.

[8] Le Song，Qi Wang，Chunyang Wang，et al．Effect of γ-irradiation on rice seed vigor assessed by near-infrared spectroscopy[J]．Journal of Stored Products Research，2015，62：46-51.

[9] Shiqiang Jia，Dong An，Zhe Liu，et al．Variety identification method of coated maize seeds based on near-infrared spectroscopy and chemometrics[J]．Journal of Cereal Science，2015，63：21-26.

[10] 吴静珠，董文菲，董晶晶，等，基于 Si-CPLS 的小麦种子发芽率近红外模型优化研究[J]．光谱学与光谱分析，2017，37（04）：1114-1117.

[11] 潘安龙，王晶，李典格，等．利用近红外光谱测定玉米非淀粉组分中纤维素及半纤维素含量[J]．农业工程学报，2011，（07）：349-352.

[12] Esteve A L，Ellis D D，Duvick S，et al．Feasibility of near infrared spectroscopy for analyzing corn kernel damage and viability of soybean and corn kernels[J]．Journal of Cereal Science，2012，55（2）：160-166.

[13] TigabuM，Odén P C．Rapid and non-destructive analysis of vigour of Pinus patula seeds using single seed near infrared transmittance spectra and multivariate analysis[J]．Seed Science and Technology，2004，32（2）：593-606.

[14] 杜尚广．基于近红外光谱技术快速评价芸苔属种子活力[D]．南昌：南昌大学，2014.

[15] 韩亮亮，毛培胜，王新国，等．近红外光谱技术在燕麦种子活力测定中的应用研究[J]．红外与毫米波学报，2008，27（2）：77-81.

[16] 阴佳鸿，毛培胜，黄莺，等．不同含水量劣变燕麦种子活力的近红外光谱分析[J]．红外，2010，31（7）：39-44.

[17] 郭婷婷，徐丽，刘金．玉米亚正常籽粒生活力近红外光谱判别方法研究[J]．光谱学与光谱分析，2013，33（2）：1501-1505.

[18] 徐荣，孙素琴，陈君，等．肉苁蓉种子成分及活力的红外光谱分析[J]．光谱学与光谱分析，2009，（1）：97-101.

[19] 戴子云，梁小红，张利娟，等．近红外光谱技术的结缕草种子发芽率研究[J]．光谱学与光谱分析，2013，33（10）：2642-2645.

[20] 王春华，黄亚伟，王若兰．小麦发芽率近红外测定模型的建立与优化[J]．粮油食品科技，2013，21（6）：73-75.

[21] 李毅念，姜丹，刘璎瑛，等．基于近红外光谱的杂交水稻种子发芽率测试研究[J]．光谱学与光谱分析，2014，34（6）：1528-1532.

[22] 许惠滨，魏毅东，连玲，等．水稻种子人工老化与自然老化的分析比较[J]．分子植物育种，2013，（05）：552-556.

[23] 孙常玉，傅兆麟．人工加速小麦种子老化的研究进展[J]．安徽农学报，2013，（07）：27-30+82.

[24] Ashabahebwa A，Santosh L，Wang H L，et al．Comparative Nondestructive Measurement of Corn Seed Viability using Fourier Transform Near-Infrared （FT-NIR） and Raman Spectroscopy[J]．Sensors and Actuators B Chemical，2015.

[25] Sharmaa A D，Rathoreb S V S，Srinivasana K，et al. Comparison of various seed priming methods for seed germination，seedling vigour and fruit yield in okra （Abelmoschus esculentus L. Moench）[J]. Sci Hortic-Amsterdam，2014，165：75-81.

[26] Wang W Q，Liu S J，Song S Q，et al. Proteomics of seed development，desiccation tolerance，germination and vigor[J]. Plant Physiol Biochem，2015，86：1-5.

[27] 朱丽伟，马文广，胡晋，等. 近红外光谱技术检测种子质量的应用研究进展[J]. 光谱学与光谱分析，2015，35（2）：346-349.

[28] 覃鹏，孔治有，刘叶菊. 人工加速老化处理对小麦种子生理生化特性的影响[J]. 麦类作物学报，2010，30（4）：656-659.

[29] 贾婉，毛培胜. 近红外光谱技术在种子质量检测方面的研究进展[J]. 种子，2013，32（11）：46-51.

[30] 杰尔·沃克曼，洛伊斯·文依. 近红外光谱解析实用指南[M]. 褚小立，许育鹏，田高友，译. 北京：化学工业出版社，2009.

[31] Cortes C，Vapnik V N. Support vector networks[J]. Machine Learning，1995，20（3）：273-297.

[32] 丁世飞，齐丙娟，谭红艳. 支持向量机理论与算法研究综述[J]. 电子科技大学学报，2011，01：2-10.

[33] 林升梁，刘志. 基于 RBF 核函数的支持向量机参数选择[J]. 浙江工业大学学报，2007，02：163-167.

.Chapter 5

第5章

种子理化品质近红外高光谱成像分析

5.1 引言

品质评价是粮食生产、收购、储运、加工和育种过程中的重要技术依托，对国家粮食安全与经济发展有非常重要的影响。以小麦为例，水分、蛋白质、湿面筋是小麦品质评价的重要指标，水分含量关系到小麦的储藏条件、收购价格等；蛋白质含量的高低是决定小麦营养品质和加工品质的重要因素；而小麦中湿面筋含量则影响面团流变学特性和手工拉面品质。

近红外光谱技术具有操作简单、分析速度快、无损伤、多组分同时分析等优点，目前已广泛应用于小麦品质分析。我国已出台用近红外光谱技术检测小麦水分、蛋白等指标的国家标准。但是近红外光谱技术对光谱测量方式、光谱仪器及相应的参数等有很高的要求。对于小麦等固体颗粒样品，多采用漫反射积分球测量方式，其极易受样品状态和装样条件的影响，且小麦籽粒内部各成分的空间分布极度不均衡，采样面积过小，只能获得样品的局部化学信息，将造成较大的测试误差，不能保证模型的可靠性与稳定性。因此，为保证提取的光谱具有代表性，测量时对扫描面积有很高的要求。

高光谱成像技术是近年来出现的将光谱与成像科学相结合的分析技术，既能获取被测样品在不同波长上的形貌和空间信息，又能获得反映图像各处成分的光谱信息，因此可以更全面地获取样本信息，有更高的分析检测潜质。

本章以小麦种子品质分析为例，分别采用近红外光谱技术及高光谱成像技术结合化学计量学方法建立小麦种子颗粒的水分、蛋白质和湿面筋快速定量分析模型，分析比较两种技术建立种子颗粒品质模型的特点，并深入探索单粒种子光谱成像快速无损定量分析方法，以便为小麦品质快速无损检测与优质育种提供基础研究。

5.2　多籽粒种子理化品质的近红外高光谱成像快速无损分析

本节以小麦种子品质分析为例，分别采用近红外光谱技术及高光谱成像技术结合化学计量学方法，建立小麦种子颗粒的水分、蛋白质和湿面筋快速定量分析模型，分析比较两种技术建立种子籽粒品质模型的技术特点。

5.2.1　样本制备

1. 样本收集

47 份小麦样本由中国农业科学院作物科学研究所提供，每份样本对应的品种和产地信息如表 5-1 所示。将样本置于 4℃左右的冰箱冷藏。

表 5-1　47 份小麦样本信息

样本编号	品种	产地	样本编号	品种	产地
A1	山农 20	河南	A19	百农 AK58	江苏
A2	山农 20	河南	A20	济麦 22	山东
A3	山农 20	河南	A21	小偃 22	陕西
A4	济麦 22	江苏	A22	鲁原 502	山东
A5	百农 AK58	河南	A23	鲁原 502	山西
A6	济麦 22	山东	A24	小偃 22	陕西
A7	山农 20	山东	A25	小偃 22	陕西
A8	鲁原 502	河北	A26	小偃 22	陕西
A9	济麦 22	山东	A27	济麦 22	江苏
A10	济麦 22	山东	A28	百农 AK58	河南
A11	郑麦 9023	湖北	A29	郑麦 9023	江苏
A12	烟农 5158	山东	A30	郑麦 9023	江苏
A13	鲁原 502	山东	A31	衡观 35	河南
A14	烟农 5158	山东	A32	衡观 35	河南
A15	郑麦 9023	湖北	A33	衡观 35	河北
A16	山农 20	山东	A34	小偃 22	陕西
A17	小偃 22	陕西	A35	小偃 22	陕西
A18	小偃 22	陕西	A36	小偃 22	山西

续表

样本编号	品种	产地	样本编号	品种	产地
A37	百农 AK58	山东	A43	山农 20	河北
A38	泰农 18	山东	A44	山农 20	河北
A39	济麦 22	河北	A45	济麦 22	江苏
A40	济麦 22	山西	A46	郑麦 9023	河南
A41	小偃 22	陕西	A47	百农 AK58	江苏
A42	小偃 22	陕西			

2. 组分测定

水分含量参照《食品安全国家标准 食品中水分的测定》（GB 5009.3—2016）测定，蛋白质含量参照《食品安全国家标准 食品中蛋白质的测定》（GB 5009.5—2016）测定，湿面筋含量参照《小麦和小麦粉 面筋含量第 2 部分：仪器法测定湿面筋》（GB/T 5506.2—2008）测定。47 份小麦样本的水分、蛋白质、湿面筋化学值统计信息如表 5-2 所示。

表 5-2　47 份小麦样本的水分、蛋白质、湿面筋化学值统计信息

指标	最小值/%	最大值/%	平均值/%	标准偏差
水分	8.60	12.00	10.60	0.82
蛋白质	11.01	16.87	14.21	1.11
湿面筋	21.70	36.10	30.50	3.34

5.2.2　近红外光谱采集与处理

采用德国布鲁克公司的 VERTEX 70 傅里叶变换近红外光谱仪器采集小麦样本的近红外光谱，如图 5-1 所示。采集前 30min 开启系统预热，同时将样本从冰箱中取出晾至室温备用。采集过程及参数设定如下：采用大样品杯旋转采样方式，装样前仔细筛查剔除夹杂物和空粒，扫描频率范围设定为 939～1692nm，扫描次数为 64 次。47 份小麦样本的近红外光谱如图 5-2 所示。

图 5-1　VERTEX 70 傅里叶变换近红外光谱仪器

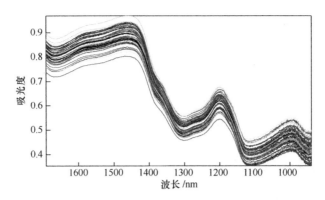

图 5-2　小麦样本的近红外光谱

　　光谱数据的预处理主要是为了消除不同组分相互干扰引起的多重共线性，消除光谱仪器、样品形态等对光谱曲线的影响。Bruker Opus 软件提供的光谱预处理方法有消除常数偏移量、直线差减法、矢量归一化（Standard Normalized Variate，SNV）、最大–最小归一化、多元散射校正（Multiplicative Scatter Correction，MSC）、导数法 6 种。

　　（1）消除常数偏移量：平移光谱将 Y 轴置零。

　　（2）直线差减法：用直线拟合光谱并差减。

　　（3）矢量归一化：假设每条光谱的反射率存在一定的统计分布，基于该分布对原始光谱进行校正。计算公式为

$$A_i = \frac{x_i - u}{\sigma} \tag{5-1}$$

式中，σ 为光谱曲线的标准差；u 为第 i 条光谱曲线的平均值。

　　（4）最大–最小归一化：首先减去一个线性偏移，然后再乘以一个常数，将 Y 轴最大值设为 2。用法与矢量归一化相似。

　　（5）多元散射校正：可以消除由漫反射引起的基线漂移和曲线的不重复性，消除由于样品表面的镜面反射和不均匀性引起的噪声。但 MSC 并不适用于组分性质范围较宽、变化较大的样品。其计算步骤如下。

　　① 对所有光谱进行平均：

$$\overline{A_j} = \frac{\sum\limits_{i=1}^{n} A_{i,j}}{n} \tag{5-2}$$

　　② 对每个样品光谱进行回归：

$$A_i = a_i \overline{A_j} + b_i \tag{5-3}$$

　　③ 基于 a_i 和 b_i 对光谱曲线进行 MSC 校正：

$$A_{i(\text{MSC})} = \frac{A_i - b_i}{a_i} \tag{5-4}$$

式中，$i=1, 2, 3, \cdots, n$，表示样品数；$j=1, 2, 3, \cdots, m$，表示波长点数。

　　（6）导数法：一阶导数和二阶导数分别用于消除光谱曲线中基线的平移和漂移，消除其他背景的干扰，可以有效地提高分辨率。

一阶导数计算公式为

$$\frac{\mathrm{d}y}{\mathrm{d}\lambda} = \frac{y_{i+1} - y_i}{\Delta\lambda}$$

（5-5）

二阶导数计算公式为

$$\frac{\mathrm{d}^2 y}{\mathrm{d}\lambda^2} = \frac{y_{i+1} - 2y_i + y_{i-1}}{\Delta\lambda^2}$$

（5-6）

5.2.3　高光谱图像采集与处理

选用北京卓立汉光仪器有限公司 GaiaSorter 高光谱分选仪作为高光谱图像采集系统，如图 5-3 所示。采集前 30min 开启系统预热，同时将样本从冰箱中取出晾至室温备用。每份小麦样本取 100 粒，为充分保证采集到每个籽粒上最大表面积的光谱信息，将样本平铺无重叠地放置于样品台上采集其高光谱图像，如图 5-4 所示。仪器参数设定如下：曝光时间为 25ms，光谱扫描范围为 876～1729nm，波段间隔为 3.3nm，波段数为 256 个，图像分辨率为 320 像素×256 像素，每个样本采集完得到一个 320 像素×256 像素×256 像素的高光谱图像数据。

图 5-3　GaiaSorter 高光谱分选仪

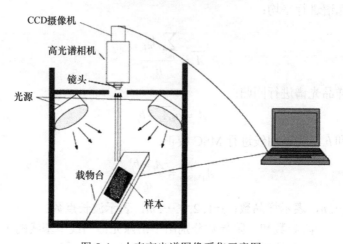

图 5-4　小麦高光谱图像采集示意图

按式（5-7）对原始高光谱图像进行黑白标定。

由于光源的强度在各个波段下分布不均匀、样品的形状不规则及摄像头中暗电流的存在，光源强度分布较弱的波段所获得的图像含有较大的噪声。因此，需要对所获得的高光谱图像按式（5-7）进行黑白标定，即

$$I_{\text{correction}} = \frac{I_{\text{raw}} - I_{\text{dark}}}{I_{\text{white}} - I_{\text{dark}}} \tag{5-7}$$

式中，$I_{\text{correction}}$ 为校正后的光谱图像；I_{raw} 为原始光谱图像；I_{white} 为扫描反射率为 99%的标准白板得到的白板标定图像；I_{dark} 为关上光源，拧上镜头盖后采集的黑板标定图像。

高光谱图像数据是一个三维数据块，其中，x、y 轴表示空间维度，λ 轴表示光谱波长，当取某一波长时（λ 取某一固定值），就能得到该波长下的二维图像；当取某个像素点时（x、y 取某一固定值），就能得到该像素点下的光谱曲线。二维图像反映外观特征，光谱曲线反映内部信息。对籽粒内部化学成分定量分析只需用光谱信息即可，因此，可用小麦样本高光谱图像数据中的光谱数据实现多籽粒小麦种子水分、粗蛋白、湿面筋含量的定量分析。

在机器视觉、图像处理中，用规则或不规则图形选出的需要处理的图像区域称为感兴趣区（Region Of Interest，ROI）。

感兴趣区的选择与研究目标的自身属性密切相关。小麦籽粒内部各成分的空间分布极度不均衡，区域面积过小，只能获得样本的局部化学信息，必将造成较大的测试误差。因此，为了减少小麦样本内部成分分布不均匀对测定结果的影响，选取样本全区域作为感兴趣区。

以 A1 样本的高光谱图像 HSIi.bmp（$i \in [876，1729]$）为例，提取其感兴趣区的步骤：首先抽取样本与背景区分明显的波段（实验选取波段为 1026nm）下的高光谱图像 HSI1026.bmp，如图 5-5（a）所示；然后利用最大方差自动取阈法二值化后，采用行程标记算法标记前景区域，并用面积滤波算法滤除噪声区，得到一帧小麦样本的模板图像 mask.bmp，如图 5-5（b）所示；最后将原始图像 HSIi.bmp 逐帧与模板图像 mask.bmp 相匹配，如果 mask.bmp 中某像素点为小麦样本（像素值为 255），则 ROIi.bmp 中该像素点为目标样本（像素值为 HSIi.bmp 中该点的像素值），否则，ROIi.bmp 中该像素点为背景（像素值为 0），从而得到小麦样本感兴趣区图像 ROIi.bmp（$i \in [876,1729]$）。

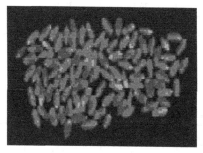 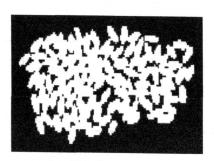

（a）1026nm 波段的灰度图像 HSI1026.bmp　　　　（b）模板图像 mask.bmp

图 5-5　高光谱图像的波段与模板图像

对上述提取的感兴趣区图像 ROIi.bmp（$i \in [876，1729]$）逐帧提取图像中各前景点的平均灰度值，作为该样本在 876～1729nm 波段的光谱反射率，如图 5-6 所示。

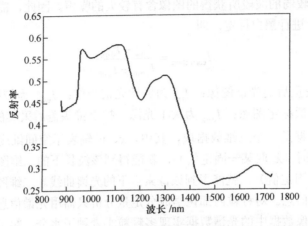

图 5-6　A1 样本高光谱图像中提取的波段光谱反射率

高光谱仪在其测量临界区有较强的机器噪声，因此截去两端噪声严重的波段，取 939～1692nm 的光谱进行分析。

5.2.4　结果与分析

1. 样本集划分

对 47 份样本高光谱图像提取的平均光谱反射率按照 Kennard-Stone 法划分，得到校正集样本 35 份，预测集样本 12 份，对应的样本集统计信息如表 5-3 所示。

表 5-3　样本集统计信息

指标	样本集	样本数	最小值/%	最大值/%	平均值/%	标准偏差
水分	校正集	35	8.60	12.00	10.50	0.78
	预测集	12	9.00	11.60	10.70	0.93
蛋白质	校正集	35	11.01	16.87	14.12	1.16
	预测集	12	13.16	16.45	14.50	0.92
湿面筋	校正集	35	21.70	36.10	30.10	3.07
	预测集	12	27.30	35.50	31.50	2.49

对 47 份样本的近红外光谱同样按照 Kennard-Stone 法以相同的比例划分，对应的样本集统计信息如表 5-4 所示。

表 5-4　样本集统计信息

指标	样本集	样本数	最小值/%	最大值/%	平均值/%	标准偏差
水分	校正集	35	8.60	12.00	10.60	0.86
	预测集	12	9.50	11.40	10.60	0.72

续表

指标	样本集	样本数	最小值/%	最大值/%	平均值/%	标准偏差
蛋白质	校正集	35	11.01	16.87	14.30	1.15
	预测集	12	12.42	15.55	13.96	0.98
湿面筋	校正集	35	21.70	38.70	30.60	3.43
	预测集	12	23.70	34.00	29.80	3.16

2. 模型建立与评价

利用 Bruker OPUS 定量分析软件分别筛选出近红外光谱和高光谱对应的最佳光谱预处理方法与建模波段，结合偏最小二乘法建立小麦水分、蛋白质、湿面筋含量的最优近红外光谱模型和最优高光谱模型，并进行比较，结果如表 5-5 所示。

表 5-5　3 个指标最优高光谱模型与近红外光谱模型比较

指标	模型	预处理	光谱区间/nm	R^2	RMSECV/%	RMSEP/%	RPD
水分	**高光谱**	**一阶导数+ 多元散射校正**	**1089.1～1241.6 939.9～1015.5**	**0.9312**	**0.540**	**0.194**	**3.86**
	近红外光谱	减去一条直线	1165.3～1316.6 1391.2～1542.5	0.8145	0.675	0.317	2.35
蛋白质	**高光谱**	**一阶导数+ 多元散射校正**	**1012.9～1168.7 1463.8～1543.3**	**0.9415**	**0.536**	**0.220**	**5.24**
	近红外 光谱	消除常数偏移量	1165.3～1391.7 1617.1～1692.8	0.8497	0.810	0.382	2.67
湿面筋	**高光谱**	**一阶导数+ 矢量归一化**	**1165.4～1241.6 1616.2～1692.5**	**0.9703**	**0.772**	**0.471**	**5.80**
	近红外 光谱	最小-最大归一化	1165.3～1241.4 1391.2～1617.6	0.8214	2.300	1.230	2.53

分析表 5-5 可知，本实验中高光谱模型相较于近红外光谱模型，决定系数较高，预测误差较小，且模型的相对分析误差值较大，模型的准确性和预测能力较高，可用于精确的定量分析。

结果表明，高光谱成像技术可以很好地用于小麦种子品质指标的定量分析，且比近红外光谱方法有较大的优越性。其原因在于：本实验中近红外光谱是通过大样品杯装样、漫反射积分球测样得到的，由于光斑面积有限，通过旋转方式采样的面积也仅是一个环状区域的面积，且样本籽粒堆积较为严重，小麦种子颗粒不均匀，内部成分复杂且分布极不均衡，近红外光谱受其采样方式的限制往往只能获取样本局部的信息，其他部位的化学信息将丢失，造成光谱代表性低，模型预测精度差。而高光谱的获取是通过面扫描方式得到一堆平铺展开的小麦种子的图像，再针对性地从图像上选定目标区，获取每个像素点的光谱信息，扫描面积大，可以充分涵盖不同的小麦籽粒及不同的籽粒放置形态，因而最终获得的高光谱可以更精确、全面地反映样品内部的化学成分信息，因此所建的模型的性能更好。

5.3 单粒种子理化品质近红外高光谱成像快速无损分析

如何快速、高效地测定单籽粒农作物种子品质是育种过程中亟待解决的问题。

以小麦为例，蛋白质含量是决定小麦营养品质和加工品质的重要因素，是小麦国际贸易和品质评价的基本指标。因此，提高籽粒蛋白质含量一直是高产优质小麦新品种选育的主要目标之一。目前，国内外已有许多研究表明，小麦蛋白质含量的性状属于遗传性状且遗传力较高，如李世平指出，控制蛋白质含量的基因作用以加性效应为主，F1 代籽粒蛋白质含量与双亲平均值高度相关，因此通过选择蛋白质含量高的籽粒母本可以提高后代籽粒蛋白质含量总水平，达到优质育种的预期效果。

目前，用于小麦蛋白质含量测定的方法主要有国标中规定的凯氏定氮法和近红外光谱技术。国标法要求至少研磨 200g 样品并充分混匀后测得平均蛋白质含量；近红外光谱技术对于小麦等固体颗粒多采用大样品杯装样的测量方式。二者均只能实现对一定数量和质量的小麦样本的平均蛋白质含量的测定，无法测定单籽粒小麦的蛋白质含量。但是同一品种内不同籽粒间的蛋白质含量是有较大差异的，所以寻求一种可以测定单籽粒麦种内蛋白质含量的方法对于实现小麦优质育种具有十分重要的现实意义。

5.3.1 样本制备

47 份小麦样本由中国农业科学院作物科学研究所提供，置于 4℃左右的冰箱冷藏。每份样本的平均粗蛋白含量值参照 GB5009.5—2016 测定。

5.3.2 高光谱图像采集与处理

每份小麦样本取 100 粒，平铺采集其高光谱图像，高光谱图像采集与标定过程同5.2.3 节。

提取每份样本（100 粒）的平均光谱用于粗蛋白平均模型的建立，平均光谱提取过程同 5.2.3 节。

5.3.3 结果与分析

1. 异常样本剔除和样本集划分

为避免异常样本对模型精度的干扰，采用蒙特卡罗异常样本剔除法剔除异常样本一个，对剩余 46 份样本按照 Kennard-Stone 法以 3∶1 比例划分，得到校正集样本 35 份，预测集样本 11 份，如表 5-6 所示。

表 5-6　样品集统计信息

样本集	样本数	最小值/%	最大值/%	平均值/%	标准偏差
校正集	35	11.01	16.87	14.14	1.18
预测集	11	13.16	16.45	14.38	0.91

2. 基于特征变量的平均光谱优化模型建立

确定合适的子区间个数和联合区间数是采用 SiPLS 算法筛选特征变量的关键。对样本集的 46 条平均光谱进行多元散射校正预处理后，将全光谱等分成 6~25 个子区间，对于每个确定的子区间个数 n，分别建立和比较了联合区间数为 2、3、4 的最佳 PLS 模型，结果如表 5-7 所示。

表 5-7　基于 SiPLS 的区间组合建模

联合区间数	划分区间数	区间组合	波长点数	nF	R_c	RMSECV/%	R_p	RMSEP/%	RPD
2	6	[1, 2]	71	8	0.92	0.45	0.94	0.37	2.49
3	11	[4, 8, 11]	32	10	0.94	0.40	0.95	0.28	3.30
4	16	[1, 2, 4, 16]	56	8	0.94	0.40	0.95	0.33	2.78

从表 5-7 中可以看出，当划分区间数为 11、建模子区间组合为[4, 8, 11]时，所建模型指标最优，且采用的波长点数从 215 个减少到 32 个，极大地降低了模型复杂度。

3. 单籽粒粗蛋白含量预测

上述小麦籽粒粗蛋白平均模型是基于高光谱图像感兴趣区内的平均光谱建立的，而高光谱成像技术的最大优势在于它在感兴趣区内每个空间像素点处都包含了丰富的光谱信息，因此可以应用平均模型预测每个空间像素点的粗蛋白含量。

从样本集中挑选出两个样本 A28 和 A47，样本平均粗蛋白含量分别为 12.42%和 16.73%，各抽选 3 粒构成待测单籽粒样本集。获取待测单粒小麦种子的高光谱图像，提取图像中每个像素点的光谱信息带入上述建立的最优粗蛋白平均模型，获得单籽粒小麦种子每个空间像素点的蛋白预测值，取其平均值作为该籽粒麦种的粗蛋白含量。

图 5-7 给出了 6 粒待测单籽粒小麦种子的粗蛋白含量预测结果。图 5-7 中第二列为每粒小麦经旋转放大后的 RGB 图像，第三列以伪彩色图的方式直观展示了单籽粒小麦种子

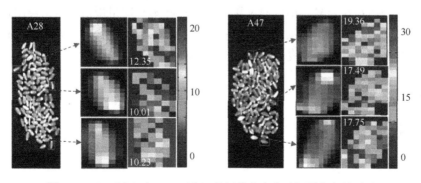

图 5-7　A28（左）与 A47（右）单籽粒小麦种子粗蛋白含量预测

每个空间像素点的蛋白质含量，并标出了每粒麦种的蛋白质含量平均值。可以看出，同一样本的不同小麦籽粒的蛋白质预测值存在差异性，但同时又围绕其所在样本平均粗蛋白含量值浮动，说明采用高光谱成像技术预测单籽粒小麦种子粗蛋白含量的方法是可行的，可为小麦育种的优选提供参考。

5.4　本章小结

本章研究采集了 47 份小麦种子样本的高光谱图像（876～1729nm），利用最大方差自动取阈法获得样本集的轮廓图像，并将其作为感兴趣区，以 215 个波段下感兴趣区内的平均反射率作为光谱信息，结合反映小麦种子品质的水分、蛋白质和湿面筋含量这 3 个指标基础数据，通过 OPUS 软件自动优化方式搜寻最佳的光谱预处理和区间组合，分别建立了 3 个指标的偏最小二乘定量分析模型。同时与采用近红外光谱技术通过大样品杯旋转采样方式获取的光谱建立的 3 个指标的近红外光谱模型进行了分析比较。实验结果表明，高光谱模型的各性能指标均明显优于近红外光谱模型，其中 3 个指标的高光谱模型决定系数 R^2 分别为 0.9312、0.9415、0.9703，预测均方根误差分别为 0.194%、0.22%、0.471%，相对分析误差分别为 3.86、5.24、5.8。结果表明，当被测样品为颗粒状且内部化学成分分布不均匀时，近红外光谱模型的准确性及稳定性会受到其测量条件的限制，而高光谱模型采样面积大，获取信息更全面，展现出了强大的分析检测潜质，为小麦种子品质评价提供了新方法。

为深入探索单籽粒小麦种子品质检测的可行性，实验以 47 份不同品种的小麦样本为研究对象，每个样本取 100 粒，采集其高光谱图像并提取平均反射率光谱；利用 SiPLS 筛选特征谱区，将波长变量数从 215 个降到 32 个；结合 PLS 方法建立籽粒小麦种子粗蛋白平均模型，模型的校正集及预测集相关系数分别为 0.94、0.95，预测均方根误差为 0.28%，相对分析误差为 3.30；最后将待测单籽粒小麦种子的高光谱图像简化为特征波长下的图像，带入上述模型，获得单籽粒每个空间像素点的蛋白质预测值，取平均后作为该粒小麦种的粗蛋白含量，并通过伪彩色图方式直观展示。结果表明，同一样本的不同小麦籽粒的蛋白预测值存在差异，但同时又围绕其所在样本平均粗蛋白含量值浮动，说明利用高光谱成像技术结合偏最小二乘法预测单籽粒小麦种子粗蛋白含量的方法是可行的，能够为挑选高蛋白籽粒母本实现小麦优质育种提供一种新思路。

参考文献

[1] Singh C B. Fungal Damage Detection in Wheat Using Short-Wave Near-Infrared Hyperspectral and Digital

Colour Imaging [J]. International journal of food properties. 2012，15（1）：11-24.

[2] Monteiro S T，Minekawa Y，Kosugi Y，et al. Prediction of sweetness and amino acid content in soybean crops from hyperspectral imagery [J]. Photogrammetry & Remote Sensing，2007，62：2-12.

[3] Delwiche S R，Kim M S，Dong Y. Damage and quality assessment in wheat by NIR hyperspectral imaging[J]. Proceedings of SPIE-The International Society for Optical Engineering，2010，7676（1）：148-152.

[4] 王庆国，黄敏，朱启兵，等. 基于高光谱图像的玉米种子产地与年份鉴别[J]. 食品与生物技术学报，2014，33（2）：163-170.

[5] 李江波，饶秀勤，应义斌，等. 基于高光谱成像技术检测脐橙溃疡[J]. 农业工程学报，2010，26（8）：222-228.

[6] 陈莲莲. 基于红外显微成像的小麦种子性状检测研究[D]. 西安：西安电子科技大学，2012.

[7] 王冬，闵顺耕，丁云生，等. 干烟叶的近红外图像分析[J]. 现代仪器，2010，01：27-30.

[8] 刘木华，赵杰文，郑建鸿，等. 农畜产品品质无损检测中高光谱图像技术的应用进展[J]. 农业机械学报，2005，36(9)：139-143.

[9] 罗阳，何建国，贺晓光，等. 农产品无损检测中高光谱成像技术的应用研究[J]. 农机化研究，2013，（06）：1-7.

[10] 洪添胜，李震，吴春胤，等. 高光谱图像技术在水果品质无损检测中的应用[J]. 农业工程学报，2007，23（11）：280-285

[11] Gowena A A，O'Donnella C P，Cullenb P J，et al. Hyperspectral imaging-an emerging process analytical tool for food quality and safety control[J]. Trends in Food Science & Technology，2007，18（12）：590-598.

[12] 孙辉，尹成华，赵仁勇，等. 我国小麦品质评价与检验技术的发展现状[J]. 粮食与食品工业，2010，17（05）：14-18.

[13] Rafael C G，Richard E W，Steven L E. Digital image processing using MATLAB[M]. Beijing：Publishing House of Electronics Industry，2005.

[14] 齐琳娟，胡学旭，周桂英，等. 2004—2011 年中国主产省小麦蛋白质品质分析[J]. 中国农业科学，2012，20：4242-4251.

[15] 李世平，王随保，杨玉景，等. 小麦蛋白质含量遗传规律及品质改良途径研究[J]. 中国农学通报，2005，02：126-128.

[16] 冯辉. 小麦不同粒位蛋白质及淀粉含量的差异分析及品质性状的播期效应[D]. 郑州：河南农业大学，2009.

[17] Chen Q，Jiang P，Zhao J. Measurement of total flavone content in snow lotus（Saussurea involucrate）using near infrared spectroscopy combined with interval PLS and genetic algorithm[J]. Spectrochimica Acta Part A Molecular & Biomolecular Spectroscopy，2010，76（1）：50-55.

[18] 孙群，王庆，薛卫青，等. 无损检测技术在种子质量检测上的应用研究进展[J]. 中国农业大学学报，2012，17（3）：1-6.

[19] Grunvald，Anna K. Predicting the oil contents in sunflower genotype seeds using near-infrared reflectance（NIR）spectroscopy[J]. Acta scientiarum. Agronomy，2014，36（2）：233.

[20] Han，Sang-Ik. Non-destructive Determination of High Oleic Acid Content in Single Soybean Seeds by Near Infrared Reflectance Spectroscopy[J]. Journal of the American Oil Chemists' Society，2014，91

（2）：229.

[21] Hexiao L，Laijun S，Mingliang L，et al. Determination of zeleny subsidence value of wheat based on Near Infrared Transmittance Spectroscopy[C]//International Conference on New Technology of Agricultural Engineering. IEEE，2011.

[22] Chen H Z. An optimization strategy for waveband selection in FT-NIR quantitative analysis of corn protein [J]. Journal of cereal science，2014，60（3）：595-601.

[23] Giorgia F，Marina C，Mario L V，et al. Different feature selection strategies in the wavelet domain applied to NIR-based quality classification models of bread wheat flours[J]. Chemometrics and Intelligent Laboratory Systems，2011，99：91-100.

[24] Soares，A S. Mutation-based compact genetic algorithm for spectroscopy variable selection in determining protein concentration in wheat grain[J]. Electronics letters，2014，50（13）：932.

[25] Miralbes C. Discrimination of European Wheat varieties using near infrared reflectance spectroscopy [J]. Food Chemistry，2008，106（1）：386-389.

[26] 张玉荣，付玲，周显青. 基于BP神经网络小麦含水量的近红外检测方法[J]. 河南工业大学学报（自然科学版），2013，01：17-20

[27] 宦克为，刘小溪，郑峰，等. 基于蒙特卡罗特征投影法的小麦蛋白质近红外光谱测量变量选择[J]. 农业工程学报，2013，04：266-271.

第6章

小麦不完善粒近红外高光谱图像检测

6.1 引言

　　小麦不完善粒是指受到损伤但尚有使用价值的小麦籽粒，包括虫蚀粒、病斑粒（赤霉病粒及黑胚粒）、破损粒、生芽粒和霉变粒。不完善粒因受到机械损伤或生理变化和微生物的侵害，严重影响小麦的食用品质和安全储存，所以小麦不完善粒检测技术的研究对正确评定小麦品质有重大的意义。目前，小麦不完善粒的检测完全由人工感官检验完成，存在主观性强、工作量大、费时费力且可重复性差等缺点，难以适应粮油检验向快速无损检测方向发展的需求。

　　随着信息技术的迅猛发展，机器视觉技术及近红外光谱技术作为快速无损检测的新方法被广泛应用到农产品品质检测及质量分级之中。机器视觉技术在农产品质量检测过程中，通常从样品的颜色、形态和纹理等方面提取特征参数，用于农产品特征描述并对其进行评价，对于特征要求比较高、特征差异不显著的样本识别效果往往不太理想。而近红外光谱技术鉴别单籽粒小麦不完善粒还比较困难。

　　高光谱成像技术是近年来出现的一种图谱合一的无损检测新方法，它兼具机器视觉和光谱分析技术的优点，既能获取被测样品的外部图像信息，又能获得样品的内部化学信息，具有更高的分析检测潜质。目前高光谱成像技术已在农产品的内外部品质检测、损伤识别及农作物的生产信息获取等领域成为研究热点。然而，此前的研究在分析建模时，大多只利用了高光谱数据立方体中的光谱信息，未对图像信息进行有效利用。关于融合光谱、图像信息的相关研究只检索到几篇文献，其分别用于小麦虫蚀粒识别、小麦镰刀菌素感染粒识别、小麦品种分类及谷物发芽粒鉴别，尚未见到有关多种小麦不完善粒分类识别的报道。

　　本章以小麦不完善粒的快速、多种类（黑胚粒、虫蚀粒和破损粒）识别为目标，融合检测对象的光谱和图像特征，利用多分类支持向量机建立小麦不完善粒综合识别模型；同时探索深度学习的卷积神经网络在小麦不完善粒高光谱图像识别中的可行性，旨在挖掘高光谱成像技术在小麦不完善粒快速、高通量识别中的应用潜力。

6.2　样本制备

　　实验所用小麦样本由中国农业科学院作物科学研究所提供。正常样本与不完善粒样本由实验员凭视觉经验区分，分别选出正常粒样本 486 个、黑胚粒样本 127 个、虫蚀粒样本 149 个及破损粒样本 170 个进行实验，如图 6-1 所示。实验样本置于 4℃左右的冰箱冷藏。

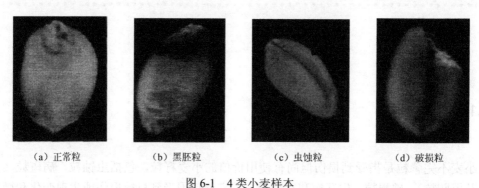

| （a）正常粒 | （b）黑胚粒 | （c）虫蚀粒 | （d）破损粒 |

图 6-1　4 类小麦样本

6.3　高光谱图像采集与特征提取

6.3.1　高光谱图像采集与标定

　　选用北京安洲科技有限公司 SOC710VP 便携式高光谱成像光谱仪器作为高光谱图像采集系统，如图 6-2 所示。采集前 30min 开启系统预热，同时将样本从冰箱中取出晾至室温备用。采集过程及仪器参数设定如下：每类小麦样本以 10×10 网格状置于样品台采集其高光谱图像，光谱扫描范围为 493～1106nm，扫描速度为 30line/s，波段间隔为 5.1nm，波段数为 116 个，图像分辨率为 696 像素×520 像素，最终得到一个 696 像素×520 像素×116 像素的高光谱图像数据。

图 6-2　SOC710VP 便携式高光谱成像光谱仪器

为了减少光照分布不均引起的噪声及误差，对采集的高光谱图像按下式进行黑白标定，即

$$I_{correction} = \frac{I_{raw} - I_{dark}}{I_{white} - I_{dark}} \tag{6-1}$$

式中，$I_{correction}$ 为校正后的光谱图像；I_{raw} 为原始光谱图像；I_{white} 为扫描反射率为 99% 的标准白板得到的白板标定图像；I_{dark} 为关上光源，拧上镜头盖后采集的黑板标定图像。

高光谱仪在其测量临界区有较强的机器噪声，因此截去两端噪声严重波段，取 569.7～1045.0nm 的 90 个波段高光谱进行分析。

6.3.2　高光谱特征提取

高光谱图像数据是一个三维图像数据块，具有"图谱合一"的特点，光谱数据反映内部信息，图像数据反映外部特征。小麦的不完善粒（黑胚粒、虫蚀粒和破损粒）不仅内部成分发生变化，其外部特征也会有所不同，因此，可提取小麦不完善粒样本高光谱图像数据中的光谱信息和图像信息实现小麦不完善粒的定性识别。

1. 图像分割

为了实现小麦种子的单粒识别，需要将种子图像从背景中分割出来。选择样本与背景区分明显的波段（实验选取波段为 886.7nm），利用最大方差自动取阈法提取样本轮廓。提取过程中发现，不完善粒（如黑胚粒）由于胚部灰度与背景极为相似，分割后易造成局部信息丢失［见图 6-3（a）、（b）］，因此需要对原始图像进行图像增强。图 6-3（c）、（d）所示分别为黑胚粒图像增强及阈值分割后的结果。由对比可知，图像增强结合最大方差自动取阈法较好地提取了小麦种子的轮廓图像，为后续的特征提取提供了保证。

2. 光谱特征提取

为使所提取的光谱具有较强的代表性，选取籽粒样本全区域作为感兴趣区。按照上述方法提取每粒小麦种子的轮廓，依次在 116 个波段下提取样本轮廓范围内的反射率平均值构成该籽粒样本的光谱信息。图 6-4 给出了 4 种类型籽粒的平均光谱图。

（a）黑胚粒在886.7nm波长下的原始图像　　　　　（b）最大方差自动取阈法分割后的图像

（c）对原始图像进行图像增强　　　　　　　　　（d）图像增强后的阈值分割结果

图6-3　黑胚粒图像的4种情况

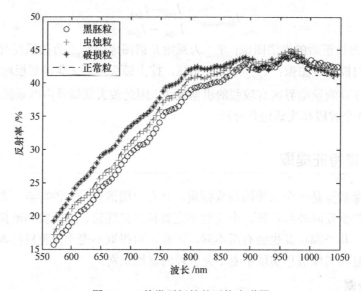

图6-4　4种类型籽粒的平均光谱图

3. 图像特征提取

小麦各类型不完善粒在外观、颜色、光滑度等方面均存在明显差异，而本实验获取的小麦高光谱图像中很难体现颜色特征，因此从纹理、形态两方面提取特征。

1）纹理特征提取

纹理是图像的一种局部结构化特征，反映了目标图像灰度的性质及其空间拓扑关系。研究采用的基于统计特性的灰度共生矩阵法（Gray-Level Co-occurrence Matrix，GLCM）是目前应用最广泛、效果最好的一种纹理分析方法。其中，同质度、三阶矩、角二阶矩、熵和对比度共5个特征量常用来表示纹理特征。因此，本实验选取上述5个共生矩阵参数及两个直方图参数（均值和方差）表征纹理特征。均值反映了像素灰度的平均大小，标准差反映了像元值与均值偏差的度量，同质度反映了图像纹理均匀性的度量，三阶矩反映了均值的对称性的度量，角二阶矩反映了图像灰度分布均匀性的度量，熵反映了图像具有的信息量的度量，对比度反映了图像中局部纹理的变化程度。

根据文献，绿色分量图像包含对各类型不完善粒识别的有用信息，因此，本实验对546.1nm（绿基色光波长）下的图像提取上述 7 个纹理特征参数。各类型不完善粒的纹理特征值如表 6-1 所示。从表 6-1 中可以看出，不同类型的小麦不完善粒纹理特征存在明显差异，如破损粒的标准差、三阶矩、对比度均明显高于其他类型籽粒，虫蚀、黑胚粒的角二阶矩明显低于破损粒和正常粒，而黑胚粒的熵值明显高于其他类型籽粒，综上所述，纹理特征可以作为识别小麦不完善粒的一个依据。

表 6-1　各类型不完善粒的纹理特征值

参数	黑胚粒	虫蚀粒	破损粒	正常粒
均值	6.3731	6.3296	7.0502	6.1564
标准差	15.2557	15.2675	17.2833	14.8870
同质度	0.0037	0.0037	0.0049	0.0035
三阶矩	0.1510	0.1477	0.2488	0.1286
角二阶矩	0.6682	0.6939	0.7048	0.7015
熵	1.7335	1.5850	1.5474	1.5343
对比度	2.6011	3.2007	4.8858	3.0597

2）形态特征提取

形态特征主要描述图像的区域特征和轮廓特征，结合籽粒二值图像，提取籽粒的周长、面积、圆形度、矩形度、伸长度 5 个反映形态差异的基本物理量作为形态特征。各类型不完善粒的形态特征值如表 6-2 所示。从表 6-2 中可以看出，不同类型的小麦不完善粒形态特征存在较明显差异，如黑胚粒的周长、面积均明显高于其他类型籽粒，虫蚀粒的矩形度高于其他类型籽粒，而正常粒的伸长度明显低于其他类型籽粒，因此，选取形态特征参数对不完善粒进行识别是可行的。

表 6-2　各类型不完善粒的形态特征值

参数	黑胚粒	虫蚀粒	破损粒	正常粒
周长	93.0867	88.6827	87.3279	88.1579
面积	396.18607	362.7408	348.9007	352.6744
圆形度	1.7516	1.7402	1.7584	1.7658
矩形度	0.7707	0.7851	0.7747	0.7784
伸长度	0.5123	0.5079	0.5536	0.4587

6.4　基于多分类支持向量机的小麦不完善粒高光谱图像检测

6.4.1　多分类支持向量机简介

支持向量机是由 Vapnik 于 1995 年提出的从统计学习理论发展出的一种模式识别方法，

它建立在统计学习 VC 维理论和结构风险最小化原理基础上，根据有限的样本信息在模型复杂性（对特定样本的学习精度）和学习能力（无错误地识别任意样本的能力）之间寻求最佳折中，以便获得最好的推广能力。它建立在结构风险最小化原理上，具有很强的学习能力和泛化性能，能够较好地解决小样本、高维数、非线性和局部极小等问题，可以有效地进行分类、回归和密度估计等，在许多领域都得到了广泛应用。

SVM 最早是针对两类分类提出的，但在实际应用中常常用于多类分类问题，因此，如何有效地将 SVM 扩展到多类分类已成为目前 SVM 主要研究热点问题之一。目前这些将 SVM 推广到多类分类问题的算法统称为"多类 SVM"，它们可分为两大类别：一类是将基本的两类分类扩展为多类分类，这类方法在求解最优化问题的过程中使用的变量非常多，因此由于计算复杂度过高而不实用；另一类是将多类分类问题逐步转化为两类分类问题，即用多个两类分类器组成一个多类分类器，目前，这类方法应用比较广泛，主要包括一对多（1-V-R）SVM 算法和一对一（1-V-1）SVM 算法等。

1. 1–V–R SVM 算法

1-V-R（One-Versus-Rest）SVM 算法是最早的 SVM 多类分类算法，对于训练样本为 N 个类别的多分类问题，首先在第 i 类和其他的 $N-1$ 个类之间构建分类超平面。这样，该算法共构建 N 个两类 SVM 分类器。

在这种模式下，每一类别和其他所有类之间构造分类函数。例如，第 i 个 SVM 分类器就是把第 i 类的样本与其他类别分离开来。在分类过程中，取分类函数输出值最大的类别为预测类别。

1-V-R SVM 算法的优点：它只需要训练 N 个标准两类支持向量机分类器，所得到的分类函数个数较少，预测分类速度相对较快。1-V-R SVM 算法的缺点：由于每次训练子分类器都是把整个工作集作为训练样本，当训练样本的数量增加时训练的速度也随之急剧减慢。1-V-R SVM 算法会产生不可分区域，因为所采用的最大优选策略会产生多个最大值情况，这使得测试样本可能同时属于多个类别或不属于任一个类别，所以影响分类器的分类精度。图 6-5 中的区域 A、B、C 和 D 为 1-V-R SVM 算法的不可识别区域。

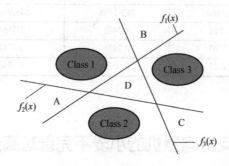

图 6-5　1-V-R SVM 简图

2. 1–V–1 SVM 算法

1-V-1（One-Versus-One）SVM 算法将多类问题转化为两类分类问题，为任意两类构建分类超平面，将 N 个类别两两分开。为利用该算法对 N 个类别进行分类，共需要 $N×(N-1)/2$ 个两类 SVM 分类器。当对 N 个类别中的任意一个未知样本进行分类时，每个分类器都要对其类别进行判断，并为相应的类别"投一票"，最后得票最多的类别即该未知样本的类别，这种策略称为"投票法"。

1-V-1 SVM 算法的优点：训练子分类器时只取工作集中的两类作为训练样本，训练速度比 1-V-R SVM 算法快。1-V-1 SVM 算法的缺点：需要构造的支持向量机分类器数目较多，对于类别数较多的分类问题，训练速度较低，而且对测试样本做 $N×(N-1)/2$ 次预测分类，当类别数目 N 增加时就会使分类器的预测速度变慢。如果单个两类子分类器不规范，那么整个 N 类分类器会趋于过学习。1-V-1 SVM 算法也存在不可分区域，因为在预测分类阶段采用投票法，可能存在多个类别的票数相等的情况，所以使测试数据同时属于多个类别，进而影响分类器的分类精度。此外，1-V-1 SVM 算法还有泛化误差无界的缺点。

图 6-6 中，区域 D 为 1-V-1 SVM 算法不可识别区域。

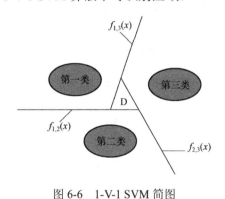

图 6-6　1-V-1 SVM 简图

6.4.2　样本集划分与模型参数设置

每类实验样本按照 2∶1 比例随机划分，最终获得 647 个训练集样本和 285 个测试集样本。

采用 RBF 作为核函数，采用 1-V-R SVM 算法建立小麦多分类不完善粒识别模型。另外，SVM 模型的惩罚因子 C 和核函数参数 g 决定了模型的学习能力和预测能力，故采用网格法进行参数寻优，其中 C 和 g 的取值范围均设置为 $[2^{-10}, 2^{10}]$。

SVM 分类通过在 MATLAB2014a 环境下调用台湾大学林智仁（Lin Chih-Jen）等开发的 LIBSVM 工具包实现。

6.4.3　基于光谱特征的小麦不完善粒检测

在建模过程中，合适的预处理方法可以有效地过滤光谱中的噪声信息，保留有效信息，从而降低模型的复杂度，以及提高模型的稳健性。本节通过比较不同预处理方法对模型精度的影响挑选最优的光谱预处理方法。

基于光谱特征（90 维）所建 4 分类 SVM 模型的分类识别结果如表 6-3 所示。从表 6-3 中可以看出，对原始光谱进行标准正态变量变换（Standardized Normal Variate，SNV）预处理后，所建的 SVM 模型分类效果最佳，预测集总识别率达 94.73%，黑胚粒和正常粒的识别率分别为 100% 和 98.63%，效果较好，但虫蚀粒及破损粒的识别精度均低于 90%，有待进一步提高。

表 6-3　基于光谱特征的 4 分类 SVM 模型识别结果

光谱预处理方法	C	g	支持向量数	校正集识别率	测试集总识别率	黑胚粒识别率	虫蚀粒识别率	破损粒识别率	正常粒识别率
无	256	0.35	307	87.94%	86.67%	100%	65.31%	62%	98.63%
中心化	256	0.35	307	87.94%	86.67%	100%	65.31%	62%	98.63%
SNV	**64**	**0.5**	**182**	**95.83%**	**94.73%**	**100%**	**89.79%**	**84%**	**98.63%**
一阶导数	64	16	240	87.94%	91.58%	100%	73.47%	80%	99.31%
二阶导数	8	0.25	262	96.29%	82.11%	100%	87.76%	68%	80.14%
7 点平滑	64	64	218	91.65%	93.33%	100%	83.67%	80%	99.31%
11 点平滑	22.63	0.35	235	97.06%	93.68%	100%	79.59%	84%	100%
15 点平滑	128	0.13	172	96.29%	93.68%	100%	81.63%	84%	99.31%

6.4.4　基于图像特征的小麦不完善粒检测

因为不同特征在性质和数值上有较大差异，如果对提取的特征值直接进行组合可能会由于某些特征在综合特征中占较大权重，或者某些特征信息利用的很少而影响建模分类效果。所以为避免这些情况，特征组合前需要进行归一化处理。

将提取的 7 个纹理特征与 5 个形态特征归一化后进行融合，得到 12 维的图像特征，作为 SVM 分类器的输入，建立模型。模型的校正集总识别率为 70.79%，对黑胚粒、虫蚀粒、破损粒、正常粒的识别率分别为 85%、6.12%、48%、96.58%，测试集总识别率为 70.88%，如图 6-7 所示。从图 6-7 中可以看出，图像特征在一定程度上可以反映小麦不完善粒类别的差异，但单独依靠图像特征进行识别时准确度欠佳。

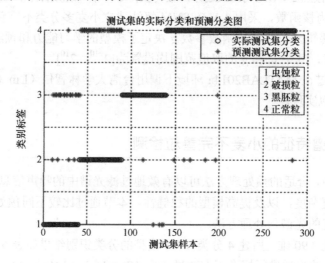

图 6-7　基于图像特征的 4 分类 SVM 模型识别结果

6.4.5　基于光谱与图像特征的小麦不完善粒检测

在分类建模中，样本所包含的特征信息越丰富，分类效果可能会越好。将经 SNV 预处理后的光谱特征和图像特征归一化后进行组合，并利用 SVM 建立模型，分类结果如表 6-4 所示。与表 6-3 对比可以看出，光谱、纹理特征组合后，虫蚀粒的识别率从 89.79% 提高到 95.91%，破损粒的识别率从 84% 提高到 90%；而光谱、纹理、形态特征组合后，破损粒的识别率从 84% 提高到 94%。综上所述，光谱、纹理、形态 3 种特征组合后，建立的 SVM 模型对黑胚粒、虫蚀粒、破损粒、正常粒的识别率均在 94% 以上，分类效果最好。

表 6-4　基于光谱、纹理与形态特征组合的 4 分类 SVM 模型识别结果

特征	C	g	支持向量数	校正集识别率	测试集总识别率	黑胚粒识别率	虫蚀粒识别率	破损粒识别率	正常粒识别率
光谱	64	0.5	182	95.83%	94.73%	100%	89.79%	84%	98.63%
光谱+纹理	256	0.18	143	97.68%	97.54%	100%	95.91%	90%	100%
光谱+纹理+形态	**256**	**0.13**	**149**	**97.53%**	**97.89%**	**100%**	**95.92%**	**94%**	**99.32%**

考虑到在实际生产与流通中，通常只需要将异常籽粒识别出来即可，因此尝试对正常籽粒与异常籽粒进行 2 分类识别。识别结果如下：校正集识别率为 96.74%，对异常粒、正常粒的识别率分别为 98.56%、100%，测试集总识别率为 99.30%。图 6-8 直观展示了光谱、纹理、形态特征组合后模型的 2 分类结果。从图 6-8 中可以看出，该方法所建模型识别精度高，完全满足国家标准对小麦不完善粒的检测要求。

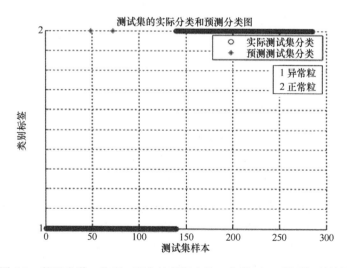

图 6-8　基于光谱、纹理、形态特征组合的 2 分类 SVM 模型识别结果

综上所述，利用高光谱成像技术结合模式识别方法实现小麦不完善粒的快速准确识别是可行的，且相比于单一特征的识别效果，光谱特征与图像特征组合后所建模型的识别精度更高。

6.5 基于 CNN 的小麦不完善粒高光谱图像检测

目前，虽然高光谱成像技术广泛应用于各个方面，但其具有冗余性强、数据量大的特点，因此将传统的机器学习方法用于处理高光谱数据时，存在时效性差、预处理烦琐、特征提取困难等问题。深度学习方法中的卷积神经网络（Convolutional Neural Networks，CNN）在处理海量图片领域存在显著的技术优势。因此本节拟探索基于 CNN 的小麦不完善粒高光谱图像检测的可行性。

6.5.1 CNN 简介

CNN 是一种特殊的深层神经网络模型，该模型可共享权值，用卷积运算直接处理二维图像，避免前期对图像复杂的预处理（这对于较复杂的深层结构来说尤为重要），因此得到了广泛的应用。CNN 常用的模型有 LeNet、AlexNet、VGG、GoogleNet、ResNet 等。典型的卷积网络结构—— LeNet-5 结构如图 6-9 所示。

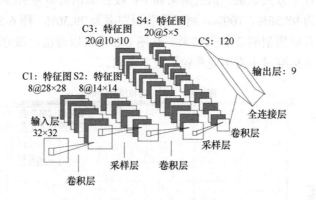

图 6-9　LeNet-5 结构

C1—第 1 步进行卷积；S2—第 2 步进行采样；C3—第 3 步进行卷积；

S4—第 4 步进行采样；C5—第 5 步进行卷积

CNN 模型由输入层、卷积层、采样层、全连接层和输出层五部分构成，其中卷积层和采样层交替排列。卷积层是多个不相同的二维特征图，其中一个特征图提取一种特征，多个特征图提取多种特征。同一个特征图采用相同的卷积核，不相同的特征图采用不同的卷积核，同一特征图的权值是共享的。采样层也称特征映射层，对特征层提取的特征进行子采样，保证提取特征的缩放不变性。训练过程可使 CNN 的预测值尽可能地靠近期望值。

利用 CNN 进行图像识别的过程如图 6-10 所示。

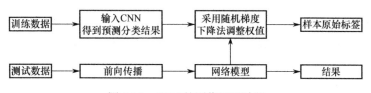

图 6-10　CNN 的图像识别过程

首先，选定训练集和测试集的数目；其次，对训练样本进行规则化，将其调整为相同的尺寸 $m \times n$；再次，采用随机梯度下降进行权值更新，当误差或迭代次数达到阈值时训练停止；最后，将测试集输入已经训练好的 CNN 中，通过前向传播得到最终的分类结果。

CNN 的前向传播主要包括卷积和下采样两个过程，如图 6-11 所示。

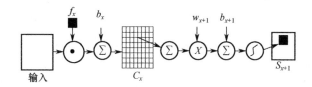

图 6-11　卷积和下采样两个过程

卷积过程采用一个可训练的滤波器 f_x 与输入图像进行卷积，然后加上偏置 b_x 得到卷积层 C_x；子采样过程将相邻的若干像素取最大值或平均值，变为一个像素，然后与权值 w_{x+1} 进行相乘，再与偏置 b_{x+1} 相加，最后在激活函数的作用下生成一个特征映射图 S_{x+1}。CNN 是一个多感知机的演变，是一种特殊的深层神经网络，它的神经元采用局部链接的方式，同层的某些神经元又采用权值共享的策略，这样不仅降低了权值的维数易于计算，而且可以降低过拟合的程度，避免传统识别方法进行复杂特征提取的缺点。另外，CNN 容错能力较好，并且具有并行处理和自学习的能力，具有很好的适应性，能够很好地挖掘数据的局部特征，有效提取全局训练特征进行分类，在模式识别的各个领域都取得了很好的效果。

6.5.2　数据预处理

为了实现小麦种子的单粒识别，采用 10×10 的网格对每类小麦的单粒光谱波段图像进行分割提取，然后去除边缘噪声较大的部分，截取图像的分辨率为 400 像素×500 像素。由于高光谱在测量临界区具有较大的机器噪声，需要去除两端噪声严重的波段。因此从光谱扫描范围 493～1106nm 中选取 730.9～889.9nm 的波段。另外，原始高光谱数据具有波段多、冗余性强、数据量大等特点，如果直接采用全波段数据进行建模，则会导致建模效率降低、模型性能变差，根据每个波段的光谱图成像质量，从波长 730.9～889.9nm 选取 30 个高光谱波段作为特征波进行分析。

6.5.3　CNN 训练

正常粒样本有 486 个，破损粒样本有 170 个，虫蚀粒样本有 149 个，黑胚粒样本有 127 个，一共 932 个样本，切分 10×10 的网格，切分出每个籽粒作为样本单元，通过观察样本每个波段的光谱图成像质量，在每个样本中选择第 46～75 波段光谱质量好的 30 个波段，则每个样本具有 30 个样本光谱图，共有 27960 个样本图作为 CNN 的输入图像数据，分别随机采用 50%的样本作为训练集和测试集。4 类小麦类别的标签采用 one-hot 编码方式，分别为 0001、0010、0100 和 1000。

CNN 主要由卷积层、池化层和全连接层构成网络结构。卷积层用于特征提取，通过卷积运算降低噪声，增强原始信号特征。卷积层中的每个神经元的输入与前一层的局部感受野相连，进而提取该区域的特征，之后，它与其他特征间的位置关系也随之确定。该层中特征提取是否充分主要由卷积核的数量决定，卷积核个数越多，提取特征越详细。池化层根据图像的局部相关性特征，对卷积层得到的特征图进行下采样，这样不仅保留了有用信息，而且可以实现数据降维，以及有效改善结果，且不易过拟合，池化的方法有最大池化、重叠池化等。全连接层将最终提取的二维特征转化为一维输入，然后连接一个分类器，进行分类识别。根据网络训练的情况，最终建立相应参数的 CNN 模型，即建立两层卷积，第 1 层的卷积核大小为 3×3，共 32 个卷积核；第 2 层卷积核大小为 5×5，共 64 个卷积核；池化层大小为 2×2，选用最大池化；激活函数采用修正线性单元（Rectified Linear Units，ReLU）；为防止过拟合，在全连接层后接入 dropout 层，参数设置为 0.5。

6.5.4 CNN 模型建立

本实验建立 CNN 模型，实验平台为 ubuntun14.04+ensorFlow，CPU 为 Intel（R）Xeon（R）CPU E5-2643，内存为 64GB；GPU 为 NVIDIA Tesla K40M×2，显存为 12GB×2。TensorFlow 是 Google 发布的深度学习系统，具有较高的灵活性、较强的可移植性及支持多语言等特点。

本实验在训练模型时，根据 loss 函数曲线和 accuracy 值来评判模型训练情况，以及作为参数调节的依据。迭代次数设置为 50000（2500×20），其中每迭代 20 次显示一次结果。从 loss 函数曲线可以看出，在迭代 18000（900×20）次时，损失曲线开始陡降；迭代 40000（2000×20）次左右之后，损失函数曲线降为 0。最终得到正常粒小麦、虫蚀粒小麦和破损粒识别率均为 100%，黑胚粒小麦样本识别率为 99.98%，样本总的正确分类识别率为 99.98%。

6.6 本章小结

本章以 486 个小麦正常粒样本、127 个黑胚粒样本、149 个虫蚀粒样本及 170 个破损粒样本为研究对象，采集其 493～1106nm 的高光谱图像。通过图像增强的方法滤除图像噪声，提高目标区域对比度，并采用最大方差自动取阈法实现麦粒与背景的分离；利用图像处理技术提取 90 维光谱特征，提取均值、标准差、同质度、三阶矩、角二阶矩、熵、对比度 7

维纹理特征，提取籽粒周长、面积、圆形度、矩形度、伸长度 5 维形态特征；结合 SVM 方法比较了不同特征及其组合下的模型分类精度。

结果显示，利用光谱特征可以实现黑胚粒与正常粒的识别，但对虫蚀粒与破损粒的识别精度有待提高；纹理、形态等图像特征在一定程度上可以反映小麦不完善粒类别的差异，但单独依靠图像特征进行识别时准确度欠佳；光谱特征与图像特征组合后，建立的 4 分类 SVM 模型对黑胚粒、虫蚀粒、破损粒、正常粒的识别率均在 94% 以上，分类效果最好。综上所述，利用高光谱成像技术结合模式识别方法实现小麦不完善粒的快速准确识别是可行的，且相比于单一特征的识别效果，光谱特征与图像特征组合后所建模型的识别精度更高。

本章初步探索了 CNN 在小麦不完善粒高光谱图像检测中的可行性。首先从每个样本的 116 个波段中选取 30 个波段，构建训练 CNN 的样本集，实验中的 CNN 采用经典的 LeNet 5 结构：两个卷积层，第 1 层采用大小为 3×3 的 32 个卷积核，第 2 层采用大小为 5×5 的 64 个卷积核；池化层采用最大池化；激活函数采用修正线性单元；为避免过拟合，在全连接层后面接入 dropout 层，参数设置为 0.5，其他卷积参数均为默认值。得到校正集总识别率为 100.00%，测试集总识别率为 99.98%。实验结果表明，CNN 模型能够实现对小麦不完善粒的准确、快速、无损检测，同时 CNN 相较于 SVM 而言，简化了复杂的特征提取过程。

参考文献

[1] 中华人民共和国国家标准. 小麦，GB1351—2008[S].

[2] 赵增宝，殷树清，常大理，等. 小麦不完善粒的成因及解决办法[J]. 粮食流通技术，2009，（5）：44-45.

[3] 中华人民共和国国家标准. 粮油检验 粮食、油料的杂质、不完善粒检验，GB/T5494—2008[S].

[4] 印杨松. 机器视觉技术在玉米并肩杂、不完善粒检测中的应用研究[D]. 杭州：浙江大学，2011.

[5] Dejun Liu，Xiaofeng Ning，Zhengming Li，et al. Discriminating and elimination of damaged soybean seeds based on image characteristics[J]. Journal of Stored Products Research，2015，（60）：67-74.

[6] Muhammad A S，Stephen J S，Dave W H. Quantification of Mildew Damage in Soft Red Winter Wheat Based on Spectral Characteristics of Bulk Samples：A Comparison of Visible-Near-Infrared Imaging and Near-Infrared Spectroscopy[J]. Food Bioprocess Technology，2014，（7）：224-234.

[7] 张保华，李江波，樊书祥，等. 高光谱成像技术在果蔬品质与安全无损检测中的原理及应用[J]. 光谱学与光谱分析，2014，10：2743-2751.

[8] 彭彦昆，张雷蕾. 农畜产品品质安全高光谱无损检测技术进展和趋势[J]. 农业机械学报，2013，44（4）：137-145.

[9] Singh C B，Jayas D S，Paliwal J，et al. Identification of insect-damaged wheat kernels using short-wave near-infrared hyperspectral and digital colour imaging[J]. Computers and Electronics in Agriculture，2010，73（2）：118-125.

[10] Delwiche S R，Kim M S，Dong Y H. Fusarium damage assessment in wheat kernels by vis/NIR

hyperspectral imaging[J]. Sensing and Instrumentation for Food Quality and Safety，2011，5（2）：63-71.

[11] 梁琨，杜莹莹，卢伟，等. 基于高光谱成像技术的小麦籽粒赤霉病识别[J]. 农业机械学报，2016，47（2）：309-315.

[12] 董高，郭建，王成，等. 基于近红外高光谱成像及信息融合的小麦品种分类研究[J]. 光谱学与光谱分析，2015，12：3369-3374.

[13] 邓小琴，朱启兵，黄敏. 融合光谱、纹理及形态特征的水稻种子品种高光谱图像单粒鉴别[J]. 激光与光电子学进展，2015，02：128-134.

[14] Rafael C G，Richard E W，Steven L E. Digital image processing using MATLAB[M]. Beijing：Publishing House of Electronics Industry，2005.

[15] 陈赛赛. 小麦质量指标机器视觉技术研究[D]. 郑州：河南工业大学，2014.

[16] 陈丰农. 基于机器视觉的小麦并肩杂与不完善粒动态实时检测研究[D]. 杭州：浙江大学，2012.

[17] Bijay L S，Young-Mi K，Daeung Y，et al. A two-camera machine vision approach to separating and identifying laboratory sprouted wheat kernels[J]. Biosystems Engineering，2016，147：265-273.

[18] Choudhary R，Paliwal J，Jayas D S. Classification of cereal grains using wavelet，morphological，color，and textural features of non-touching kernel images[J]. Biosystem Engineering，2008，99：330-337.

[19] Muhammad A S，Stephen J S，Dave W H. Quantification of mildew damage in soft red winter wheat based on spectral characteristics of bulk samples [J]. Food Bioprocess Technol，2014，7：224-234.

[20] 王盼. 基于机器视觉和优化 DBSCAN 的玉米种子纯度识别[D]. 泰安：山东农业大学，2012.

[21] 夏旭. 基于计算机视觉的小麦品种识别研究[D]. 郑州：河南工业大学，2011.

[22] Miralbes C. Discrimination of European Wheat varieties using near infrared reflectance spectroscopy [J]. Food Chemistry，2008，106（1）：386-389.

[23] 薛朝美. 小麦不完善粒的分析[J]. 西部粮油科技，2001，26（5）：54-55.

[24] 赵亚娟，韩小贤，郭卫，等. 霉变小麦品质影响的研究[J]. 河南工业大学学报（自然科学版），2013，34（2）：43-46.

[25] 魏琳，王爱民，杨红卫. 基于声学原理的小麦虫蚀粒检测方法研究[J]. 农机化研究，2013，（6）：33-36.

[26] 张玉荣，陈赛赛，周显青，等. 基于图像处理和神经网络的小麦不完善粒识别方法研究[J]. 粮油食品科技，2014，22（3）：58-63.

[27] Lu G L，Fei B W. Medical hyperspectral imaging：a review[J]. Journal of Biomedical Optics，2014，19（1）：10901.

[28] 李万伦，甘甫平. 矿山环境高光谱遥感监测研究进展[J]. 国土资源遥感，2016，28（2）：2-7.

[29] 吴静珠，刘倩，陈岩，等. 基于近红外与高光谱技术的小麦种子多指标检测方法[J]. 传感器与微系统，2016，35（7）：42-44.

[30] 刘旸，蔡波，班显秀，等. AIRS 红外高光谱资料反演大气水汽廓线研究进展[J]. 地球科学与进展，2013，28（8）：890-896.

[31] Feng Y Z，Sun D W. Application of hyperspectral imaging in food safety inspection and control：a review[J]. Critical Reviews in Food Science & Nutrition，2012，52（11）：1039-1058.

[32] Wu D，Sun D W. Advanced ap plications of hyperspectral imaging technology for food quality and safety analysis and assessment：a review-part I：fundamentals[J]. Innovative Food Science and Emerging

Technologies，2013，19（1）：15-28.

[33] Fei B W，Akbari H，Halig L V. Hyperspectral imaging and spectral-spatial classification for cancer detection[C]. International Conference on Biomedical Engineering and Informatics. IEEE，2013. 62-64.

[34] Chin J A，Wang E C，Kibbe M R. Evaluation of hyperspectral technology for assessing the presence and severity of peripheral artery disease[J]. Journal of Vascular Surgery，2011，54（6）：1679-1688.

[35] Kudela R M，Palacios S L，Austerberry D C，et al. Application of hyperspectral remote sensing to cyanobacterial blooms in inland waters[J]. Remote Sensing of Environment，2015，167：196-205.

[36] Slavkovikj V，Verstockt S，Neve W D，et al. Hyperspectral image classification with convolutional neural networks[C]. ACM International Conference on Multimedia. ACM，2015.

[37] Hu W，Huang Y，Wei L，et al. Deep convolutional neural networks for hyperspectral image classification[J]. Journal of Sensors，2015，（2）：1-12.

[38] Liu B，Yu X C，Zhang P Q，et al. A semi-supervised convolutional neural network for hyperspectral image classification[J]. Remote Sensing Letters，2017，（8）：839-848.

[39] Yu S Q，Jia S，Xu C. Convolutional neural networks for hyperspectral image classification [J]. Neurocomputing，2017，219：88-98.

[40] Gao Y，Chua T S. Hyperspectral image classification by using pixel spatial correlation[J]. IEEE Transactions on Geoscience and Remote Sensing，2013：141-151.

[41] 曲景影，孙显，高鑫. 基于 CNN 模型的高分辨率遥感图像目标识别[J]. 研究与开发，2016，35（8）：45-50.

[42] 高学，王有望. 基于 CNN 和随机弹性变形的相似手写汉字识别[J]. 华南理工大学学报（自然科学版），2014，42（1）：72-76.

[43] 乐毅，王斌. 深度学习：caffe 之经典模型详解与实战[M]. 北京：电子工业出版社，2016.

[44] Ran L Y，Zhang Y N，Wei W，et al. Bands sensitive convolutional network for hyperspectral image classification[C]. International Conference on Internet Multimedia Computing and Service. ACM，2016：268-272.

[45] Liu X，Yu C，Cai Z. Differential evolution based band selection in hyperspectral data classification[J]. Lecture Notes in Computer Science，2010，6382：86-94.

[46] Rahman S A E，Aliady W A，Alrashed N I. Supervised classification approaches to analyze hyperspectral dataset[J]. Image，Graphics and Signal Processing，2015：42-48.

[47] 谭熊，余旭初，亲近春，等. 高光谱影响的多核 SVM 分类[J]. 仪器仪表学报，2014，35（2）：405-411.

[48] Allende P B G，Anabitarte F，Conde O M，et al. Support vector machines in hyperspectral imaging spectroscopy with application to material identification[J]. Proceedings SPIE，2008，6966：1-11.

[49] Tarabalka Y，Fauvel M，Chanussot J，et al. SVM-and MRF-based method for accurate classification of hyperspectral images[J]. IEEE Geoscience & Remote Sensing Letters，2010，7（4）：736-740.

[50] Gao L，Li J，Khodadadzadeh M，et al. Subspace-based support vector machines for hyperspectral image classification[J]. IEEE Geoscience & Remote Sensing Letters，2014，12（2）：349-353.

.Chapter 7

第 7 章

基于拉曼显微成像技术的种子切片精细分析

7.1　引言

　　种子化学成分的含量和分布与种子的生理状态、耐储性、营养价值、利用价值、品质育种密切相关。以小麦为例, 小麦的品质性状有较大的差异主要是由于种子成分含量及空间分布不同, 因此对小麦种子内部成分精细化分析有着十分重要的现实意义。拉曼光谱成像技术是通过采集一定样品区域中的拉曼信号来获得样品的详细化学图像的先进探测方法, 是新一代快速、高精度、面扫描的激光拉曼技术, 它将共聚焦显微镜技术与激光拉曼光谱技术完美结合, 具备高速、极高分辨率成像、图谱合一的特点。通过集成大尺度、多采集点的拉曼光谱数据, 拉曼光谱成像得到的已经不只是一幅简单的光谱图, 而是对一个选定区域整体的、统计的描述。它所呈现出来的伪色图像, 能够直接地反映样品内目标物的分布、浓度, 并能实现对目标物的实时监测。

　　因此, 本章采用拉曼显微成像技术实现对小麦种子切片进行精细化分析, 主要研究内容包括种皮厚度测量和种子内部成分分布解析。

7.2　材料与方法

7.2.1　样本制备

选择发芽率差异较大的两个小麦品种作为横向对比样本，同时通过人工加速老化试验，得到同一品种不同老化阶段的纵向对比样本，样本集信息统计如表 7-1 所示。人工加速老化试验选用杭州硕联仪器有限公司的 LH-80 种子老化箱进行，试验温度设定为 40℃，并保持高湿状态。不同老化阶段的样本按照《农作物种子检验规程　发芽试验》（GB/T 3543.4—1995）测得其发芽率。挑选每个样本中较为饱满的小麦颗粒，用刀片切取腰部切片（厚度为 2mm 左右）备用，如图 7-1 所示，将切片置于 4℃左右的冰箱中冷藏。

表 7-1　样本集信息统计

品种	产地	样本编号	老化天数/天	发芽率/%
丰收 919	河南	B4	0	95.5
		B4-1	2	82.75
		B4-2	4	46.75
山农 17	山东	B6	0	70.5
		B6-1	2	49.5
		B6-2	4	15.25

图 7-1　小麦颗粒腰部横切片示意

7.2.2　拉曼显微图像采集

选用赛默飞公司的 DXR 激光共焦显微拉曼光谱仪器作为拉曼显微图像采集系统，如图 7-2 所示。将切片固定于载玻片上进行 10 倍微区放大，选择要采集的样品区域进行成像。仪器参数设定如下：激光功率为 24mW，光栅为 50μm plit，曝光时间为 3 s，采集次数为 3 次，步长为 120μm×120μm，采集时间约为 3.4h。

图 7-2　DXR 激光共焦显微拉曼光谱仪器

7.2.3　光谱剥离方法

小麦的拉曼显微图像是籽粒内部多种化学成分的复合图像，叠加了多种官能团信息，从而导致无法得知某单一成分在籽粒内部的分布情况，要想获得单一成分的分布图像就必须进行光谱剥离。对拉曼显微图像进行光谱剥离的方法主要有 4 种：单波长图像法、峰比率图像法、峰面积图像法和相关图像法。

7.3　基于拉曼显微图像的种皮厚度测量方法

种皮因其机械约束作用及种皮的透水性、透气性等性质，对种子的发芽有一定的影响。小麦种子的种皮中约 75%是纤维素，其余多为矿物质；而种子内部主要由淀粉、蛋白质、脂类等物质构成，种皮与内部化学成分的不同必将在光谱上引起差异，从而为使用拉曼显微成像技术测量种皮厚度提供了依据。

以 B4 样本为例，首先在采集的拉曼显微图像上任选切片内部一点的光谱作为基础光谱，对拉曼显微图像做相关图像分析，得到如图 7-3 所示的分布图。从图 7-3 中可以看出，环带区域即种皮，将图谱另存为 BMP 格式，进行下一步的图像处理。

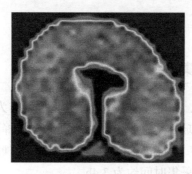

图 7-3　小麦切片的拉曼显微图像

7.3.1　种皮目标提取

将图 7-3 中的环带区域从整个彩色图像中分割出来是实现种皮厚度测量的关键。在图像分割时，根据不同的目标，往往存在一个最佳的阈值，确定最佳阈值的方法一般有实验法、直方图法和自适应阈值法。根据图 7-3 的特性，首先获取该图像在 R、G、B 3 个分量的直方图分布，如图 7-4 所示。从图 7-4 中可以看出，该图像在 R 和 B 两个分量的直方图中有明显的双峰且相差较远，因此选择 R(i, t)>0.5|B(i, t)>0.6 为阈值条件，将种皮区域分割出来，如图 7-5 所示。将图 7-5 标记的种皮区域连通分量叠加到原彩色图上进行验证，如图 7-6 所示。从图 7-6 中可以看出，分割效果比较满意。

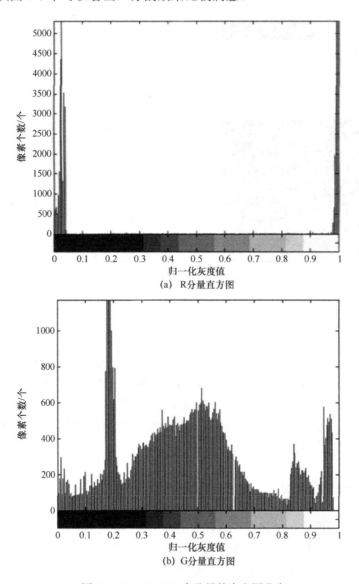

(a)　R 分量直方图

(b)　G 分量直方图

图 7-4　R、G、B 3 个分量的直方图分布

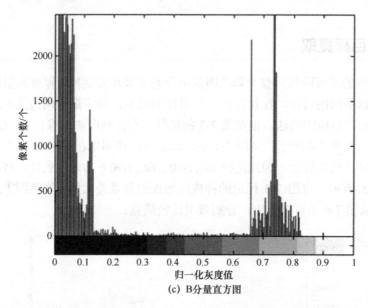

图 7-4　R、G、B 3 个分量的直方图分布（续）

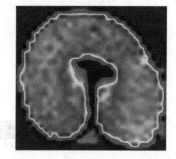

图 7-5　种皮区域图像　　　　图 7-6　基于伪彩色图像的种皮区域标记

7.3.2　种皮厚度像素数计算

　　种皮区域是一个细长环带，由于环带各位置的宽度不尽相同，因此为避免较大误差，取环带的平均宽度作为种皮厚度。由于该环带的长度远远大于环带宽度，因此可以将环带近似看作一个长方形处理。可通过在 MATLAB2014a 环境中调用 regionprops 函数提取种皮区域的面积和周长。由于 regionprops 函数以图像像素数为计算对象，因此处理结果中得到的平均宽度是种皮厚度所占的像素数。

7.3.3　图像比例尺标定

　　图像比例尺为图像中每个像素点代表的实际长度值，可根据图像中的像素数得到物体的实际尺寸。种子拉曼显微图像的图像比例尺由种子直径实际测量值与图像中种子直径所占像素数的比值求得。种子直径所占像素数的算法是对包含每行种子所占像素数的数组取最大值。

7.3.4　种皮厚度计算

数字图像都是由像素点组成的，在已知图像中每个像素点代表的真实长度的情况下，可通过计算图像中对象区域的像素数求出对象的真实长度。种皮厚度为图像中种皮厚度像素数与图像比例尺的乘积，据此可计算求得小麦种皮厚度值。

采用拉曼显微成像技术测量小麦种皮厚度的准确性，可通过与小麦种皮实际厚度对比得知。但是小麦种子属于颖果，种皮与果实紧密结合，不用特殊的碾磨加工方法极难分开。由于目前作者还未找到将种皮分离的方法，因此很难衡量该方法的准确性，但至少可以为相关研究提供一种参考。

作者也尝试使用该方法测量小麦种皮厚度在不同老化阶段的变化，结果如表 7-2 所示。由于同一品种的不同老化样本只有 3 个，且每个样本只测量了一粒种子的种皮厚度，目前尚未发现统计性的变化规律，还有待后续进一步研究，如增加老化样本数、同一样本取多片测量后取平均等。

表 7-2　小麦种皮厚度在不同老化阶段的变化

样本编号	图像比例尺/μm	种皮厚度像素数	种皮厚度/μm
B4	11.6129	3.5029	40.6787
B4-1	12.4567	3.7609	46.8436
B4-2	11.4970	3.1053	35.7019
B6	10.4046	4.1367	43.0408
B6-1	12.7575	3.8213	48.7505
B6-2	11.6129	3.4074	39.5694

7.4　基于拉曼显微图像的种子内部成分分布解析

小麦的拉曼显微图像是多种成分的复合图像，是多种官能团信息的叠加，从而导致无法对特定化合物成像，也就无从知道化合物在样品中的分布情况。要获得单一成分的图像就必须从多种官能团的复合信息中提取和分离出单一成分的光谱特征信息，并以该特征信息进行成像，这样才能从多种成分复合图像中分解得到单一成分的图像。对图像进行光谱剥离得到纯组分分布的图像的主要方法有：单波长图像法、峰面积图像法、峰比率图像法和相关图像法。

单波长图像法只以特定波长处的红外吸收强度为特征，显示对应的化学官能团分布，需要选定的特征波长具有特征性和唯一性，这种方法适合分析组分简单的样品。

峰面积图像法以红外光谱图特定吸收峰的峰面积（峰面积代表相应的化学官能团）为特征，显示对应化学官能团在图像分析区域内的分布信息。

峰比率图像法以红外光谱图不同吸收峰的峰比率（峰比率代表相应的化学官能团）为特征，显示对应化学官能团在图像分析区域内的分布信息。

相关图像法以已知的拉曼光谱图为特征，以各点的相关系数来显示已知的化学基团在图像分析区域内的分布信息，即以某一条拉曼光谱为标准，计算拉曼显微图像上每个像素点的光谱与此标准光谱的相关系数，再以相关系数成像。这种方法适用于小麦等内部成分复杂的样品。

7.4.1 采集纯物质拉曼光谱

首先收集来源于小麦的淀粉、纤维素和蛋白质的纯物质。淀粉与纤维素购自 SGS 公司，由于从各标准物质网站均没有购买到纯蛋白质，因此用谷朊粉替代，谷朊粉是从小麦（面粉）中提取出来的天然蛋白质，蛋白质含量为 75%～85%，实验所用谷朊粉购自古船面粉厂。

为使采集的纯物质拉曼光谱具有代表性，采用面扫描方式进行多点扫描，取平均值后的淀粉、纤维素、谷朊粉拉曼光谱图如图 7-7 所示。

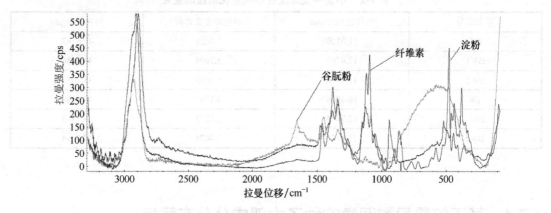

图 7-7 淀粉、纤维素、谷朊粉的拉曼光谱图

7.4.2 淀粉、纤维素分布解析

分别以淀粉、纤维素纯物质的拉曼光谱为特征对小麦切片的拉曼显微图像做相关成像分析，得到的结果分别如图 7-8 和图 7-9 所示。

由图 7-8 可知，利用相关图像法进行光谱剥离得到的淀粉分布图中，淀粉在小麦糊粉层和胚乳两部分相关系数都比较高，即淀粉在小麦糊粉层和胚乳内的分布浓度均较大。但实际上，淀粉在小麦胚乳中的含量占小麦种淀粉总量的 100%（以干物质计），而糊粉层中是不含有淀粉成分的，因此该分析结果与实际情况不符合。

由图 7-9 可知，纤维素在小麦胚乳和糊粉层两部分的相关系数都比较高，分布情况与淀粉相近。但是实际上，纤维素在小麦种子内部主要分布在糊粉层中，因此该分析结果与实际情况也不符合。

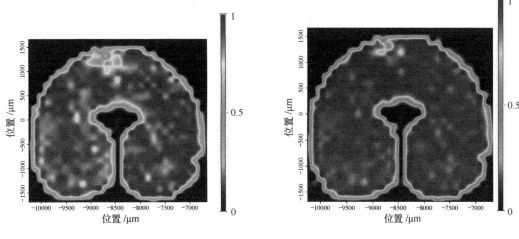

图 7-8　淀粉的成分分布图　　　　　　　图 7-9　纤维素的成分分布图

分析原因发现，淀粉与纤维素同属多糖类物质，二者化学结构相近，差异比较小，因此基于全波段下的相关图像分析法未能将二者区分开。比较淀粉与纤维素的拉曼光谱发现，二者光谱差异较大的波段范围为 $100 \sim 1500 \text{cm}^{-1}$，针对此差异波段进行相关图像分析，结果如图 7-10 和图 7-11 所示。从图中可以看出，基于差异波段进行相关图像分析的结果中，淀粉主要分布在胚乳内，纤维素主要分布在糊粉层内，与实际情况比较符合。

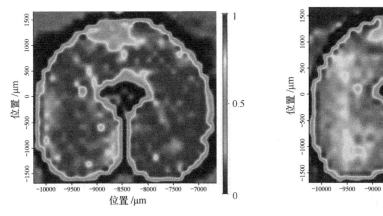
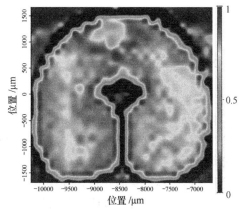

图 7-10　淀粉分布图　　　　　　　　　图 7-11　纤维素分布图

7.4.3　蛋白质分布解析

从图 7-7 中可以看出，谷朊粉的拉曼光谱在 $100 \sim 1000 \text{cm}^{-1}$ 有很大的噪声，因此截取 $1000 \sim 3299 \text{cm}^{-1}$ 的拉曼显微图像做相关图像分析，得到蛋白质的分布如图 7-12 所示。从图中可以看出，蛋白质在小麦糊粉层区的相关系数最高，其他区域相关系数较低，比较符合实际情况。

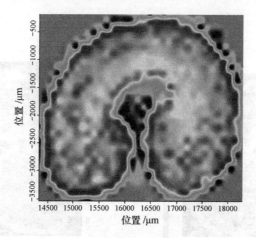

图 7-12　蛋白质分布图

综上所述，本实验采用拉曼显微成像技术获取小麦种子腰部横切片的拉曼显微图像，以相关图像法进行光谱剥离，初步获得了淀粉、纤维素、蛋白质 3 种主要营养成分的分布图，与实际情况比较吻合，但实验过程存在如下问题。

（1）手动切片不够平整，影响聚焦，从而影响成像质量及后续的分析，因此目前已经联系中国林业科学研究院进行小麦切片，设计切片厚度为 50μm。

（2）为保证成像时间在可接受的范围，实验的面扫描步长设为 120μm×120μm，步长较大可能会漏掉某些化学成分信息，对分析结果造成一定影响，后续还需要权衡扫描步长与成像时间二者的关系，寻求合适的试验条件。

7.5　本章小结

本章以小麦籽粒腰部切片为研究对象，采集其拉曼光谱，通过利用种皮光谱差异结合图像处理技术建立了一种种皮厚度测量的新方法；通过基于全波段及特征波段的光谱剥离方法实现了淀粉、纤维素及蛋白质 3 种主要成分的分布图，从而实现了小麦籽粒切片的精细分析。但是本章实验存在切片样本较少、手动切片不够平整、逐点成像速度慢导致分辨率低等不足，有待进一步研究与讨论。

参考文献

[1]　陈莲莲. 基于红外显微成像的小麦种子性状检测研究[D]. 西安：西安电子科技大学，2012.

[2]　王冬，闵顺耕，丁云生，等. 干烟叶的近红外图像分析[J]. 现代仪器，2010，01：27-30.

[3]　何细华. 拉曼光谱成像技术在食品安全中的应用[A]//北京食品学会、北京食品协会. 2010 年第三届

国际食品安全高峰论坛论文集[C]. 第三届国际食品安全高峰论坛，北京，2010.

[4]　李晓婷，朱大洲，潘立刚，等. 红外显微成像技术及其应用进展[J]. 光谱学与光谱分析，2011，(09)：2313-2318.

[5]　Yu P，Mckinnon J J，Christensen C R，et al. Using synchrotron-based FTIR microspectroscopy to reveal chemical features of feather protein secondary structure：comparison with other feed protein sources[J]. Journal of agricultural and food chemistry，2004，52(24)：7353-7361.

[6]　Yu P，Mckinnon J J，Christensen C R，et al. Imaging molecular chemistry of Pioneer corn[J]. Journal of Agricultural & Food Chemistry，2004，52(24)：7345.

[7]　Walker A M，Yu P，Christensen C R，et al. Fourier Transform Infrared Microspectroscopic Analysis of the Effects of Cereal Type and Variety within a Type of Grain on Structural Makeup in Relation to Rumen Degradation Kinetics[J]. Journal of Agricultural & Food Chemistry，2009，57(15)：6871.

[8]　Sully P，Paul R，Luc S，et al. J. Characterization Using Raman Microspectroscopy of Arabinoxylans in the Walls of Different Cell Types during the Development of Wheat Endosperm[J]. Journal of Agricultural & Food Chemistry，2006，54(14)：5113.

[9]　Dokken K M，Davis L C，Erickson L E，et al. Synchrotron fourier transform infrared microspectroscopy：A new tool to monitor the fate of organic contaminants in plants[J]. Microchemical Journal，2005，81(1)：86-91.

Chapter 8

第 8 章

基于太赫兹光谱及成像技术的种子品质检测方法

8.1　引言

随着现代信息、生物、光电技术的发展，新兴技术被不断应用到种子品质检测领域，新技术从不同角度测定种子品质，有力地推动了种子品质测定技术的发展。

近年来，作为重要交叉前沿领域的太赫兹技术以其特有的波谱分辨能力、透视性和安全性等技术优势在农业领域崭露头角，极有潜力成为红外光谱技术和 X 射线技术的有力补充。

（1）独特的波谱分辨能力：大多数生物大分子、极性分子的振动（包括集体振动）和转动能级间距正好处于太赫兹频段（0.1～10THz），利用待测物质太赫兹频段所反映的光学特性（吸收系数、折射率等）结合化学计量学方法，可有效分析待测物体的成分及其分子结构。太赫兹时域光谱（Terahertz-Time Domain Spectroscopy，THz-TDS）与成像技术结合可获取信息量极为丰富的三维时空数据集（二维空间和一维时间），不但能用于物体的形态辨别，而且还能实现对物体的物理、化学性质分析和物体组成成分的鉴别。因此太赫兹时域光谱结合成像技术可为单粒种子生物样本的理化性质检测提供切实可行的理论基础。

（2）透视性：太赫兹光谱相较于红外光谱信噪比高、散射效应小，对低含水量生物样本的穿透深度可达几毫米，因此太赫兹光谱技术可为非侵入式探测种子内部理化性质提供技术可行性。

（3）安全性：太赫兹光子能量仅为 X 射线光子能量的 $1/10^6$，不会对种子生物样本产生电离辐射，因此可以保证检测过程中种子这类特殊生物样本的安全性。

太赫兹光谱技术的独特优势迅速受到了国内外学者的密切关注，他们在种子相关领域开展了广泛的探索研究。

（1）转基因判别：Jianjun Liu 等（2015 年）应用太赫兹光谱结合主动学习传播聚类–支持向量机（Active Learning Affinity Propagation-Support Vector Machine，ALAP-SVM）建立了 8 种转基因棉花种子的判别模型，识别准确率可达 97.794%。Wei Liu 等（2016 年）从水稻种子的太赫兹时域光谱图像中提取太赫兹光谱信息，分别采用最小二乘支持向量机（Least Squares-Support Vector Machine，LS-SVM）、主成分分析-后向反馈神经网络（Principal Component Analysis -Back Propagation Neural Network，PCA-BPNN）、随机森林（Random Forest，RF）等方法建立转基因水稻种子判别模型。其中，最优模型的识别准确率可达 96.67%。Feiyu Lian 等（2017 年）应用 0.6～1.2THz 时域透射光谱结合 PCA-SVM 方法建立了 3 种转基因玉米的判别模型，综合识别准确率可达 92.08%。

（2）储存品质检测：Hongyi Ge 等（2014 年）通过 PCA 提取正常、发霉、虫咬和发芽 4 种类别的小麦太赫兹光谱（0.6～1.2THz）特征，建立的 SVM 判别模型的识别准确率可达 95%。蒋玉英 （2016 年）利用 THz-TDS 结合图像处理、化学计量学和信息融合技术对储存小麦的芽变、霉变、异物进行无损探测，研究表明该技术是一种潜在的储粮品质无损精准检测手段。

（3）谷物农残分析：Inhee Maeng 等（2014 年）探索应用 THz-TDS（0.1～3THz）检测高密度聚乙烯和小麦粉混合物压片中吡虫啉等 7 种农药残留的可行性，研究发现小麦粉中吡虫啉含量与吸收系数具有显著的线性相关关系。实验结果表明，太赫兹光谱技术在食品中的吡虫啉残留检测方面具有应用潜力。Seung Hyun Baek 等（2016 年）探索应用太赫兹光谱检测小麦粉和大米粉压片中灭多虫等农残留的可行性，根据灭多虫的实测太赫兹透射光谱与应用密度泛函理论计算得到模拟光谱，共同确定灭多虫太赫兹特征频率为 1THz，建立了基于该频率吸收系数的一元回归定量分析模型，模型相关系数>0.974，检测限<3.74%。研究结果表明，THz-TDS 可用于食品中的灭多虫残留快速检测，但检测限还有待提高。

综上研究可以发现，太赫兹光谱技术是一项极具应用潜力的新技术，近年来在种子相关检测领域的研究方兴未艾。因此本章重点探讨太赫兹光谱技术结合模式识别技术在种子品种鉴别、霉变程度判别领域的应用可行性及太赫兹光谱图像预处理算法等。

8.2 基于 LVQ 和太赫兹时域光谱的玉米品种鉴别方法

中国是全球第二大玉米生产国，同时也是全球第二大玉米消费国。玉米的产量和品质与其自身品种紧密相关，因此品种鉴别直接关系农业生产和农民经济利益。

传统鉴定方法有籽粒形态鉴定法、幼苗形态鉴定法、田间小区种植鉴定法、生理生化鉴定法等，其中生理生化鉴定法有电泳法、高效液相色谱法等，这些方法步骤烦琐、操作复杂，且检测过程中需要消耗化学试剂。近年来，分子光谱检测技术以其快速、便捷的特点成为研究热点，尤其是新兴的太赫兹光谱技术逐渐受到人们的关注及研究。

本节重点研究采用太赫兹时域光谱技术结合神经网络方法，建立快速鉴别玉米品种的定性分析模型，通过分析 ATR 光谱吸收系数分类的准确性来快速判定玉米品种，为玉米品质的鉴别提供一种快速、准确的检测方法。

8.2.1 样本制备

4 个不同品种的玉米种子统计信息如表 8-1 所示。

表 8-1　4 个不同品种的玉米种子统计信息

品种	产地	纯度	发芽率	水分
黄糯玉米	安徽	≥96.0%	≥85.0%	≤13.0%
迷你玉米	江西	≥95.0%	≥80.0%	≤8.0%
水果玉米	河北	≥96.0%	≥85.0%	≤13.0%
紫糯玉米	江西	≥95.0%	≥80.0%	≤8.0%

8.2.2 光谱采集

实验采用英国 TeraView 公司研发生产的 TeraPulse 4000（见图 8-1），其光谱范围为 0.06～4.3THz，具有高信噪比（大于 70dB），分辨率优于 1.7GHz，主要包括衰减全反射（ATR）附件、反射成像模块、镜面反射模块等，用于物体检测。

实验利用太赫兹脉冲光谱仪和入射角为 35° 的单晶硅 ATR 模块完成对 4 种玉米种子样品的光谱采集，如图 8-2 所示。设定 ATR 的工作范围为 10～120cm^{-1}（0.3～3.6 THz）的电磁频谱区域，能够测量固体和液体样本，具有采样面积小、样品量小（固体一般为 1mg）、样品制备及采集方式简单等特点。本实验将种子样本进行粉碎，置于 ATR 窗口进行光谱采集。ATR 采集参数设置：分辨率为 0.94cm^{-1}，每次快速扫描的平均次数为 450 次。

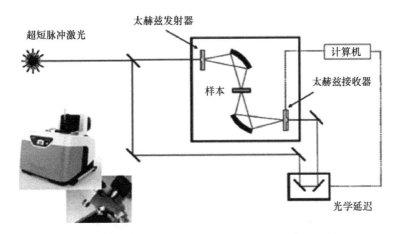

图 8-1　TeraPulse 4000 及其光路示意图

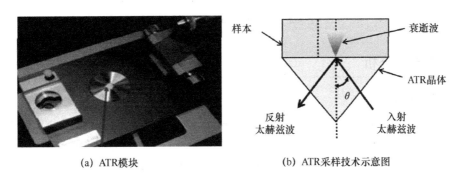

（a）ATR模块　　　　　　　　　（b）ATR采样技术示意图

图 8-2　ATR 附件实物及其示意图

　　实验中采用 ATR 组件扫描玉米获得样品的太赫兹光谱图如图 8-3 所示。其中，图 8-3（a）所示为太赫兹仪器扫描玉米种子的时域图，图 8-3（b）所示为时域经过快速傅里叶变换（FFT）后的频谱图。

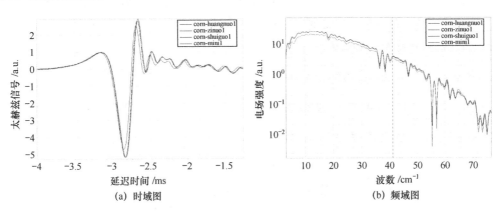

（a）时域图　　　　　　　　　　　（b）频域图

图 8-3　玉米种子太赫兹光谱图

玉米种子 ATR 吸收系数谱如图 8-4 所示。

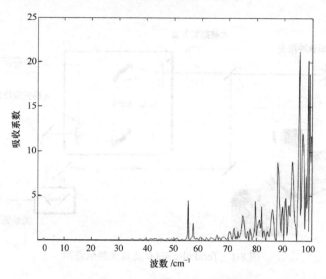

图 8-4　玉米种子 ATR 吸收系数谱

8.2.3　结果与分析

1. LVQ 简介

本实验采用神经网络学习矢量量化（Learning Vector Quantization，LVQ）方法对 4 种玉米进行分类。

LVQ 方法是有导师与无导师相结合的分类方法。LVQ 网络的结构由输入层、竞争层和输出层神经元组成，如图 8-5 所示。输入层有 N 个神经元接受输入向量，与竞争层之间完全连接；竞争层有 M 个神经元，分为若干组并呈一维线阵排列；输出层每个神经元只与竞争层中的一组神经元连接，连接权值固定为 1。在 LVQ 网络的训练过程中，输入层和竞争层之间的连接权值被逐渐调整为聚类中心。当一个输入样本被送至 LVQ 网络时，竞争层的神经元通过胜者为王竞争学习规则产生获取神经元，容许其输出为 1，而其他神经元输出为 0。与获胜神经元所在组相连接的输出神经元其输出也为 1，而其他输出神经元输出为 0，从而给出当前输入样本的模式类。

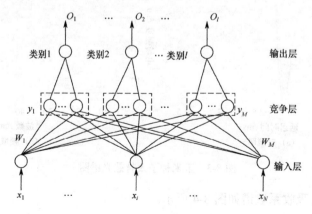

图 8-5　LVQ 网络

利用 LVQ 网络实现模式识别时，不需要将输入向量归一化、正交化，只需要直接计算输入向量与竞争层之间的距离，从而实现识别。LVQ 网络的学习规则结合了竞争学习和有导师学习规则，是一种非线性映射算法，能够将非线性可分问题转化为线性可分问题。

本实验中，输入向量为每条光谱的扫描点（维数），实验中全光谱 $10 \sim 120 \mathrm{cm}^{-1}$ 的维数为 1135，$10 \sim 70 \mathrm{cm}^{-1}$ 的维数为 289；竞争层有 8 个神经元；输出层为 4（分为 4 类）；训练次数设定为 1000 次。将 120 个样本数据送至 LVQ 网络中进行训练，获胜神经元输出为 1，则其他 3 个神经元输出均为 0。

2. 模型建立

本实验将所采集玉米样本数据中的 ATR 吸收系数谱提取出来，4 类玉米×每类 30 粒=120 条光谱信息，将这 120 组光谱分为 3 组实验，分别以 1/2 为训练集、1/2 为测试集；2/3 为训练集、1/3 为测试集；5/6 为训练集、1/6 为测试集，对这 3 组数据分别进行 LVQ 训练，训练集即为有导师学习规则，测试集即分类结果。数据处理在 MATLAB2013b 中完成，分类结果如表 8-2 所示。

表 8-2　ATR 吸收系数分类结果

实验类型	$10 \sim 120 \mathrm{cm}^{-1}$	$10 \sim 70 \mathrm{cm}^{-1}$
1/2 测试集	93.33%	80%
1/3 测试集	97.5%	82.5%
1/6 测试集	100%	95%

从表 8-2 中可以看出，3 组数据 1/2 测试集、1/3 测试集、1/6 测试集利用 LVQ 方法在全光谱的分类准确率分别为 93.33%、97.5%、100%，而在 $10 \sim 70 \mathrm{cm}^{-1}$ 的分类准确率分别 80%、82.5%、95%。结果表明，随着训练集的增多、测试集的减少，分类的准确率在增高。比较不同谱区建模、不同数量训练样本的测试结果可得，品种识别模型的预测准确率为 80%～100%，因此，其为玉米品种的鉴别提供了一种快速、准确的检测方法。

在全谱区分析过程中，尽管大于 $70 \mathrm{cm}^{-1}$ 的光谱信号貌似是噪声，但实际分析建模效果较好，因此噪声中应该仍带有样品的特征信息，在今后的实验研究中也可使用特征选取的方法进行特征筛选，提取有用信息分析，加强模型的可行性和稳健性。

8.3　基于距离匹配法和太赫兹时域光谱的花生品种鉴别方法

我国花生品种繁多、含油率参差不齐，通常情况下，制油厂多采取压榨法来制油，但事实上压榨法只适用于高含油率品种，对于含油量较低的品种应采用溶剂浸出法提取。对于花生品种加工特性研究的缺乏，使我国尚未形成统一的、适宜加工制油的专用花生品种准则，多个品种混合应用的现状也导致我国花生制油产业的发展受到阻碍。花生品种的鉴别与选取对于制油产量的提升至关重要。同时，花生品种鉴定与检测也是花生新品种选育的重要内容。所以，研究如何对不同花生品种进行快速有效的划分，对于选种育种、采用适宜的制油方式及花生制油产业的意义都十分重大。

目前针对花生品种的鉴别技术主要有形态学鉴定、生化鉴定、DNA分子标记鉴定、其他图像处理技术等。虽然操作方法不同，但存在操作过程复杂、专业性强、不易实现等特点。

太赫兹光谱技术作为一种新兴的光谱技术，其波段包含大多数生物大分子的振-转能级跃迁，具有穿透性能好、光子能量低损耗小、承载信息更多等优于其他光谱技术的特点，已被证明在农产品及食品，特别是植物选种、品质检测及食品加工等方面可以起重要的作用。威淑叶和李斌等利用太赫兹时域光谱技术采集了核桃和山核桃切片的光谱特性，初步实现了利用太赫兹光谱技术进行核桃和山核桃的品质检测。但是由于太赫兹光谱技术在农业领域的研究与应用处于刚起步的状态，因此仍然存在对水分敏感等因素的限制。考虑到花生与核桃都具有低水分含量的相似性，本实验采用太赫兹衰减全反射技术（Terahertz Attenuated Total Reflection，THz-ATR），并结合多种预处理方法及建模算法来研究花生品种的快速鉴别方法，选取鲁花9号、鲁花1号、花育36号这3个花生中常见品种作为主要研究对象，探索太赫兹光谱技术在花生品种快速鉴别分析中的可行性。

8.3.1　样本制备

实验所用花生样本均购自某种子公司，包括3个花生品种：鲁花9号、鲁花1号和花育36号。每一个品种随机选取20颗，并制作成厚度约1mm、切片大小约1cm×1cm的花生仁切片，样本总数量为60颗。为防止花生仁发生氧化等反应，该操作要尽可能快速准确。为保证仪器系统稳定性，整个实验的环境温度为22℃。

8.3.2　光谱采集

实验采集60颗花生样本切片的ATR光谱。采集方法：首先，确保ATR晶体未放置任何样品并干净无污染，进行ATR采集得到参考信号；其次，将制作好的花生仁切片置于ATR采集部位，为确保参考和ATR晶体之间有良好的光学接触，须拧紧压力螺钉。一旦螺杆达到20kg的负荷，没有更多的压力施加到窗口，螺杆将自由旋转，最大限度地提高吸光度。逐一采集所有花生仁切片的ATR光谱。其中，为提高精确度，ATR采集参数设置：分辨率为0.94cm^{-1}，每次快速扫描的平均次数为450次。

3个品种的花生仁切片样本的时域信号如图8-6所示。从图8-6中可以看出，由于空气中的水分干扰，样本信号的波形均存在较小抖动。此外，3个品种样本的脉冲波形相似，差异细微，说明系统稳定。进一步将主脉冲放大进行对比，发现不同品种的花生仁切片对太赫兹波的吸收强度不同，表现为主脉冲的相位和幅度上均存在一定程度的延迟与衰减，吸收强度从高到低依次为鲁花1号、鲁花9号、花育36号。含油率较高的两个品种的信号更强一些，这可能是由于高含油率的花生品种对太赫兹波的吸收小于低含油率品种。

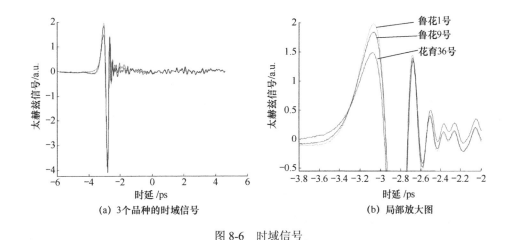

(a) 3个品种的时域信号　　　　　　　(b) 局部放大图

图 8-6　时域信号

8.3.3　数据预处理

1. 光谱消噪

光学常数是表征物质宏观光学性质的重要物理量。在对采集到的太赫兹电场的时域波形中提取这些光学常数前，需要利用离散傅里叶变换（DFT）将参考信号和样本的时域光谱进行转换，得到对应的频域光谱，进而利用频域信号的幅值和相位（实部和虚部）信息计算得到所需的光学常数。此外，在时域信号经过傅里叶变换得到频域信号的过程中，为防止信号出现开头、结尾不连续，并减少截断引起的信号误差，必须选取切趾函数对信号进行处理。切趾函数的种类多样，如 Boxcar 用于高分辨率，Blackman Harris 用于高信噪比，选择最常用的 Happ-Genzel，因为它兼顾了信噪比和分辨率。

虽然研究所用的实验仪器信噪比在一定范围内高达 70dB，在对样本信号进行 DFT 变换前也选取了特定的切趾函数去除噪声影响，实验过程中仍然会受到各种随机噪声的干扰。本次实验采集到的花生样本信号在较低和较高频域，即在 $10cm^{-1}$ 以下、$120cm^{-1}$ 以上频域受噪声干扰严重，信噪比下降剧烈，光谱振荡明显。因此，需要人为地对样本信号进行有效光谱范围筛选。

2. 谱区筛选

本实验所使用的太赫兹脉冲光谱仪的 ATR 模块的工作范围在 $10\sim120cm^{-1}$，但通过观察实验数据可以发现，所有样本的吸收系数和折射率均在 $116cm^{-1}$ 左右就开始受到随机噪声干扰，因此，本实验对有效光谱范围进行筛选，即手动选择 $10\sim116cm^{-1}$ 作为吸收系数和折射率数据的有效频域进行后续研究分析，简单有效地剔除了噪声信息干扰。

在 $10\sim116cm^{-1}$ 频域内，随着频率的增加，所有样本的吸收系数整体呈水平趋势，折射率则呈现微弱上升趋势，但重叠度较高，难以分辨。局部区域放大可以发现，3 个花生品种的样本之间存在明显差异。图 8-7 所示为所有样本在 $25\sim40cm^{-1}$ 频域内的吸收系数。

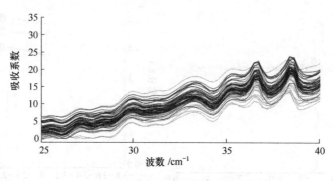

图 8-7　吸收系数

　　图 8-7 中的曲线由上往下依次为花育 36 号、鲁花 9 号和鲁花 1 号，吸收系数越来越低，虽然与含油率没有明显的线性关系，但较高含油率的两个花生品种的吸收系数小于低含油率的花育 36 号。与蛋白质相比，脂肪在太赫兹波段的吸收很弱，因此可以推测，含油率较高的花生品种对太赫兹波的吸收有可能小于含油率较低的品种，这与时域信号大致相符。

8.3.4　结果与分析

　　图 8-7 中的曲线难以直观地区分样本所属的品种，因此有必要借助定性方法来建立定性模型，实现对花生品种的快速鉴别。因此，这里选取所有样本的吸收系数数据，结合距离匹配（Distance Match，DM）算法，建立基于吸收系数的花生品种快速鉴别模型。距离匹配是一种常用的定性算法，其通过计算每个样本到各自类别中心点的距离来判别一个未知样品到其他现有类别的匹配程度。本研究中得到的不同的 3 种花生切片样本的吸收系数和折射率曲线差异较小，难以分辨，主要的不同仅仅体现在曲线的上下分布上。在这种情况下，距离匹配算法可以很好地建立不同含油率的分类模型，能用于测试单个样本的种类。

　　利用距离匹配算法具体的建模过程：假设 3 种花生品种样本各自的平均光谱为 $\bar{x}_c$，标准偏差光谱为 x_{csd}，当输入一个未知样本时，首先用该样本光谱 x_i 分别减去各个类别的平均光谱，得到相应的 3 条残差光谱；然后用残差光谱除以对应类别的标准偏差光谱，得到 3 条新光谱 x_{inew}，计算公式如式（8-1）所示；最后计算距离匹配值，即计算新光谱中超出距离匹配限（一般为 5）的波长点所占总波长点的百分比，便可得到该未知样本与每个类别之间的匹配值。匹配值为 0～100，匹配值越接近于 0，表示该样本距某个类别越近，因此会被归属到这个类别。

$$x_{inew} = \frac{x_i - \bar{x}_c}{x_{csd}} \tag{8-1}$$

　　为放大和分辨重叠信息，并减小随机噪声和提高信噪比，对图 8-6 中的光谱使用一阶导和归一化处理，建立基于吸收系数的距离匹配模型。随机挑选 15 个样本对模型进行测试，剩余 45 个作为校正集样本。模型结果如图 8-8 所示，横、纵坐标分别代表样本距不同类别的马氏距离。图 8-8 中，箭头所指为 1 个错误测试样本，剩余 14 个测试样本都准确地被划分到自身所属类别中。因此，模型预测准确率为 93.3%。

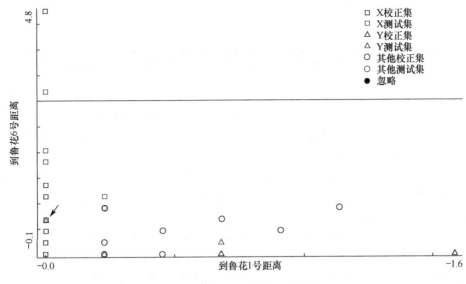

图 8-8　距离匹配定性识别结果

为清楚地说明预测结果，样本距离各个类别的匹配值和具体预测结果如表 8-3 所示。其中，类别 1 为花育 36 号样本，类别 2 为鲁花 1 号样本，类别 3 为鲁花 9 号样本。

表 8-3　样本距离各个类别的匹配值和具体预测结果

序号	距花育 36 号的距离	距鲁花 1 号的距离	距鲁花 9 号的距离	实际类别	预测类别
1	0.6803	2.9478	2.9478	1	1
2	1.1338	4.5351	4.7619	1	1
3	0.907	3.1746	3.4014	1	1
4	0.907	2.4943	2.7211	1	1
5	0.2268	0.4535	0.907	1	1
6	0.4535	0	1.8141	2	2
7	1.8141	0.4535	2.2676	2	2
8	2.4943	0	1.3605	2	2
9	6.576	0	3.4014	2	2
10	1.8141	0.4535	0.6803	2	2
11	1.8141	0.6803	0.2268	3	3
12	0.2268	0.6803	0	3	3
13	0.4535	0.2268	0	3	3
14	0.907	0.6803	0.2268	3	3
15	0.907	0	0.907	3	2

实验结果表明，该模型对未知样本的总体识别准确率高达 93.3%，可以实现对不同花生品种的快速分类鉴别。这说明太赫兹衰减全反射技术结合分类算法在快速鉴别花生品种

方面具有一定的可行性，并且由于该方法操作简单、快速高效，今后可将该方法应用于其他农作物品种鉴别及品质分析的快速检测方面。

8.4 基于 SVM 和太赫兹时域光谱的花生霉变程度鉴别方法

由于管理的疏忽、仓储过程环境温湿度过高，生产者忽视安全水分含量（一般要小于14%），在收割后将高于安全水分含量的油料储藏起来。高水分的花生等油料作物，一旦环境温度合适就会发霉，影响后续食用及加工过程。尤其是带壳的油料作物（如花生、葵花籽等），在储存过程中内部容易产生霉素，并且是否霉变不能单从肉眼观察，有的外观正常，但里面已经腐烂，甚至可能含有镰刀菌霉、曲霉真菌等，为制油质量安全埋下隐患，严重影响我国消费者的健康。

在农业行业标准《油用花生》（NY／T 1068—2006）和国标《粮油检验 粮食、油料的杂质、不完善粒检验》（GB/T 5494—2008）中，对于花生等带壳油料的品质评价时必须进行去壳处理，如通过花生仁大小、形状、种皮颜色等指标来反映其感官品质，再采用数学分析方法对花生的感官品质进行评价，这些均是从个人的感官结合数学分析方法来评价花生各种品质属性，包括霉变、病斑等。对于花生中存在的毒素（如黄曲霉素），多采用传统的理化方法检测，这样的做法不仅费时费力，而且容易对样品造成破坏，产生二次污染等问题。因此，要形成实用且高效的安全检查方法，快速、可靠的检测技术是必不可少的。

近些年来随着计算机技术与光学仪器技术的提高，出现了许多新兴技术手段，为传统人工检测方法提供了更好的解决方案，如电子鼻技术、高光谱成像技术、机器视觉技术等都陆续被引入农产品、食品检测领域。例如，常用的电子鼻技术可以通过气敏传感器阵列的电子鼻系统对新陈花生样本进行检测，较为准确地实现新鲜样本与陈旧样本的分类鉴别；很多研究者利用高光谱成像技术结合神经网络实现对大豆品种的种类鉴别等。此外，各种光谱技术也在农产品品质检测领域取得了较好的研究进展。尤其是新兴的太赫兹光谱技术，其对水分十分敏感，承载的信息更多，本身能量很低，不会造成光电离破坏被检物质，并且具有一定的穿透性，可用于密封包装食品检测等。此外，利用太赫兹光谱技术检测过程简单，正常和霉变状态下的花生由于物质组分差异可能存在不同的太赫兹光谱，可以利用太赫兹光谱技术简单地判断花生的状态是否良好，并对正常和霉变状态下的花生进行分类，排除粮油质量中的安全隐患。

因此，本节采取太赫兹时域光谱技术进行花生霉变程度检测，即对油料作物中的霉变或花生空果粒进行快速、无损检测，其无须复杂的样品制备过程，而且准确率较高。在实际调研中，利用太赫兹光谱技术检测食品变质的相关文献极少，针对花生品质的研究还尚未见报道，因此此方向拥有较好的研究应用前景。

8.4.1 样本制备

为排除其他因素干扰，实验一次性购入花生1000g，具体品种为鲁花9号和花育36号。

人为去掉个别破碎粒后置于干燥、通风的室温环境储藏。

实验考虑到含油率高的品种可能更容易发霉，因此选取两种含油率不同的花生：鲁花 9 号和花育 36 号，每个花生品种共计 80 颗，大小、颜色均一致，选取完整无破损的花生仁种子，吹扫干净。预留 20 颗作为正常花生，其余 60 颗作为发霉培育对象。前期调研发现，花生在高温、高湿、封闭环境下最易发生霉变，因此实验时，按照水分重量/花生重量=0.2 左右往花生表面喷洒水，并置于 28℃的生化培养箱中培养。同时利用温湿度检测仪确保花生所处环境温度为 28℃左右，湿度为 80%～90%。实验样品培养条件如图 8-9 所示。

图 8-9　实验样品培养条件

在上述条件下培养 2～3 天，花生呈轻微发霉症状，具体表现为花生表面会有 2cm 左右淡绿毛、白色块状斑点，可能还有轻微油脂酸败的哈喇味，这时可选取 20 颗发霉程度接近的花生作为待测样本，取出并晾置于干燥、常温环境下 1～2 天。培养 4～5 天，默认花生呈中度重发霉时期，此时花生表面出现一定程度的皱缩、凹凸不平，颜色晦暗发黄，此时选取 20 颗发霉程度接近的花生作为待测样本，晾置于干燥、常温环境下 1～2 天。培养 6～7 天，花生呈严重发霉症状，此时花生表面出现明显皱缩、颜色晦暗发黑，质地变软，哈喇味明显，此时同样选取 20 颗发霉程度接近的花生作为待测样本，晾置于干燥、常温环境下 1～2 天。图 8-10 所示为不同发霉状态下的花生样品。

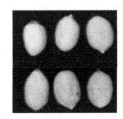　　　

（a）正常花生　　　　（b）轻度发霉　　　　（c）中度发霉　　　　（d）严重发霉

图 8-10　不同发霉状态下的花生样品

8.4.2 ATR 光谱采集

考虑到不同的检测方式及分析结果可能存在差异，本节尝试选择太赫兹脉冲光谱仪器 TeraPulse 4000 多种附件模块进行光谱数据采集。

首先，对花生仁进行 THz-ATR 光谱采集。单次衰减全反射配件由于取样方便、所需样本量少、检测速度快，能够较大程度简化光谱的采集过程。因此，此次实验首先采集未经过发霉培养的正常样本的光谱，采集之前，考虑到 THz-ATR 附件结构及采样面积大小，需要将事先预留的 20 颗花生仁制作成厚度约 1mm、切片大小约 1cm×1cm 的切片。光谱采集过程中，首先在 ATR 晶体未放置任何样品的情况下进行参考信号采集。其次，将制作好的花生仁切片置于 ATR 采集部位，并拧紧压力螺钉以确保样本与 ATR 晶体之间接触良好，并完成花生样本信号采集。按以上步骤逐一采集所有花生仁切片的 ATR 光谱。此次实验为提高精确度，ATR 的采集参数设置：分辨率为 0.94cm^{-1}，每次快速扫描的平均次数为 450 次。

正常样本采集完成后，在特定的时间对 40 颗轻度发霉样本和严重发霉样本分别进行 THz-ATR 光谱采集，采集方法及参数与正常样本相同。需要注意的是，为防止霉变带来的花生质地变软及表面化学反应，该操作要尽可能快速准确；为保证仪器系统的稳定性，整个实验的环境温度为 22℃。

8.4.3 透射光谱采集

目前在国内外研究中，太赫兹衰减全反射技术由于采样方便、所需样本量少，在各种品质检测领域均有一定应用。并且对于那些含有一定水分或对太赫兹波吸收强烈的极性分子液体，如果选用太赫兹透射系统，信号太强可能需要选用极薄的垫片，这种情况下反射式系统更适合。但在实际检测情况中，如果遇到某些透射性较好的样品时，太赫兹光谱反射式系统的信噪比要比透射式系统低很多，导致采集的曲线波动较大。不过在一定误差范围内，反射式系统和相应算法获得的结果是正确可信的。

除太赫兹反射模块之外，采用太赫兹透射方式进行的实验研究也比较多，图 8-11 所示为实验中所用的太赫兹透射系统附件。透射方式在实际的应用中常用来对固体或液体进行检测，尤其是针对那些极性较弱的物质，太赫兹透射系统有较高的信噪比，因此可能获得比反射强度更高且更加稳定的物质信号，从而可能获取更好的检测分析结果。然而，若用太赫兹透射系统来检测液体，则需要用到配件——液体池，其操作及清洗过程比衰减全反射器件要复杂很多。

在进一步探索太赫兹透射技术在花生霉变情况检测研究中的可行性的实验中，采集步骤与 THz-ATR 相同，采集所有样本的太赫兹透射光谱，实验过程中基本采集参数保持不变。

图 8-11　太赫兹透射系统附件

8.4.4　数据预处理

1. 光谱消噪

通过 ATR 和透射附件光谱采集的是样本太赫兹电场的时域波形,需要通过离散傅里叶变换(DFT)将信号转换得到频域光谱,进而根据光学常数公式计算分别得到吸收系数谱和吸光度谱。图 8-12 所示为鲁花 9 号的 ATR 吸收系数谱图和透射吸光度谱图。考虑到高低频附近的噪声影响,特征波段选取 $10\sim120\text{cm}^{-1}$($0.3\sim3.6\text{THz}$)。其中,在获得信号频域谱的过程中,必须对信号执行一个切趾(加窗)的过程,减少时域信号截断所带来的误差。切趾函数的种类多样,本研究选择兼顾了信噪比和分辨率的 Happ-Genzel。

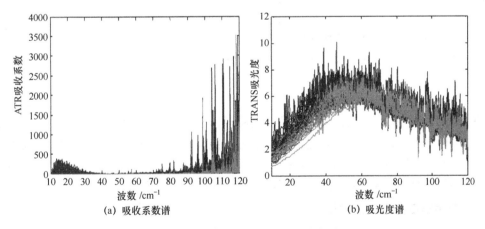

(a) 吸收系数谱　　　　　　　　　　(b) 吸光度谱

图 8-12　花生吸收系数谱和吸光度谱

2. 谱区选择

在 $10\sim120\text{cm}^{-1}$ 频域内,观察实验数据发现,随着频率的增加,所有样本的吸收系数整体呈水平趋势,而吸光度则呈先上升后下降趋势,但均表现出重叠度较高、难以分辨的特点。进一步对每个类别的所有样本取平均之后,可以发现在一定波段范围内,正常样本与霉变样本的差异十分显著。

图 8-13(a)所示为正常、严重霉变花育 36 号各自类别在 $5\sim44\text{cm}^{-1}$ 频域内的吸收系数平均图,可以看到,两条曲线相离甚远,并且随着频率增加,吸收系数越来越高,由上

往下依次为花育 36 号严重霉变样本、正常样本。图 8-13（b）所示为正常、严重霉变鲁花 9 号各自类别在 10～50cm^{-1} 频域内的吸收系数平均图，同样两条曲线差异也十分显著，这为后期模型建立提供了可能性。

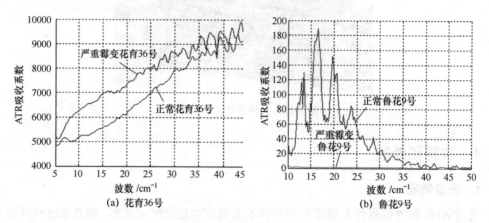

图 8-13 吸收系数平均图

8.4.5 结果与分析

支持向量机是一种非线性分类器，与神经网络方法相比，支持向量机具有很好的泛化能力，不存在局部极小值的问题。其尤其适合解决小样本、非线性、维度高情况下的机器学习问题，这一特点正好与本实验中的光谱数据特点相吻合。本实验在建立花生霉变程度鉴别模型时，均采用台湾大学林智仁（Lin Chih-Jen）开发的一套支持向量机的库 LibSVM。

SVM 中最重要的是如何对 RBF 核中的两个参数 C 和 g 进行参数寻优，以获取判别结果最好的模型。针对一个具体问题，无法确定参数 C 和 g 取多少模型效果最优，因此通常需要进行模型选择，即经历参数寻优的过程。通过参数寻优后，找到好的（C,g），使分类器能够精确地实现未知数据预测。但是，在模型建立过程中尤其要注意的是，在训练集上追求高精确度可能是没用的，模型的泛化能力可能会很弱，因此需要利用交叉验证衡量模型泛化能力的好坏。常用的"网格搜索"法可以用来进行参数寻优，即尝试各种可能的（C,g）值，然后进行交叉验证，找出使交叉验证精确度最高的（C,g）。

1. 花生霉变鉴别 2 分类模型

实验首先建立正常与严重霉变花生的 2 分类模型。采用基于网格搜索及交叉验证方法进行参数寻优的支持向量机多分类算法，建立基于吸收系数花育 36 号及鲁花 9 号花生的吸收系数 SVM 2 分类模型。按 3:1 的比例随机划分校正集和测试集，即得到 10 个样本作为测试集，剩下的 30 个样本作为校正集。对经过归一化预处理后的所有样本建立 SVM 模型，并建立基于特征波段吸收系数的花育 36 号、鲁花 9 号的正常、严重霉变 2 分类模型。模型结果如图 8-14 所示。图 8-14 中，圆圈表示样本的实际类别，星号表示样本的预测类别，由此可以看出，两类测试样本都准确地被划分到自身所属类别中，模型预测准确率为 100%。

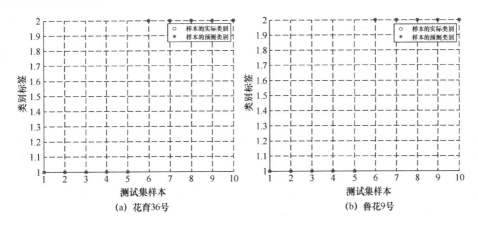

图 8-14　基于吸收系数的花生霉变程度 2 分类模型

2. 花生霉变程度 3 分类模型

为进一步探索太赫兹光谱技术及透射方式在花生霉变情况检测研究中的可行性，建立基于特征波段透射-吸光度光谱的霉变程度 3 分类模型。通常情况下，SVM 用来做 2 分类判别，用的是分界线（面），即两个类别之间只需要一个分界线（面）就可以很好地区分开。但是对于多个类别，存在若干种分类方式，主要的方式如下。

（1）1-V-R 方式。若存在 k 个类别，则该方法的解决方案是把其中某一类的 n 个训练样本视为一类，其他剩余类别归为另一类，因此共有 k 个分类器，最后进行预测判别时，使用竞争方式，即哪个类得票多，样本被划分到哪个类。

（2）1-V-1 方式。这种方法利用 k 个类别中的任意两类构造一个分类器，共形成 $(k-1) \times k/2$ 个分类器。最终预测时，同样采用竞争方式。

（3）有向无环图（DAG-SVM）。该方法在训练阶段采用 1-V-1 方式，而判别阶段采用一种两向有向无环图的方式。

LibSVM 采用的是 1-V-1 方式，这种方式思路较为简单，并且许多实践证实该方式的效果优于 1-V-R 方式。

因此，在建立 3 分类模型时，同样采用基于网格搜索及交叉验证方法进行参数寻优的支持向量机多分类算法，建立的模型结果如图 8-15 所示。

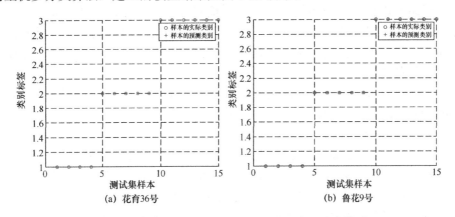

图 8-15　基于透射-吸光度的花生霉变程度 3 分类模型

模型中，按 3∶1 的比例随机划分校正集和测试集，即得到 15 个样本作为测试集，剩下的 45 个样本作为校正集。对经过归一化预处理后的所有样本建立 SVM 模型，并建立花育 36 号、鲁花 9 号的轻度霉变、中度霉变、严重霉变的 3 分类模型。所有模型参数及预测结果如表 8-4 所示。

表 8-4　模型参数及预测结果

分类模型	光谱范围	预处理	总预测准确率/%	惩罚参数	Gamma 参数
花育 2 分类模型	5～44cm^{-1}	归一化	100	−2.5	−5
鲁花 2 分类模型	0～50cm^{-1}	归一化	100	−4	−4.5
花育 3 分类模型	5～44cm^{-1}	归一化	100	−1.5	−6
鲁花 3 分类模型	0～50cm^{-1}	归一化	100	0	−7

实验结果表明，利用太赫兹衰减全反射技术及透射技术，对不同霉变程度的花育 36 号和鲁花 9 号花生进行太赫兹光谱数据采集后发现，不同霉变程度的花生样本在太赫兹波段的时域谱、吸收系数谱及吸光度谱均存在显著差异。进一步使用归一化对数据预处理、结合支持向量机算法，建立花生霉变程度鉴别的吸收系数和吸光度 2 分类、3 分类模型后，结果表明，模型对未知样本的总体识别准确率高达 100%，能够准确地实现对不同霉变程度的花生样本进行快速分类鉴别，这说明利用太赫兹衰减全反射技术及透射技术结合分类算法，可快速鉴别花生霉变程度。

8.5　玉米种子太赫兹时域光谱图像预处理方法

种子的化学成分（如蛋白质、淀粉和脂肪等），不仅是幼苗初期生长所必需的养料及能源，而且其含量、性质及其在种子中的分布状况，会影响种子的生理特性、耐藏性、加工品质和营养价值等。因此，掌握种子的化学成分含量及其分布不但可以促使人们深入了解种子的生理机能，妥善、合理地进行加工和利用，而且可为作物选种、育种提供可靠的依据。但是传统的种子质量检测方法大都存在试样被破坏、操作步骤烦琐等问题。近年来，基于种子的光学特性（如种子对光的吸收特性、反射特性和透射特性等）发展起来的检测技术以其快速、无损、便捷的技术优势日趋成为种子质量检测领域的研究热点。

在众多的光学检测技术中，太赫兹时域光谱及成像技术以其特有的波谱分辨能力、透视性和低能性为安全、非侵入式性分析单籽粒种子生物样本的化学成分及分布提供了切实可行的理论基础和技术支撑。

但是太赫兹时域光谱成像过程易受到系统、环境温湿度、样本表面平坦性等影响，导致太赫兹光谱图像普遍存在噪声大、对比度低、视觉效果模糊等问题，严重影响了后续对待测目标区域的光谱信息与图像信息的提取和分析。因此本节以玉米种子为例，研究从太赫兹光谱图像中有效提取种胚和胚乳等目标区域的光学信息的预处理方法，为种子化学成分含量及分布的太赫兹光谱成像快速无损检测提供可行性探索。

8.5.1 样本制备

玉米种子组织结构特征较为明显：玉米的胚位于颖果基部的一侧，且胚较大，占籽粒体积的 30%～35%。胚的主要成分为脂肪和蛋白，而胚乳的主要成分为淀粉和蛋白。由于胚和胚乳的化学成分及含量具有显著差异，并且在种子不同阶段发生的理化活动也不尽相同，因此，精细化分析玉米种子的种胚和胚乳对于研究种子生理变化是极有必要的。本实验所用的玉米种子样本（郑单 958）是由中国农业大学提供的。

8.5.2 光谱图像采集

采用 TeraPulse 4000 太赫兹时域光谱仪器的反射成像附件采集玉米种子的太赫兹反射光谱图像，如图 8-16 所示。

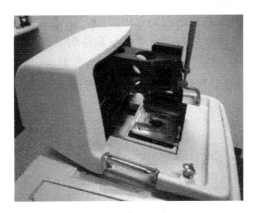

图 8-16 反射成像附件

实验中玉米种子样本不经任何处理，直接放置于反射成像载物台上，种胚一面朝下放置。仪器参数设定如下：成像区域为 40mm×40mm，横/纵向步长为 0.2mm，单个像素点扫描次数为 1。

8.5.3 消噪预处理

太赫兹时域光谱成像系统在操作过程中，有可能会引起平台和器械振动，带来机械噪声；静电、空间电磁辐射通过探头、电缆耦合会产生电子噪声；温湿度变化和空气扰动等因素会带来环境噪声等。双高斯（Double Gauss，DG）滤波器是太赫兹脉冲成像分析中最为经典的滤波器，可有效抑制实验过程中产生的常规噪声。时域 DG 滤波器定义为

$$f(t) = \frac{1}{HF} e^{\frac{t^2}{HF^2}} - \frac{1}{LF} e^{\frac{t^2}{LF^2}}$$

(8-2)

式中，HF 和 LF 分别为高频和低频截止频率。

HF 和 LF 分别控制带通滤波器的高频和低频频率的截断点，HF 变化范围为 1～512，LF 变化范围为 0～2048。当 HF 和 LF 取不同值时，DG 滤波器的滤波范围均会发生相应的变化。当固定 LF 值调整 HF 值时，HF 值过低则将高频伪像引入数据中造成噪声，HF 值过高则高频率被去除，造成成像结果模糊化；当固定 HF 值调整 LF 值时，LF 值过低则噪声过大，LF 值过高则丢失一部分信息，造成成像模糊。

8.5.4 图像增强

种子表面不平坦容易导致成像点不在焦平面，导致成像模糊，而且种子不规则边缘也极容易引起散射效应，导致成像放大模糊。图像增强可以有效地改善图像的视觉效果，提高图像质量，增强图像中的有用信息。图像重构是太赫兹光谱图像增强的一种有效方法，其本质是通过对原图附加一些信息或变换数据，选择性地突出图像中感兴趣的部分，抑制无用信息，从而提高图像的使用价值。

太赫兹图像重构通常根据太赫兹波的延迟时间、振幅或相位等特定参数进行成像，进而重构样的折射率、空间密度分布、厚度分布和轮廓等信息。本实验在 DG 滤波器已经消噪的太赫兹图像基础上分别采用基于延迟时间图像重构、延迟时间差分图像重构、延迟时间峰峰值差分图像重构 3 种图像重构方法进行图像增强，并通过伪彩色图增强可视化表征。

8.5.5 结果与分析

1. 消噪预处理分析

本实验经过比较分析，最终确定 HF、LF 参数分别为 50、500。以固定时延 18.0ps 处的种子太赫兹光谱图像为例，图 8-17 所示为应用 DG 滤波器的消噪图像，玉米种子的胚乳区域成像更为清晰。以固定时延 20.7ps 为例，图 8-18 所示为应用 DG 滤波器的消噪图像，玉米种子的种胚区域成像更为明显。因此经过 DG 滤波器消噪后，太赫兹光谱图像质量明显改善，玉米种子不同组织结构可辨。

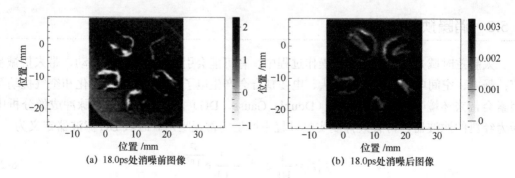

(a) 18.0ps处消噪前图像   (b) 18.0ps处消噪后图像

图 8-17　18.0ps 处消噪图像

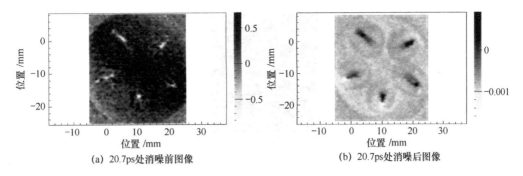

(a) 20.7ps 处消噪前图像　　　　　　(b) 20.7ps 处消噪后图像

图 8-18　20.7ps 处消噪图像

2. 图像重构增强分析

（1）延迟时间图像重构。该重构方法利用各像素点对太赫兹信号的时间延迟信息成像。图 8-17（b）和图 8-18（b）所示为玉米种子样本分别在延迟时间 18.0ps 和 20.7ps 处的重构图像。从图 8-17（b）和图 8-18（b）中可以看出，不同延迟时间可以反映种子样本在不同深度处的不同组织的轮廓信息，如 18.0ps 处的重构图像能清晰反映胚乳区域，20.7ps 处的重构图像则突出显示了种胚区域。

（2）延迟时间差分图像重构。该重构方法选取任意两个延迟时间点处的信号幅值相减得到时域差分信号并进行二维显示。由于在 18.0ps 和 20.7ps 处可以分别得到较为明显的胚乳和种胚的大致区域，因此实验中将两个时间点处的信号幅值相减［见图 8-19（a）］来重构太赫兹光谱图像［见图 8-19（b）］，从图像上可以看出，种子种胚及胚乳轮廓清晰分明，图像增强效果远优于基于延迟时间的图像重构方法。但是延迟时间差分图像重构的增强效果与延迟参数的选取密切相关，需要经过多次尝试才能选取较为合适的参数组合。

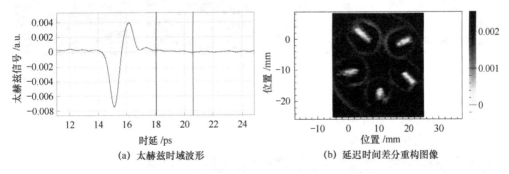

(a) 太赫兹时域波形　　　　　　(b) 延迟时间差分重构图像

图 8-19　太赫兹时域波形及延迟时间差分重构图像

（3）延迟时间峰峰值差分图像重构。该重构方法首先选取某一像素点太赫兹时域脉冲的两个延迟时间，将选取的延迟时间段内太赫兹时域脉冲的最大值、最小值差分作为该像素点的信号值并进行二维显示。实验选取 18.0ps 与 20.7ps 作为延迟时间，延迟时间峰峰值差分重构图像如图 8-20 所示。从图 8-20 中可以看出，种子种胚及胚乳轮廓清晰分明。延迟时间峰峰值差分图像重构方法图像增强效果远优于延迟时间图像重构方法，但其增强效果与延迟参数的选取密切相关，需要经过多次尝试才能选取较为合适的参数组合。

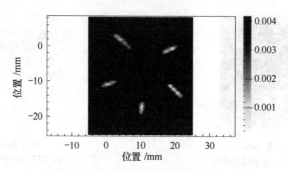

图 8-20　延迟时间峰峰值差分重构图像

3. 目标区域太赫兹脉冲集合提取

采集种子样本的单点处太赫兹脉冲通常不具有代表性，因此本实验在重构图像基础上采用 sober 边缘检测方法分别提取种胚和胚乳目标区域的位置信息，计算区域内的所有像素点的太赫兹脉冲的平均值作为种胚和胚乳的代表信息。

鉴于延迟时间差分和延迟时间峰峰值差分图像重构方法均能清晰表征种胚和胚乳的轮廓信息，因此选取延迟时间差分重构图像为例进行后续处理。如图 8-21 所示，首先将玉米种子重构图像转换成灰度图，采用 sober 边缘检测方法提取种胚轮廓；然后采用二值化显示种胚区域，根据种胚区域位置信息在太赫兹光谱图像的三维数据集中提取太赫兹脉冲集合。

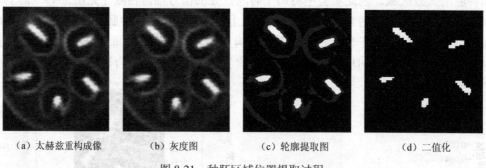

（a）太赫兹重构成像　　　（b）灰度图　　　（c）轮廓提取图　　　（d）二值化

图 8-21　种胚区域位置提取过程

采用同样的方法（见图 8-22），根据提取出的胚乳区域位置信息在太赫兹光谱图像的三维数据集中提取太赫兹脉冲集合。

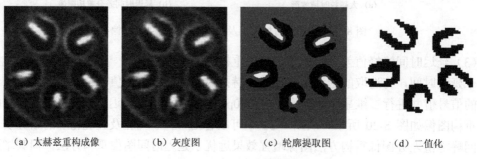

（a）太赫兹重构成像　　　（b）灰度图　　　（c）轮廓提取图　　　（d）二值化

图 8-22　胚乳区域位置提取过程

针对上述已提取的种胚和胚乳区域的太赫兹脉冲集合，分别计算其平均值作为其代表性脉冲，如图 8-23 所示。从图 8-23 中可以看出，两者的太赫兹存在差异，这也为无损精细化分析种子内部成分含量及其分布提供了数据基础和可行性。

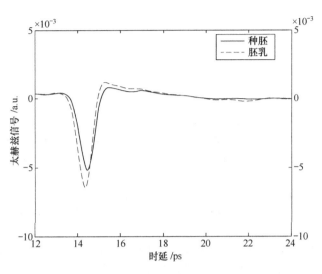

图 8-23　玉米种胚和胚乳时域脉冲图

8.6　本章小结

本章采用太赫兹衰减全反射技术获取玉米种子、花生的光谱，通过解析时域光谱、计算光学参数，分别结合 LVQ 和距离匹配等模式识别方法建立了种子品种快速鉴别方法。实验结果表明，太赫兹光谱技术为种子品种的快速鉴别提供了一种快速、准确的检测方法。

本章利用太赫兹衰减全反射技术及透射技术，对不同霉变程度的花育 36 号、鲁花 9 号花生进行太赫兹光谱数据采集后发现，不同霉变程度的花生样本在太赫兹波段的时域谱、吸收系数及吸光度均存在显著差异。进一步使用归一化对数据预处理，结合支持向量机算法，建立花生霉变程度鉴别的吸收系数和吸光度 2 分类、3 分类模型，结果表明，模型对未知样本的总体识别准确率高达 100%，能够准确对不同霉变程度的花生样本进行快速分类鉴别。这说明太赫兹衰减全反射技术及透射技术结合分类算法在快速鉴别花生霉变程度方面具有一定的可行性。

种子不同部位的化学成分及含量存在差异，因此决定了种子不同部位的生化特性和生理机能及营养价值和利用价值不同。本章以玉米种子为例，重点探索了基于太赫兹时域光谱成像技术的种子光学信息处理流程和预处理方法。实验结果表明，在太赫兹光谱图像分析中，采用双高斯滤波器消噪、延迟时间差分（峰峰值差分）图像重构增强及边缘检测提取轮廓等预处理步骤可以逐步、有效地提取种子不同组织结构的太赫兹光学信息，这为采用太赫兹光谱成像技术无损获取种子不同组织结构的生化特性和理化活动提供了前期的可行性探索。后续可继续针对已提取种子不同组织的太赫兹脉冲建立其与化学成分及含量相关的分析模型，以便采用太赫兹光谱成像技术对种子化学成分含量及其分布进行无损检测分析。

参考文献

[1] 刘景云. 玉米种子纯度鉴定方法[J]. 现代农业科技, 2011, (03): 103-104.

[2] 解明伟. 玉米种子纯度鉴定方法比较[J]. 农业科技与装备, 2013, (04): 63-64.

[3] 祁国中, 路茜玉, 周展明. 玉米品种自动化鉴定研究Ⅰ. 电泳数据标准化研究[J]. 中国粮油学报, 1995, (02): 35-38.

[4] 张金汉. 玉米种子纯度盐溶蛋白电泳鉴定方法[J]. 农业科技与信息, 2014, (02): 36-37.

[5] 彭梓, 黄迎波, 谭建锡, 等. DHPLC 技术鉴定玉米杂交种真实性及纯度[J]. 农业生物技术学报, 2016, (01): 125-133.

[6] 姚建铨. 太赫兹技术及其应用[J]. 重庆邮电大学学报（自然科学版）, 2010, 22(6): 703-707.

[7] 葛敏. 化合物结构与相互作用 THz 时域光谱研究[D]. 中国科学院上海应用物理研究所, 2007, 20-25.

[8] 陈涛. 基于太赫兹时域光谱的物质定性鉴别和定量分析方法研究[D]. 西安: 西安电子科技大学, 2013.

[9] 蒋玉英, 葛宏义, 廉飞宇, 等. 基于 THz 技术的农产品品质无损检测研究[J]. 光谱学与光谱分析, 2014, (08): 2047-2052.

[10] Gowen A A, O'Sullivan C, O'Donnell C P. Terahertz time domain spectroscopy and imaging: emerging techniques for food process monitoring and quality control[J]. Trends in Food Science & Technology, 2012, 25: 40-46.

[11] Shiraga K, Ogawa Y, Kondo, et al. Evaluation of the hydration state of saccharides using terahertz time-domain attenuated total reflection spectroscopy[J]. Food Chemistry, 2013, 140: 315-320.

[12] Seung H B, Heung B L, Hyang S C. Detection of Melamine in Foods Using Terahertz Time-Domain Spectroscopy[J]. Journal of Agricultural and Food Chemistry, 2014, 62: 5403-5407.

[13] 张小超, 吴静珠, 徐云. 近红外光谱分析技术及其在现代农业中的应用[M]. 北京: 电子工业出版社, 2012.

[14] 汪希伟, 洪冠, 潘一凡, 等. X 射线成像系统及其在屏蔽包装食品检测中的应用[J]. 包装与食品机械, 2007, 25(4): 24-29.

[15] Hua Y F, Zhang H J, Zhou H I. 2009 IEEE Instrumentation &Measurement Technology Conference (12TC2009), 2009, 646.

[16] 纪瑛, 胡虹文. 种子生物学[M]. 北京: 化学工业出版社, 2009.

[17] 潘雪峰. 基于光学无损检测的蔬菜种子分选系统研究与设计[D]. 太原: 太原理工大学, 2017.

[18] 宋乐, 王琦, 王纯阳, 等. 基于近红外光谱的单粒水稻种子活力快速无损检测[J]. 粮食储藏, 2015, 44(1): 20-23.

[19] 张存林, 牧凯军. 太赫兹波谱与成像[J]. 激光与光电子学进展, 2010, 47（2）: 1-14.

[20] Kai-Erik P, J-Axel A, Makoto K-G. Terahertz Spectroscopy and Imaging[M]. Springer Berlin Heidelberg, 2013.

[21] Jianyuan Qin, Yibin Ying, Lijuan Xie. The Detection of Agricultural Products and Food Using Terahertz Spectroscopy: A Review[J]. Applied Spectroscopy Reviews, 2013, 48: 439-457.

[22] Gowen A A，O'Sullivanc C，O'Donnell C P．Terahertz time domain spectroscopy and imaging：Emerging techniques for food process monitoring and quality control[J]．Trends in Food Science and Technology，2012，25：40-46．

[23] 逯美红，沈京玲，郭景伦，等．太赫兹成像技术对玉米种子的鉴定和识别[J]．光学技术，2006，32(3)：361-363．

[24] Hongyi Ge，Yuying Jiang，Zhaohui Xu，et al．Identification old wheat quality using THz spectrum[J]．Optics Express，2014，22(10)：12533-12544．

[25] 蒋玉英．基于 THz 成像方法的储粮质量安全检测研究[D]．北京：中国科学院大学，2016．

[26] 王亚磊，赵茂程，汪希伟．太赫兹波光谱成像技术在肉制品检测中的应用[J]．农业工程，2013，3(4)：64-66．

[27] 农业部种植业管理司．全国大宗油料作物生产发展规划（2016—2020 年）[J]．中国农业信息，2017，(1)：6-15．

[28] 万书波，单世华，郭峰．提高花生产能，确保油料供给安全[J]．中国农业科技导报，2010，12(3)：22-26．

[29] 王丽，王强，刘红芝，等．花生加工特性与品质评价研究进展[J]．中国粮油学报，2011，26(10)：122-128．

[30] 周雪松，赵谋明．我国花生食品产业现状与发展趋势[J]．食品与发酵工业，2004，30(6)：84-89．

[31] 潘丙南．花生贮藏加工过程的质量安全控制研究[D]．合肥：合肥工业大学，2009．

[32] 李旻旻．自榨油真的安全健康吗?[J]．绿色中国，2014，(14)：74-75．

[33] 青青．真菌毒素性食物污染[J]．科学之友，2007，(21)：66-66．

[34] 刘玉兰，刘瑞花，钟雪玲，等．不同制油工艺所得花生油品质指标差异的研究[J]．中国油脂，2012，37(9)：6-10．

[35] 魏振承，唐小俊，张名位，等．花生油加工和相关技术研究进展及展望[J]．中国粮油学报，2011，26(6)：118-122．

[36] 王静，王淼．我国食品安全快速检测技术发展现状研究[J]．农产品质量与安全，2014，(2)：42-47．

[37] 施显赫，武彦文，侯敏，等．分子光谱技术在食品安全分析领域的应用[J]．现代仪器与医疗，2012，18(3)：6-10．

[38] Kim M．Spectral Imaging Technologies for Food Safety and Quality Evaluations[C]．228th ECS meeting，Phoenix，Az，2015．

[39] 秦建平，张元，廉飞宇，等．小麦霉菌的早期检测技术分析与展望[J]．农业机械，2012，(27)：73-76．

[40] 魏华．太赫兹探测技术发展与展望[J]．红外技术，2010，32(4)：231-234．

[41] 牧凯军，张振伟，张存林．太赫兹科学与技术[J]．中国电子科学研究院学报，2009，4(3)：221-230．

[42] Fitzgerald A J，Berry E，Zinov N N，et al．Catalogue of Human Tissue Optical Properties at Terahertz Frequencies[J]．Journal of Biological Physics，2003，29(2-3)：123-128．

[43] Banerjee D，Spiegel W V，Thomson M D，et al．Diagnosing water content in paper by terahertz radiation[J]．Optics Express，2008，16(12)：9060-6．

[44] Owens L，Bischoff M，Cooney A，et al．Characterization of ceramic composite materials using terahertz reflection imaging technique[C]// International Conference on Infrared．IEEE，2011．

[45] 王鹤，赵国忠．几种塑料的太赫兹光谱检测[J]．光子学报，2010，39(7)：1185-1188．

[46] Nezadal M，Schur J，Schmidt L．Non-destructive testing of glass fibre reinforced plastics with a synthetic aperture radar in the lower THz region[C]// International Conference on Infrared．IEEE，2012．

[47] 苏楠．中国电科发布我国首台太赫兹安检产品[J]．中国科技产业，2014，(5)：80-80．

[48] 张希成．太赫兹射线——新的射线[J]．光学与光电技术，2010，8(4)：1-5．

[49] 曹丙花，张光新，周泽魁．基于太赫兹波时域光谱的纸页定量检测新方法（英文）[J]．红外与毫米波

学报，2009，28(4)：241-245.

[50] 赵国忠. 太赫兹科学技术的发展与实验室建设[J]. 现代科学仪器，2009，(3)：112-115.

[51] 杨光鲲，袁斌，谢东彦，等. 太赫兹技术在军事领域的应用[J]. 激光与红外，2011，41(4)：376-380.

[52] 赵国忠. 太赫兹科学技术研究的新进展[J]. 国外电子测量技术，2014，33(2)：1-6.

[53] 赵国忠. 太赫兹光谱和成像应用及展望[J]. 现代科学仪器，2006，(2)：36-40.

[54] 常胜利，王晓峰，邵铮铮. 太赫兹光谱技术原理及其应用[J]. 国防科技，2015，36(2)：17-22.

[55] Jianyuan Qin，Yibin Ying，Lijuan Xie. The Detection of Agricultural Products and Food Using Terahertz Spectroscopy：A Review[J]. Applied Spectroscopy Reviews，2013，48(6)：439-457.

[56] 孙金海，沈京玲，郭景伦，等. 太赫兹时域光谱技术在玉米种子鉴定中的实验研究，光学技术，2008，（04）：541-546.

[57] 戚淑叶，韩东海. 太赫兹时域光谱技术无损检测高油玉米研究[C]. 中国食品科学技术学会年会第九届年会，哈尔滨，2012.

[58] 戚淑叶，张振伟，赵昆，等. 太赫兹时域光谱无损检测核桃品质的研究[J]. 光谱学与光谱分析，2012，32(12)：3390-3393.

[59] 李斌，Wang N，张伟立，等. 基于太赫兹光谱技术的山核桃内部虫害检测初步研究[J]. 光谱学与光谱分析，2014(5)：1196-1200.

[60] 郭澜涛，牧凯军，邓朝，等. 太赫兹波谱与成像技术[J]. 红外与激光工程，2013，42(1)：51-56.

[61] Jordens C，Koch M. Detection of foreign bodies in chocolate with pulsed terahertz spectroscopy[J]. Optical Engineering，2008，47(3)，037003.

[62] 张娣. 基于太赫兹时域光谱的生物小分子检测与分析[D]. 成都：电子科技大学，2015.

[63] 花月芳. 基于太赫兹时域光谱技术的农药定性和定量分析[D]. 杭州：浙江大学，2010.

[64] 吴静珠，张宇靖，石瑞杰，等. 拉曼光谱结合距离匹配法快速鉴别掺伪食用油[J]. 中国粮油学报，2015，30(9)：119-122.

[65] 于重重，周兰，王鑫，等. 基于 CNN 神经网络的小麦不完善粒高光谱检测[J]. 食品科学，2017，38(24)：283-287.

[66] 韩仲志，邓立苗，于仁师. 基于图像处理的花生荚果品种识别方法研究[J]. 中国粮油学报，2012，27(2)：100-104.

[67] 张建成，江玉萍，王传堂，等. 花生品种鉴定技术研究进展[J]. 花生学报，2006，35(2)：24-28.

[68] Newnham D A，Taday P F. Pulsed terahertz attenuated total reflection spectroscopy[J]. Applied Spectroscopy，2008，62(4)：394.

[69] 韩晓惠，张瑾，杨晖，等. 基于太赫兹时域光谱技术的光学参数提取方法的研究进展[J]. 光谱学与光谱分析，2016，36(11)：3449-3454.

[70] 中华人民共和国农业行业标准. 油用花生（NY/T 1068—2006）[J]. 花生学报，2008，37(3)：45-48.

[71] 沈飞，刘鹏，蒋雪松，等. 基于电子鼻的花生有害霉菌种类识别及侵染程度定量检测[J]. 农业工程学报，2016，32(24)：297-302.

[72] Manley M，duToit G，Geladi P. Tracking diffusion of conditioning water in single wheat kernels of different hardness by near infrared hyperspectral imaging[J]. Analytica Chimica Acta，2011，686(1-2)：64-75.

[73] Dejun Liu ，Xiaofeng Ning，Zhengming Li，et al. Discriminating and elimination of damaged soybean seeds based on image characteristics[J]. Journal of Stored Products Research，2015，(60)：67-74.

[74] 李健，焦丽娟，李逸楠. 太赫兹时域光谱系统在分析氟氯氰菊酯正己烷溶液中的应用[J]. 纳米技术与精密工程，2015，(2)：128-133.

.Chapter 9

第9章

种子光谱资源管理系统及化学 计量学软件开发

9.1 种子光谱资源管理系统开发

本书实验进行过程中积累了大量的小麦种子样本信息，为了合理保存、管理这些数据，为后续研究提供资源，本章设计开发了小麦种子光谱资源管理系统。

9.1.1 系统框架

小麦种子 NIR 光谱资源管理系统主要由数据库和操作界面两部分构成。其采用 SQL Server 数据库软件平台建立小麦种子光谱资源数据库后台，用 C#语言编写后台逻辑，在 Visual Studio 平台上采用 Windows 窗体设计操作界面，链接 SQL Server 数据库，通过前后台结合，构成了一个方便快捷的信息管理系统。系统结构框图如图 9-1 所示。

9.1.2 系统数据库设计

SQL Server 是目前市场上主流的关系型数据库管理系统，是一个描述联机事务处理、数据仓库、电子商务应用的数据库和数据分析平台。小麦种子 NIR 光谱资源管理系统采用 SQL Server 2008 数据库平台创建数据库存储数据。系统定义的数据库中包含样本基本信息、发芽指标数据、理化指标数据、光谱数据、系统信息 5 个表，将实验室购买的小麦种子样本及老化试验制备的样本的对应信息导入数据库中存储。数据库内容框图如图 9-2 所示。

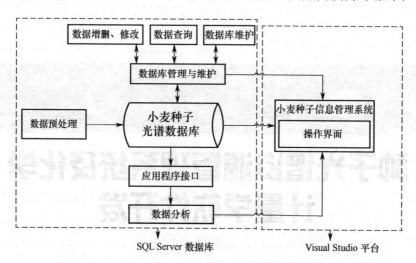

图 9-1　小麦种子 NIR 光谱资源管理系统结构框图

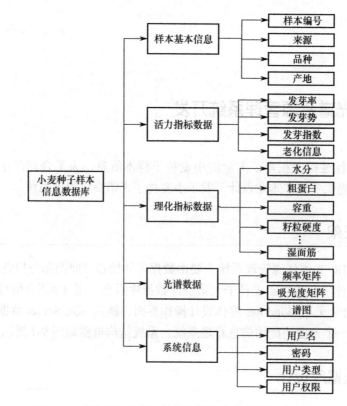

图 9-2　小麦种子样本数据库内容框图

9.1.3　系统功能

小麦种子 NIR 光谱资源管理系统从功能上分为以下几个模块。

（1）数据的存储：保存小麦种子编号、品种、产地、近红外光谱、发芽指标等大量数据。

（2）数据操作与分析：通过操作界面实现数据的增加、删除、修改、导出等操作。

（3）数据检索查询：根据不同的条件检索相关数据，且可以导出查询结果。

（4）用户管理：对用户进行分组，对不同的用户组设置不同权限，包括 Administrator、Normal 等用户类型，系统可以添加、删除用户及修改用户信息。

（5）系统管理：链接数据库并配置参数，可进行系统还原及备份、用户设置等操作。

9.1.4　系统模块设计与实现

1）系统用户登录界面

系统登录界面（见图 9-3）实现用户登录的身份验证，不同权限的用户进入主页面后具有的操作权限不同，Administrator 用户可以对数据进行增加、删除、修改，而 Normal 只能查看数据。用户名、密码及用户权限可以在后台数据库中设置和增改。

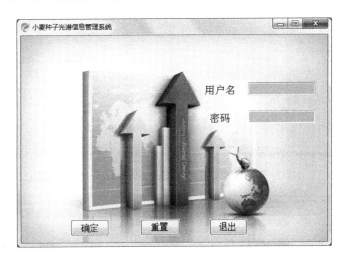

图 9-3　小麦种子 NIR 光谱资源管理系统用户登录界面

2）系统主界面

用户登录成功后系统切换到主界面，如图 9-4 所示。

3）数据管理模块

主界面工具栏包含数据管理、数据检索、系统管理、帮助 4 个模块，单击工具栏中的"数据管理"标签，该模块可以实现"基本信息""发芽指标""理化指标""光谱数据" 4 个主题数据的显示、增加、删除、修改等功能。若需查看某个主题的数据，则可以单击对应图标，同时图标变为灰色，数据表显示对应的数据，数据列表中的数据可以单击"导出"按钮一键导出到 Excel 中，如图 9-5～图 9-8 所示界面。

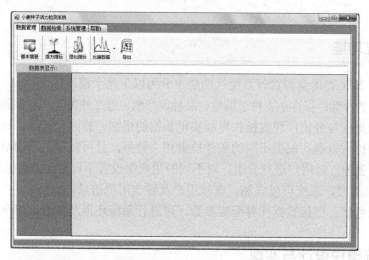

图 9-4   小麦种子 NIR 光谱资源管理系统主界面

图 9-5   小麦种子 NIR 光谱资源管理系统数据管理——基本信息界面

图 9-6   小麦种子 NIR 光谱资源管理系统数据管理——发芽指标界面

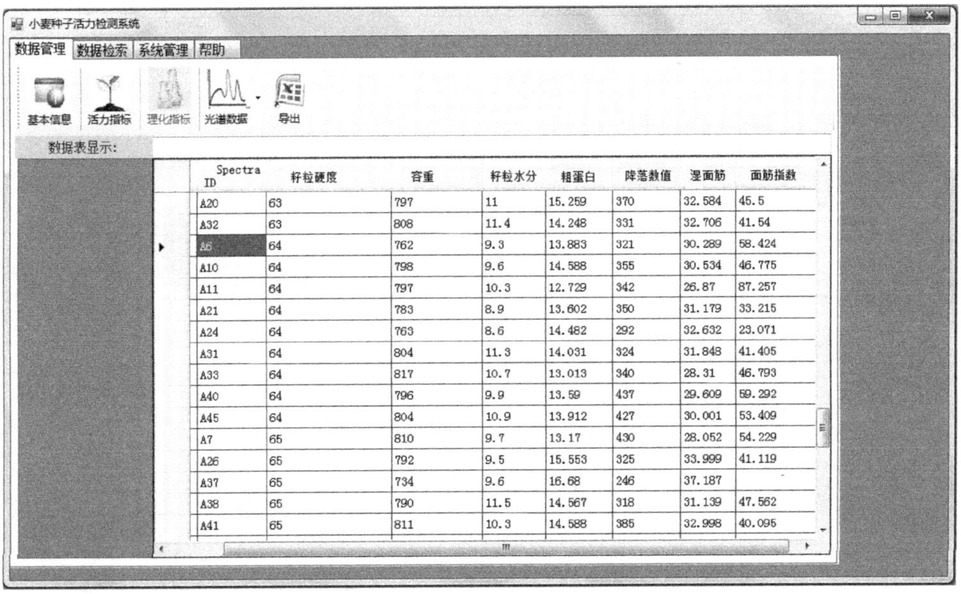

图 9-7　小麦种子 NIR 光谱资源管理系统数据管理——理化指标界面

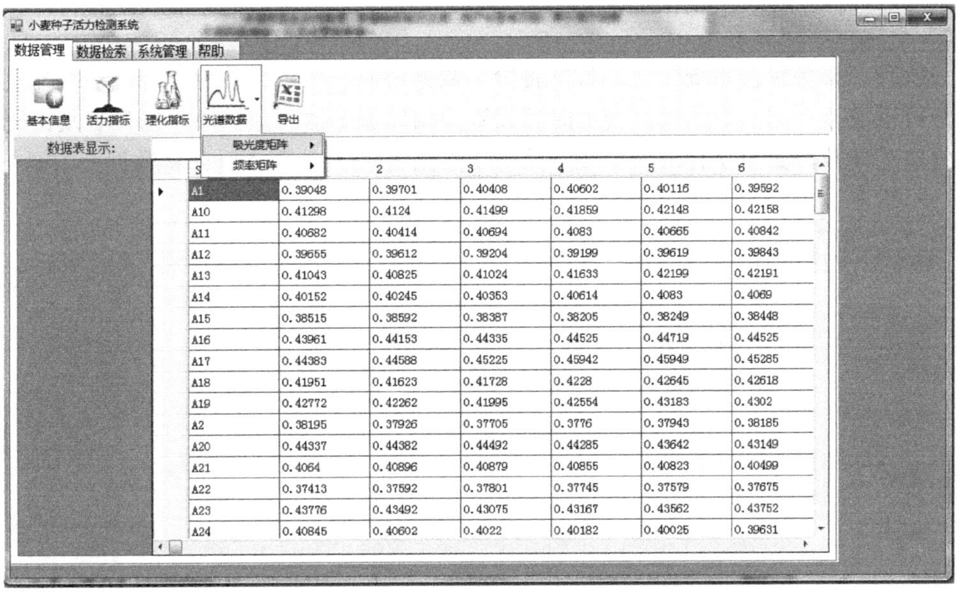

图 9-8　小麦种子 NIR 光谱资源管理系统数据管理——光谱数据界面

4）数据检索模块

数据检索模块可以根据数据不同属性，如品种、产地、发芽指标值、理化指标值等选定属性，再设置对应数据的范围、关键词等检索数据，检索出结果可以通过单击"导出"按钮粘贴到 Excel 并保存在本地设置的文件夹中。

数据检索界面如图 9-9 所示。

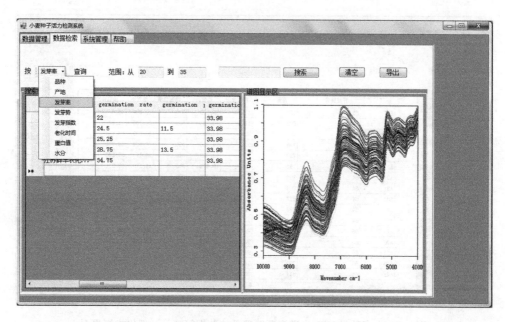

图 9-9　小麦种子 NIR 光谱资源管理系统数据检索界面

5）系统管理模块

系统管理模块包含系统配置、数据备份、数据还原、用户设置等功能。系统配置功能使用户可以链接不同的数据库，使用时须设置数据库服务器、数据库、用户名及密码、链接字符串等参数，如图 9-10 所示。数据备份是制作数据库的副本，即将数据库中全部内

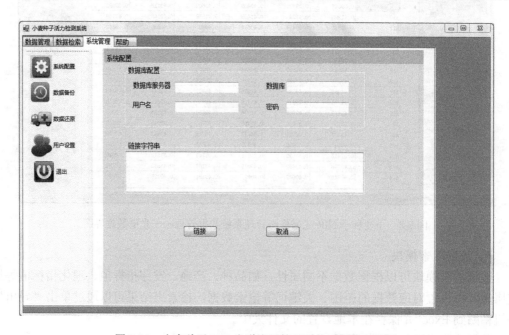

图 9-10　小麦种子 NIR 光谱资源管理系统系统管理界面

容复制到其他存储介质（如磁盘）上保存起来的过程，以便在数据库遭到破坏时能够修复数据库。数据还原指将数据库备份加载到服务器中，使数据库恢复到备份时的正常状态。用户设置功能可以添加新用户或删除现有用户，如图 9-11 所示。

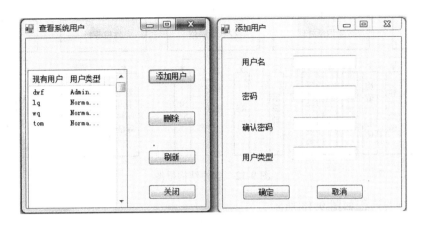

图 9-11　小麦种子 NIR 光谱资源管理系统用户设置界面

9.2　光谱化学计量学分析软件开发

近红外光谱技术因其快速、准确、方便、非侵入式分析等独特优点已成为一种快速、高效、适合过程在线分析的有利工具，在农业、食品、药品、化工等领域得到了广泛深入的研究和应用。NIR 光谱区（700～2500nm）主要是由含氢基团的倍频和组合频吸收峰组成的，吸收强度弱，灵敏度相对较低，吸收带较宽且重叠严重。因此，依靠传统的建立工作曲线方法进行定量分析是十分困难的，化学计量学的发展为解决这一问题奠定了数学基础。

近红外光谱化学计量学软件系统的功能主要是建立校正模型，并对位置样品进行预测。目前市场上已有商品化的化学计量学软件，如 FOSS 公司的 WinISI 软件、Thermo 公司的 TQ Analysis 软件、Bruker 公司的 OPUS 软件等，但这些软件通常和近红外仪器绑定销售，价格较高且功能有限，对于不同格式的光谱数据缺乏兼容性。因此研究开发一款全面完善的近红外化学计量学软件具有重要的应用意义。

9.2.1　软件结构框架

本章设计开发的近红外光谱化学计量学分析软件 NIRchem V1.0 的主要功能是建立定性定量模型，并对未知样本进行预测分析，主要包含文件管理、光谱预处理、样本集划分、建模分析、自动优化 5 个模块，如图 9-12 所示。

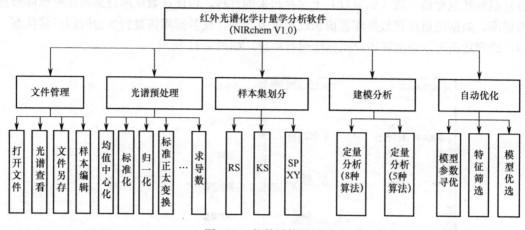

图 9-12 软件结构框图

软件分析的流程如图 9-13 所示。

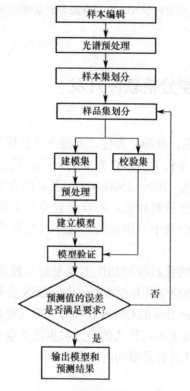

图 9-13 软件分析的流程

9.2.2 软件功能

红外光谱化学计量学分析软件 NIRchem V1.0 提供了目前市场上一些近红外分析软件中的主流算法，同时涵盖了一些新算法，如 SPXY 样本划分方法、自动优化特征筛选算法、多模型共识算法等。该软件适用范围广，既可用于本书研究的小麦种子活力定量、定性分析，也可用于其他研究对象的光谱分析，并为仪器共享和数据共享提供了软件基础。该软件采用 MATLAB GUI 开发、mcc 编译，既保证友好的人机交互界面，又可脱离 MATLAB 环境移植应用。

1）文件管理

文件管理单元主要实现光谱文件的打开、谱图显示、保存及样本编辑。其中，谱图显示功能提供方便的可视化工具查看光谱，既可以查询某一波长样本的吸光度值，又可通过图形化以谱图形式显示，直观地反映谱图的变化情况。软件能够实现一次显示单个样本或多个样本谱图，以便于检查谱图异常的样本及观察光谱曲线中噪声严重的谱区。样本编辑主要将光谱数据与性质数据组合到一起，形成样本集文件，完整的样本集包含两部分数据——光谱矩阵 X 和性质数据矩阵 Y，用于建立模型或验证模型。

2）光谱预处理

光谱除了含有样本自身的化学信息，还包含有其他无关信息和噪声，如电噪声、样背景和杂散光等。光谱预处理是建模的一个重要阶段，可以消除偏移或基线的变化，从而保证光谱数据表和组成（性质）之间很好的相关性。光谱预处理方法主要包括均值中心化（Mean Centering）、归一化（Normalization）、标准化（Autoscaling）、平滑去噪、求导数［直接差分求导、SG（Savitzky-Golay）卷积求导］、多元散射校正 MSC、标准正态变换（SNV）等。

光谱均值中心化变换将样本光谱减去校正集平均光谱，在建立定量或定性模型前，往往采用均值中心化来增加样本光谱之间的差异，从而提高模型的稳健性和预测能力。归一化常用的是矢量归一化方法，主要用来校正由微小光程差异引起的光谱变化。标准化又称均值方差化，光谱标准化变换指将均值中心化处理后的光谱除以校正集光谱阵的标准偏差光谱。由光谱仪得到的光谱信号中既含有用信息，同时也叠加着随机误差（噪声）。信号平滑是消除噪声最常用的一种方法，其基本假设是光谱含有的噪声为零均随机白噪声，若多次测量取平均值可降低噪声提高信噪比。常用的信号平滑方法有移动平均平滑法和 SG 卷积平滑法。当采用移动平均平滑法时，平滑窗口宽度是一个重要参数。SG 卷积平滑法是目前应用较广泛的去噪方法，但应注意移动窗口宽度及多项式次数的优化选择。导数光谱可有效地消除基线和其他背景的干扰，分辨重叠峰，提高分辨率和灵敏度，但它同时会引入噪声，降低信噪比，在使用时，差分宽度的选择是十分重要的。标准正态变量变换（SNV）主要用来消除固体颗粒大小、表面散射及光程变化对 NIR 漫反射光谱的影响。多元散射校正（MSC）的目的与 SNV 基本相同，主要消除颗粒分布不均匀及颗粒大小产生的散射影响。

3）样本集划分

合适的样本集划分对建立稳健的模型是十分必要的。通常会从样本集中选取代表性强的样本建立校正模型，这样不仅可以提高模型的建立速度，减少模型库的存储空间，更为重要的是便于模型的更新和维护。软件的样本集划分模块包含 RS（Random Set）、KS（Kernard-Stone）、SPXY（Sample set Partitioning based on joint X-Y distances）　3 种校正集/测试集划分方法。RS 方法是随机划分的，KS 方法基于变量之间的欧氏距离在特征空间均匀选取样本。SPXY 方法由 Galváo 等首先提出，它是在 Kennard-Stone 法的基础上发展而来的。SPXY 方法在样品间距离计算时将 X 变量和 Y 变量同时考虑在内，同时为了确保样本在 X 和 Y 空间具有相同的权重，该方法（优点在于）能够有效地覆盖多维向量空间，延长浓度窗口，从而改善模型的预测能力。

4）建模分析

建模分析包含定量分析和定性分析，是软件的基本功能，定量/定性分析模块功能框图如图 9-14 所示。

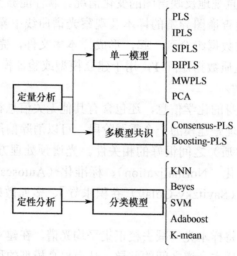

图 9-14　定量/定性分析模块功能框图

定量分析通过多元校正方法建立光谱与组成浓度或性质间的校正模型，通过该模型预测样本组成或性质。在校正过程中要不断地调整参数和样本，以达到最好的预测效果。定性分析利用已知特点的不同样本（不同产地、种类等）建立定性模型，用于不同样本品种的鉴定。软件定量分析功能既包含单一模型建模方法（如 PLS、PCA、iPLS SiPLS），又包含多模型共识建模方法（如 cPLS、bPLS 等）。其中，cPLS 法的建模策略示意框图如图 9-15 所示。软件中定性分析功能涵盖 5 种分类方法：KNN、Beyes、SVM、Adaboost、K-mean。

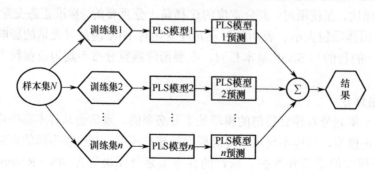

图 9-15　cPLS 法的建模策略示意框图

未知样本的预测主要有两种方式：定量检测和定性判别。定量检测指输入未知样本光谱矩阵，调用定量模型，计算输出样本浓度或组分的预测值。定性判别指输入未知样本光谱矩阵，调用定性模型，计算输出样本的预测类别。

5）自动优化建模

自动优化功能通过大量筛选得到不同的特征光谱区间，选定不同建模参数建立模型，并分析比较得到最优的建模参数组合。用户可给定参数范围，软件会自动运算，在给定参数范围内寻找最优模型，使用方便、简洁，极大程度上节省了人力，并获取了最优结果。自动优化建模主要包含 AutoSipls 和 AutoBipls 两种算法。

9.2.3　软件界面设计

近红外光谱化学计量学分析软件 NIRchem V1.0 界面友好，操作方便、简洁，可实现对光谱数据的分析和可视化，使用过程中可以随时清空及保存参数、表格、图形、运行结果。在功能上，该软件包含近红外光谱化学计量学分析整个流程的各部分功能实现，特别是多模型共识建模方法和自动优化筛选特征谱区建模功能突出，运行稳定可靠，符合工厂和科研人员的使用需求。软件采用面向对象模块化设计思想，主界面涵盖软件所有功能模块的操作按钮，同时每个功能模块再具体到每种分析方法都具有特定的子界面，方便简洁，用户可以根据需求有针对性地选择。

1）软件主界面

系统主界面如图 9-16 所示。

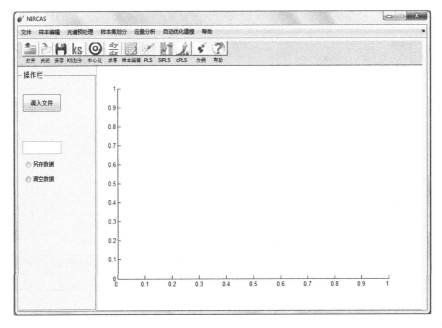

图 9-16　系统主界面

系统主界面子菜单展示如图 9-17 所示。

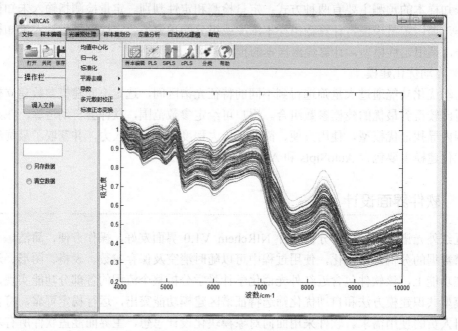

图 9-17　系统主界面子菜单展示

样本编辑界面如图 9-18 所示。

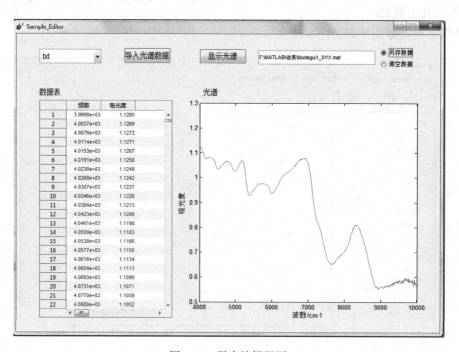

图 9-18　样本编辑界面

2）光谱预处理子界面

SG 卷积求导方法如图 9-19 所示。

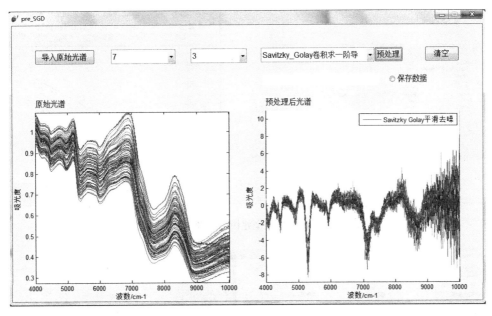

图 9-19　SG 卷积求导方法

3）样本集划分子界面

样本集划分子界面（SPXY 方法）如图 9-20 所示。

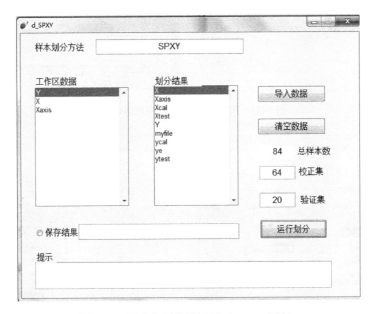

图 9-20　样本集划分子界面（SPXY 方法）

4）定量建模界面

PLS 模型建模界面和预测界面及运行结果如图 9-21 和图 9-22 所示。

Sipls 模型界面如图 9-23 所示。

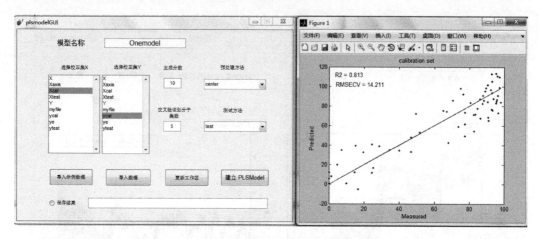

图 9-21　PLS 模型建模界面及运行结果

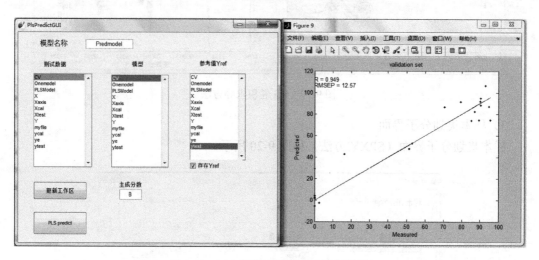

图 9-22　PLS 模型预测界面及运行结果

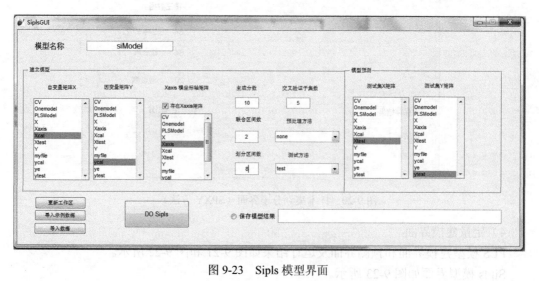

图 9-23　Sipls 模型界面

Sipls 模型运行结果如图 9-24 所示。

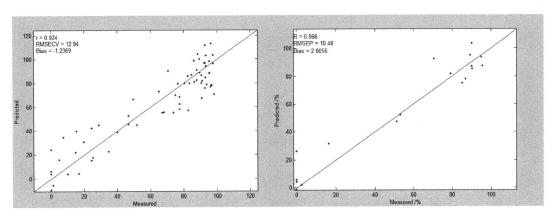

图 9-24　Sipls 模型运行结果

cPLS 模型建模子界面如图 9-25 所示。

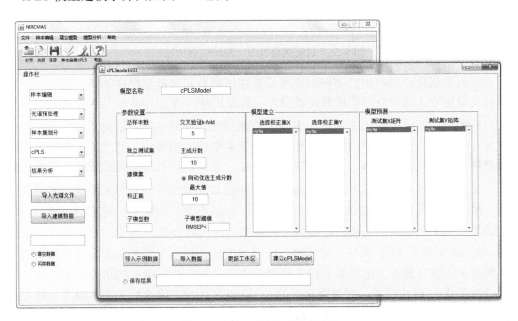

图 9-25　cPLS 模型建模子界面

　　对于 cPLS 模型，用户要根据需求设置建模参数和选择建模样本集。首先导入数据，选择校正集的光谱矩阵 X 和性质数据矩阵 Y，以及测试集数据集；然后输入样本数、子模型数、子模型的阈值（接纳标准）等参数。主成分数的选择有两种，用户既可以自定义输入主成分数，也可以单击"自动"按钮，输入主成分数最大值，如输入 20，则系统会自动从 1～20 筛选对应模型性能最好（交叉验证标准偏差 RMSECV 最小）的主成分数，即自动寻优。

　　5）自动优化建模界面

　　自动优化建模包含 AutoSipls 方法和 AutoBipls 方法，旨在尽可能自动化的参数寻优，建立基于特征筛选的 Sipls 模型和 Bipls 模型。其中，AutoSipls 方法的实现界面如图 9-26 所示。

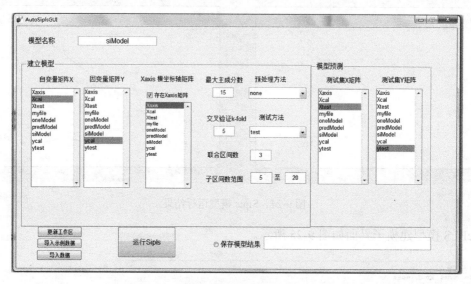

图 9-26　自动优化界面（AutoSipls 方法）

对于自动优化建模，用户要根据需求设置建模参数和选择建模样品集。首先，导入数据，自变量矩阵 X 代表待测物质的光谱吸光度数据矩阵，X_{axis} 矩阵指与 X 矩阵光谱吸光度值相对应的光谱的频率值，变量矩阵 Y 代表待测物质的性质矩阵，以及待测组分参考值，如在发芽率建模分析过程中，Y 矩阵指样本发芽率数据的参考值。其次，选择建模参数，包括建模数据自变量矩阵 X、因变量矩阵 Y、X_{axis} 矩阵，以及最大主成分数、光谱预处理方法、交叉验证方法、测试方法、Sipls 的子区间数划分范围和联合的区间数。参数设定完成后，单击"运行 Sipls"按钮，软件会依据子区间的范围，按照逐一递增的方式，每次将全光谱划分为 n 个子区间，按照排列组合的思想，依次联合其中 m 个（设定时可选的值为 2，3，4）区间建立 PLS 模型。建模时主成分数的选择以设定的最大主成分数为上限，采用 3 到最大主成分数依次建立多个 PLS 模型。那么对每一组 n 和 m 的组合，都能建立一个主成分数最优的 PLS 模型，对最终建立的 C_n^m 和 PLS 模型，筛选相关系数最大且误差最小（RMSECV 最小）的 PLS 模型作为最终的输出模型。最后，选择测试集矩阵 X 和测试集矩阵 Y，用建好的模型对预测集样本进行预测，保存模型和预测结果。

9.3　本章小结

本章设计开发了小麦种子 NIR 光谱资源管理系统和近红外光谱化学计量学分析软件 NIRchem V1.0。小麦种子 NIR 光谱资源管理系统基于 Visual Studio 平台，采用 C#语言设计了一个 Windows 窗体应用程序界面，链接 SQL Server 数据库，可以保存管理课题研究过程中积累的大量样本光谱及性质数据。该系统可以实现数据的增加、删除、修改，并可以根据设定的条件检索数据并导出，可以用于种子样本资源保存和管理。近红外光谱化学计量学分析软件 NIRchem V1.0 包含文件管理、光谱预处理、样本集划分、建模分析、自动优化 5 个功能模块，可以实现常规近红外光谱的定性定量分析。

参考文献

[1] 邹小波，黄晓玮，石吉勇，等. 银杏叶总黄酮含量近红外光谱检测的特征谱区筛选[J]. 农业机械学报，2012，09：155-159.

[2] Chen Quansheng，Jiang Pei，Zhao Jiewen. Measurement of total flavone content in snow lotus （Saussurea involucrate）using near infrared spectroscopy combined with interval PLS and genetic algorithm[J]. Spectrochimica Acta Part A：Molecular and Biomolecular Spectroscopy，2010，76（1）：50-55.

[3] 石吉勇，邹小波，赵杰文，等. BiPLS 结合模拟退火算法的近红外光谱特征波长选择研究[J]. 红外与毫米波学报，2011，30（5）：458-462.

[4] 杰尔·沃克曼，洛伊斯·文依. 近红外光谱解析实用指南[M]. 褚小立，许育鹏，田高友，译. 北京：化学工业出版社，2009.

[5] Cortes C，Vapnik V N. Support vector networks[J]. Machine Learning，1995，20（3）：273-297.

[6] 李艳坤，邵学广，蔡文生. 基于多模型共识的偏最小二乘法用于近红外光谱定量分析[J]. 高等学校化学学报，2007，28（2）：246-249.

[7] Yan kun Li，Jing Jing. A consensus PLS method based on diverse wavelength variables models for analysis of near-infrared spectra[J]. Chemometrics and Intelligent Laboratory Systems，2014，130：45-49.

[8] 张明锦，张世芝，杜一平. 多模型共识偏最小二乘法用于近红外光谱定量分析[J]. 分析试验室，2012，（04）：102-105.

[9] Galvao R K H，Mário C U A，Gledson E J，et al. A method for calibration and validation subset partitioning[J]. Talanta，2005，67（4）：736-740.

[10] Menezes F S D，Liska G R，Cirillo M A，et al. Data Classification with Binary Response through the Boosting Algorithm and Logistic Regression[J]. Expert Systems with Applications，2016，69：62-73.

[11] Adam T K，Rocco A S. Boosting in the presence of noise[J]. Journal of Computer and System Sciences，2005，71（3）：266-290.

[12] 李艳坤. 基于改进的 Boosting 多模型共识算法用于复杂样品的分析[C]. International conference on Fuzzy Systerm and neural computing，HK，China，2011.

[13] 张博，郝杰，马刚，等. 混合概率典型相关性分析[J]. 计算机研究与发展，2015，（07）：1463-1476.

[14] 丁世飞，齐丙娟，谭红艳. 支持向量机理论与算法研究综述[J]. 电子科技大学学报，2011，01：2-10.

[15] Vapnik V，Chapelle O. Bounds on error expectation for support vector machines [J]. Neural Computation，1989，12（9）：2013-2036.

[16] 林升梁，刘志. 基于 RBF 核函数的支持向量机参数选择[J]. 浙江工业大学学报，2007，02：163-167.

[17] 陆婉珍，现代近红外光谱分析技术[M]. 2 版. 北京：中国石化出版社，2007.

[18] 褚小立. 化学计量学方法与分析光谱分析技术[M]. 北京：化学工业出版社，2011.

[19] 严衍禄. 近红外光谱分析的原理、技术与应用[M]. 北京：中国轻工业出版社，2013.

[20] 戴子云，梁小红，张利娟，等. 近红外光谱技术的结缕草种子发芽率研究[J]. 光谱学与光谱分析，2013，33（10）：2642-2645.

[21] 王春华，黄亚伟，王若兰，等. 小麦发芽率近红外测定模型的建立与优化[J]. 粮油食品科技，2013，21（6）：73-75.

[22] 李毅念，姜丹，刘瓔瑛，等. 基于近红外光谱的杂交水稻种子发芽率测试研究[J]. 光谱学与光谱分析，2014，34（6）：1528-1532.

[23] 朱银，颜伟，杨欣，等. 人工加速老化对小麦种子活力和品质性状的影响[J]. 江苏农业科学，2016，（10）：146-148.

[24] 许惠滨，魏毅东，连玲，等. 水稻种子人工老化与自然老化的分析比较[J]. 分子植物育种，2013，（05）：552-556.

[25] Yin D，Xiao Q，Chen Y，et al. Effect of natural ageing and pre-straining on the hardening behaviour and microstructural response during artificial ageing of an Al–Mg–Si–Cu alloy[J]. Materials & Design，2016，95（22）：329-339.

[26] 杜尚广. 基于近红外光谱技术快速评价芸苔属种子活力[D]. 南昌：南昌大学，2014.

[27] 韩亮亮，毛培胜，王新国，等，近红外光谱技术在燕麦种子活力测定中的应用研究[J]. 红外与毫米波学报，2008，27（2）：77-81.

[28] 阴佳鸿，毛培胜，黄莺，等. 不同含水量劣变燕麦种子活力的近红外光谱分析[J]. 红外，2010，31（7）：39-44.

[29] 高艳琪，陈争光，刘翔. 基于近红外光谱的水稻种子老化程度检测[J]. 农业科技与信息，2017，（03）：55-57.

[30] 刘卫国. MATLAB 程序设计与应用[M]. 2 版. 北京：高等教育出版社，2006.

.Chapter 10

第 10 章

谷物联合收割机车载式近红外光谱仪应用探索

10.1　引言

　　近红外光谱技术被誉为"多快好省的绿色分析技术"，它是最符合目前工业生产需求的一种分析技术，可近红外光谱仪、化学计量学软件和分析模型的一体化，主要用于复杂样品的直接快速检测分析，如分析物质中的蛋白质、脂肪和淀粉等有机物的含量。在发达国家，近红外光谱技术广泛应用于大型工业生产过程的在线检测分析。在线近红外光谱技术主要具有以下优势：①仪器简单，分析速度快；②无浪费、无污染，容易实现无损和在线检测；③适应性广，几乎适合各类样品（液体、黏稠体、涂层、粉末和固体）分析；④多组分多通道同时测定；⑤可使用光纤实现远程分析检测。基于以上优点，近红外光谱技术已成为现代过程分析中的主流技术之一，而性能优异的近红外光谱仪是近红外光谱技术应用的基础和前提。

　　目前，近红外光谱仪已成为一种实用分析工具。光谱仪的小型专用化、智能网络化和现场在线成套化将成为光谱仪的主要发展趋势。随着仪器部件精密度的提高，实验室仪器开始走向生产现场，越来越广泛地应用于农作物和食品的在线检测领域，近红外光谱仪也朝着低成本、微型化、低功耗和响应速度快的方向发展，并逐渐实现仪器的产业化和商业化。在线近红外光谱分析仪一直是研究的热点。我国有多家单位研制出水果在线分选装置样机，并对过程测量参数进行了一系列深入研究，中国科学院合肥物质科学研究院研制出用于尿素产品质量在线检测的光谱仪，广西大学联合相关单位研制出用于白糖实时分析的在线近红外光谱分析仪。

利用联合收割机收获同时对谷物品质进行检测是目前国际上迅速发展的研究方向，土壤的养分含量与农作物的成分含量有直接的联系，可利用田间粮食品质分布信息来辅助解决精准农业土壤养分分布问题。《国家中长期科学和技术发展规划纲要（2006—2020年）》中明确指出，将"农业精准作业与信息化"重点领域作为优先发展主题。积极发展农业装备精准化、智能化与信息化技术是我国农业科技发展的重大战略选择。

作为在线检测仪器，对车载式近红外光谱仪有较高的性能要求，体现在以下几方面：①抗震性好；②便携，使用方便；③稳定性好；④适应性好等。针对将车载式近红外光谱仪用于在线检测，目前国外已有3款专用的谷物品质在线检查设备问世，分别是澳大利亚的 CropScan 3000H 近红外谷物分析仪，其采用近红外透射技术，放在联合收割机上使用，主要用于小麦、大麦、油菜籽等作物的蛋白质含量和水分含量的在线检测，光谱扫描范围为 720～1100nm；美国的 AccuHarvest 联合收割谷物分析仪，其采用 NIR 近红外漫反射和透射技术，可在收割时对小麦、玉米和大豆等谷物的蛋白质、水分及油脂含量随时随地检测分析，能够更好地分离不同品质的谷物，光谱扫描范围为 893～1045nm 的 14 个波段；瑞典的 ProFoss™在线整粒谷物分析仪，其使用的是高分辨率的二极管阵列近红外分析技术，有漫反射和透射两种不同的技术，可进行整粒谷物的蛋白质和水分含量检测，光谱扫描范围为 1100～1650nm。我国尚无此类相关产品，在粮食品质信息的在线检测手段方面仍然处于空白阶段。

谷物联合收割机车载式近红外光谱仪在粮食收割过程中遇到的主要问题主要是在现场环境温度不同，以及新收割谷物的水分含量通常较高，因此近红外模型的温度和水分稳健性都会大大影响预测的准确性。所以本章针对中国农业机械化科学院研制的用于谷物联合收割机的车载式近红外光谱仪的应用可行性开展了相关的实验研究工作。

10.2　车载式近红外光谱仪的应用可行性研究

近红外光谱技术对未知样品进行定性或定量分析，实现对未知样品的分类或预测，是通过建立校正模型实现的。其测量步骤主要包括收集样品、进行化学分析、采集光谱数据、确定样本的校正集和测试集，并进行数据的预处理，然后建立定标模型和模型检验，最后进行模型评价和误差分析，判断所建立的模型的预测效果。近红外光谱技术作为一种快速无损的检测技术，实现了对小麦等谷物品质质量的快速检验，如快速检测小麦中粗蛋白、面筋、淀粉等营养成分的含量，被广泛应用于小麦的收购、储运等各个环节。近红外光谱技术正以产业链的方式应用于多个领域，如农业、食品、石化和制药等，它可以快速高效地测定样本中的化学组成和物化性质，成为农工矿企业和科研部门不可或缺的一种分析手段。近些年，随着过程分析技术的兴起，近红外光谱技术在线分析的应用增加，对在线式光谱仪的需求也越来越大，对其性能要求越来越高。

车载式近红外光谱仪具备在线光谱仪的优点，可进行现场测量，而且响应速度快，使用维护方便，维护成本低，较好地满足了在线实时分析的需求。在使用时，车载式近红外光谱仪被安装在联合收割机上，可以实时测量小麦等谷物的蛋白质和水分含量，结合 GPS 和产量监控器可生成农田谷物的蛋白质等重要成分的分布图，同时反映土壤养分的分布信息，为粮食作物的品质育种提供了快速绿色无损的检测方法，在实际应用中具有重要的意义。

为了验证中国农业机械化科学院研制的谷物联合收割机车载式近红外光谱仪的可靠性，本章将车载式近红外光谱仪和德国 BRUKER 公司的 VERTEX 70 傅里叶近红外光谱仪进行比较，通过在两台仪器上建立的小麦粗蛋白定量模型的对比，分析说明车载式近红外光谱仪应用的可行性。

10.2.1　样本制备

2015 年，我们从中国农业机械化科学研究院收集了不同产地和品种的小麦籽粒共 45 份，产地覆盖山西、陕西、河北、江苏、山东等省份，涵盖 15 个不同品种。剔除虫蚀、破损、霉变、病斑等不完善籽粒和杂质后，每份样本各取 200g 晾晒风干后置于常温下密封保存。将这 45 份小麦籽粒按照 A1～A45 的顺序进行标号，方便后续进行实验。

小麦籽粒的蛋白质含量参照 GB 5009.5—2016 测定。

10.2.2　光谱采集仪器

使用两种近红外光谱仪采集光谱数据：一是德国 BRUKER 公司的 VERTEX 70 傅里叶近红外光谱仪；二是由中国农业机械化科学研究院研制的车载式近红外光谱仪。

VERTEX 70 傅里叶近红外光谱仪如图 10-1 所示。其采用硬件全集成傅里叶变换系统，具有单独的 CPU 和内存，能够独立地进行傅里叶变换，进行快速采样，运算速度快，实时响应好；采用 24 位 DigiTectTM 检测器系统和 ROCKSOLIDTM 干涉仪，保证了仪器良好的稳定性和抗干扰性；采用智能化预准直模块设计光源、激光器、检测器、分束器等光学器件，保证了光源的稳定性。仪器的测量谱区覆盖整个红外区域。

车载式近红外光谱仪是由微型近红外光谱仪模块和 Avantes 光源系统搭建起来的。微型近红外光谱仪模块如图 10-2 所示，其采用 MEMS 技术，大大地减小了产品的尺寸和重量。由于所有的光学元件在一个完整的空心波导上，是一个独立的部件，因此它保证了微型近红外光谱仪模块不受机械冲击、剧烈震动和温度漂移的影响。在使用时，车载式近红外光谱仪安装在联合收割机的谷仓旁管上，如图 10-3 所示。该仪器具有非常出色的抗震性，被应用于拖拉机、收割机和发动机等震动剧烈的环境中。仪器使用的光源是 Avantes 卤钨灯光源。

图 10-1　VERTEX 70 傅里叶近红外光谱仪

图 10-2　微型近红外光谱仪模块

图 10-3　车载式近红外光谱仪

10.2.3　数据采集及处理

采用车载式近红外光谱仪采集 45 份小麦籽粒样本的近红外光谱数据，采用大样品杯采样方式，样品杯固定不动。装样前仔细筛查，剔除夹杂物和空粒，尽量保证每份样品装在样品杯中的高度一致，且顶端铺平。仪器参数设定如下：波长范围为 900～1700nm，连续采样次数为 200 次，采样点数为 128。

采集到的样本光谱数据以 TXT 文本格式输出，预处理分为以下 3 步。

（1）平均。将 200 次采样得到的 45×200 个样本数据依次求平均值，得到 45 份样本数据。

（2）换算。由于采集的原始光谱数据的纵坐标是电压值，因此要转换成吸光度，使用式（10-1）进行计算。

$$A = \lg \frac{I_0 - I_B}{I_1 - I_B} \tag{10-1}$$

式中，A 为吸光度；I_0 为光源的电压值；I_B 为背景的电压值；I_1 为样品电压值。

（3）输出光谱。将前两步处理的数据格式转换成需要的 OBS 格式的光谱文件。

经过以上 3 个步骤的处理后，得到小麦样本的车载式近红外光谱如图 10-4 所示。

采用德国 BRUKER 公司的 VERTEX 70 傅里叶近红外光谱仪扫描 45 份小麦籽粒样本

的近红外光谱，采用大样品杯旋转采样方式。装样前仔细筛查，剔除夹杂物和空粒，尽量保证每份样本装在样品杯中的高度一致，且顶端铺平，以减小光程差的影响。仪器的主要参数设定：波数范围设定与车载式近红外光谱仪近似，为 5800~11000cm^{-1}，扫描次数为 64 次，分辨率为 8cm^{-1}，采样点数为 1557 个。采集的小麦籽粒样本的近红外光谱如图 10-5 所示。

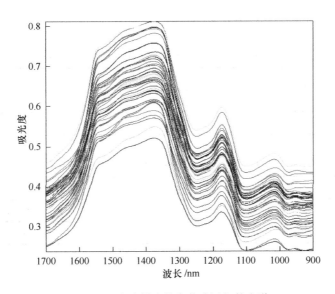

图 10-4　小麦样本的车载式近红外光谱

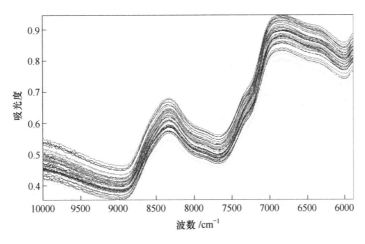

图 10-5　小麦样本的近红外光谱

10.2.4　小麦粗蛋白含量近红外 PLS 模型的建立

1. 样本集划分

对样本进行建模，首先要划分校正集和预测集，将有代表性的样本划分为校正集可以减少建模的工作量，同时可以提高所建模型的准确性和适应性。

使用德国 BRUKER 公司的 VERTEX 70 傅里叶近红外光谱仪和车载式近红外光谱仪两台光谱仪扫描的两套小麦籽粒样本光谱数据分别标记为 I 和 II，以便区分，I 和 II 的 45 个样本中分别剔除异常样本 3 个和 4 个，然后对剩余的样本按照 Kennard-Stone 法以 3:1 的比例划分为校正集和预测集。两套样本集粗蛋白含量的统计结果如表 10-1 和表 10-2 所示。

表 10-1 第 I 套小麦样本集粗蛋白含量统计信息

类　　别	样本数	平均值/%	数值范围/%	标准差
校正集	31	14.40	12.42～16.87	1.05
预测集	11	14.46	13.41～16.73	0.96

表 10-2 第 II 套小麦样本集粗蛋白含量统计信息

类　　别	样本数	平均值/%	数值范围/%	标准差
校正集	30	14.08	12.42～15.55	0.8
预测集	11	14.2	13.16～16.45	1.03

2. 模型建立

以模型采用的主成分数 nF、相关系数 R、交叉校验均方根误差 RMSECV、预测均方根误差 RMSEP 及相对分析误差 RPD 为指标评价模型的预测精度和稳健性。

利用光谱处理软件 OPUS 对两套原始光谱数据分别进行多元散射校正和矢量归一化的预处理后，选取最佳波长范围的小麦籽粒光谱，建立小麦粗蛋白含量近红外 PLS 模型。主成分数选取 RMSECV 取最小值时对应的主成分数，并利用预测集样品对模型进行验证。利用第 I 套小麦样本建立的模型为模型 I，利用第 II 套小麦样本建立的模型为模型 II。所建立的两个模型内部交叉验证和预测集检验的结果如图 10-6～图 10-9 所示。

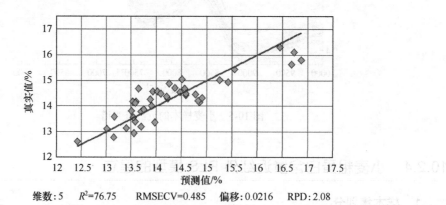

维数：5　　R^2=76.75　　RMSECV=0.485　　偏移：0.0216　　RPD：2.08

图 10-6　交叉验证结果（模型 I）

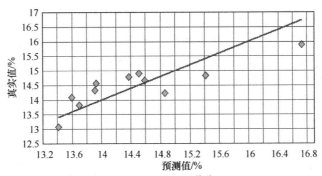

维数：5　R^2=70.84　RMSEP=0.496　偏移：−0.0187　RPD：1.85

图 10-7　预测集检验结果（模型Ⅰ）

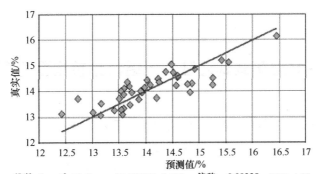

维数：6　R^2=70.11　RMSECV=0.438　偏移：−0.00338　RPD：1.83

图 10-8　交叉验证结果（模型Ⅱ）

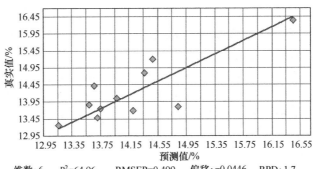

维数：6　R^2=64.96　RMSEP=0.499　偏移：−0.0446　RPD：1.7

图 10-9　预测集检验结果（模型Ⅱ）

3. 模型比较

对原始光谱进行预处理后，采用 OPUS 自动优化建立的最优模型，结果如表 10-3 所示。

表 10-3　小麦样品模型评价

模型	样本	预处理方法	光谱范围/nm	RPD	R_c	RMSECV	R_p	RMSEP	nF
Ⅰ	42	多元散射校正	8802～6399	2.08	0.88	0.485	0.84	0.496	5
Ⅱ	41	矢量归一化	8802～7598.5	1.83	0.84	0.438	0.81	0.499	6
			6402.8～4000						

比较使用两个不同的近红外光谱仪扫描的小麦籽粒光谱所建立的两个最佳粗蛋白含量模型。根据统一的模型评价标准，相关系数越接近于 1，均方根误差就会越低，校正模型的预测性能就会更加优越。当 RPD 数值介于 1.5～2.5 时，使用校正模型可以进行粗略预测；当 RPD 数值在 2.5 以上时，模型具有较好的预测准确性。分析建立的两套模型，交叉校验均方根误差 RMSECV 和预测均方根误差 RMSEP 比较接近，都低于 0.5，但模型 I 的 RPD 值和相关系数 R 都高于模型 II，说明模型 I 的预测能力较好。

实验结果表明，在两套模型中，使用 VERTEX 70 扫描的小麦种子光谱数据所建立的模型预测小麦种子粗蛋白含量的精度稍高一些。两套模型在各项评价指标上接近，表明两套模型实际检测的数据之间无明显差异。试验结果表明，中国农机院研制的车载式近红外光谱仪性能较好，可用于实际检测。

10.3 样本温度对车载式近红外光谱仪分析模型的影响

分析模型作为车载式近红外光谱仪应用的一个重要部分，在很大程度上影响着该近红外光谱仪是否能够有效工作。为实现对监测对象有效的实时分析，应使建立的分析模型具备较好的稳定性和适应性。车载式近红外光谱仪安装在拖拉机上，应用于田间行走式的谷物品质实时测量，进一步反映土壤信息。受到气候的影响，粮食的温度有所不同，因此会影响粮食品质信息的检测分析结果。本节主要针对样本温度变化对近红外光谱吸收的影响进行探讨，进一步研究建立温度稳健模型的方法，提高仪器的可靠性。

近红外光谱分析指在 700～2500nm 的波长范围，利用待测有机分子内 C—H、O—H 和 N—H 振动的倍频及合频信息与样品待测组分之间的关系，基于化学计量学方法对待测样品进行定量和定性分析。农产品的近红外光谱中含有丰富的化学官能团信息，除了 C—H，还有蛋白质、淀粉、纤维素与水分中的 N—H、O—H 和 C=O 的倍频及其合频吸收谱带。车载式近红外光谱仪对农产品成分的快速测定就是基于这些谱带的。所以在研究温度对近红外分析结果的影响时，分析近红外光谱谱带的变化信息，有利于提高分析模型的稳健性，从而提高仪器的可靠性。

根据文献，温度的变化对样本的水分影响较为明显，所以为了更好地探究样本温度对车载式近红外光谱仪模型的影响，本章以小麦籽粒为实验对象，研究样本不同的温度对小麦籽粒吸收光谱及小麦籽粒水分的影响，并采用不同的方法建立和优化小麦水分含量近红外分析模型，提高水分含量模型的稳健性。

10.3.1 实验设计

1. 样本制备

2016 年，我们从不同地方收集了不同品种的小麦籽粒共 44 份，产地覆盖山西、河北、江苏、山东等省份，涵盖 10 个不同品种。剔除虫蚀、破损、霉变、病斑等不完善籽粒和杂质后,每份样本各取 200g。所有样本均分成两份:一份密封置于 0℃的冰箱内保存;另一份置于常温下密封保存。将冷藏和室温下的 44 份小麦籽粒分别按照 H1～H44 和 h1～h44 的顺序进行标号,方便后续进行实验。

小麦籽粒的水分含量参照 GB 5009.3—2016 测定。

2. 光谱数据采集

采集光谱前,使用温度计测量温度并记录小麦籽粒样本温度,冷藏的 44 份小麦籽粒样品温度为 0～4℃,放置在室温的 44 份小麦籽粒温度为 20～24℃。使用车载式近红外光谱仪扫描两种不同温度下的 44 份小麦籽粒样本的近红外光谱,采用大样品杯采样方式,样品杯固定不动。装样前仔细筛查,剔除夹杂物和空粒,尽量保证每份样本装在样品杯中的高度一致,且顶端铺平。仪器参数设置如下:波长范围为 900～1700nm,连续采样次数为 200次,采样点数为 128。

采集到的样本光谱数据以 TXT 文本格式输出,经过处理后,分别得到低温和室温两种不同温度下的小麦籽粒样本的近红外光谱,如图 10-10 和图 10-11 所示。

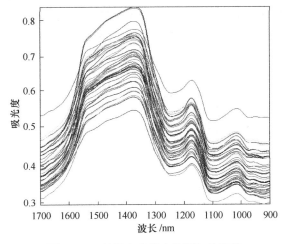

图 10-10 低温小麦样本的近红外光谱

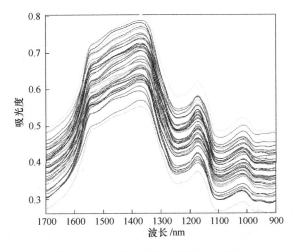

图 10-11 室温小麦样本的近红外光谱

10.3.2　温度对近红外光谱吸收的影响

由图 10-10 和图 10-11 可知，在 900～1700nm 波段小麦籽粒存在明显的吸收峰。该区域光谱主要为 C—H、N—H、O—H 等键的倍频及合频吸收。其中，波长为 970nm 和 1440nm 是水分子 O—H 键对称和反对称伸缩振动的组合频吸收谱带；1380～1520nm 波段的水分吸收对光谱的影响显著；1150～1200nm 波段为 C—H 键振动的二级倍频谱带；1300～1500nm 波段为 C—H 键的组合频吸收谱带；1470～1590nm 波段为 N—H 键的倍频吸收区域。

样品在不同温度时会引起样品近红外光谱响应的变化，从而影响近红外光谱分析模型的精确性。

图 10-12 所示为取代表性的低温和室温下的两组小麦籽粒样本 H1 和 h1，H10 和 h10。图 10-12 中，H1 和 H10 为低温样本的光谱曲线，h1 和 h10 为室温样本的光谱曲线。由图 10-12 可知，近红外短波区（900～1700nm）随着样本温度升高，吸光度下降。样品温度的变化也会引起某些吸收峰的位置发生移动。温度升高，部分吸收峰朝短波（高频）方向移动。例如，图中标注处谱峰位置由 1377.10nm 偏移到 1375.84nm 处。主要原因是温度上升会促使氢键发生结合，使得水分子的伸缩振动向高频转移。

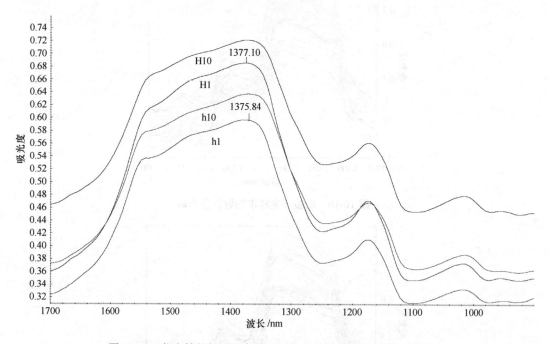

图 10-12　代表性的低温和室温下两组小麦样本的近红外光谱对比

例如，图 10-13 中，实线和虚线分别为 44 份低温小麦籽粒样本和 44 份室温小麦籽粒样本的平均光谱。对不同温度条件下的两组小麦样本的平均光谱进行比较，由图可知，在 900～1700nm 波段内，低温样本平均光谱吸光度高于室温样本平均光谱吸光度。在标注的波段内，两条光谱曲线差异度最大的为 1351.50～1547.03nm 波段，因此该波段的近红外光谱受温度影响较为显著。

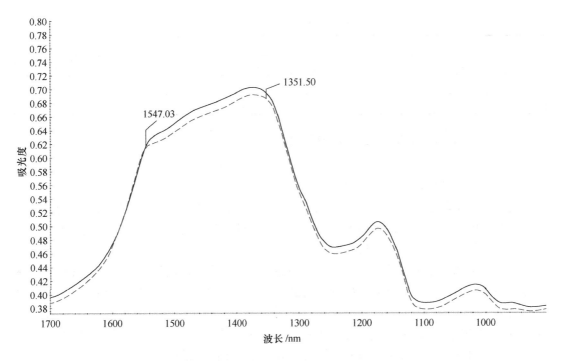

图 10-13　低温和室温两组小麦样本的平均近红外光谱

根据文献，1435～1446nm 区域为小麦粗蛋白的特征吸收区域，1506nm 区域为蛋白质的特征吸收区域，1500～1530nm 源于蛋白质 N—H 伸缩振动一级倍频吸收，1440nm 附近为水分在近红外波段的吸收谱带。所以，此波段包含水分和蛋白质的特征吸收区域，说明温度对样本的水分含量和粗蛋白含量有明显影响，因为温度的变化会改变样品分子间的作用力。例如，温度变化，水分子中 O—H 的振动和转动会发生变化，从而改变近红外光谱吸收带的形状或使其发生漂移。蛋白质含量受温度的影响主要源于蛋白质的水合作用。因此，研究了解温度对近红外光谱分析结果的影响是有重大意义的。

为了进一步研究样本的温度对车载式近红外光谱仪分析模型的影响，并减小样本不同温度对模型的影响，采用预处理方法和光谱区间优选对两种温度条件下的小麦水分含量的PLS 模型进行优化，以建立温度稳健分析模型。

10.3.3　近红外温度稳健分析模型的建立

1. 样本集划分

对上述 44 份小麦籽粒样本以水分的含量梯度按照隔三取一的原则划分校正集与预测集，校正集与预测集的比例为 3∶1。为便于模型之间的相互比较和交互验证，两个温度独立建模时使用相同的校正集和预测集样本。样本集粗蛋白含量和水分含量的统计信息如表 10-4 所示。

表 10-4　样本集粗蛋白含量和水分含量统计信息

样本集	样本数	粗蛋白含量			水分含量		
		平均值/%	数值范围/%	标准差	平均值/%	数值范围/%	标准差
校正集	33	13.14	11.2～15.8	1.155	17.1	11.3～20.7	2.80
预测集	11	13.39	11.5～16.2	1.336	17.3	12.5～21.2	2.23

2. 基于光谱预处理的温度稳健分析模型的建立

采用偏最小二乘法分别建立低温（8～10℃）和室温（22～25℃）条件下的小麦籽粒水分含量的近红外分析模型，并利用预测集样本对模型进行验证。

近红外光谱除了含有样本自身的化学信息，还包含其他与待测样本性质无关的信息和噪声，如电噪声、杂散光及仪器响应等。所以，在建立模型时，对原始光谱进行预处理以消除光谱数据中的无关信息和噪声。

不同的光谱预处理方法对建立近红外稳健分析模型有不同的影响。为了研究能够提高小麦籽粒水分含量的近红外分析模型的稳健性光谱预处理方法，针对低温和室温下的小麦籽粒样本，选用一阶导数、二阶导数、多元散射校正（MSC）和标准正态变换（SNV）4种不同的预处理方法或不同预处理方法的组合，分别建立全光谱波段的低温和室温条件下的小麦水分含量模型，采用的模型评价指标与第 2 章相同。模型对比结果如表 10-5 所示。

表 10-5　不同预处理方法全波段模型结果

样本	样本数	预处理方法	光谱范围	R	RMSECV	RMSEP	RPD
低温	44	无	全光谱	0.941	1.27	0.913	3.22
低温	44	MSC	全光谱	0.945	1.26	0.886	3.07
低温	44	二阶导数	全光谱	0.960	1.06	0.755	3.59
低温	44	一阶导数+MSC	全光谱	0.939	1.21	0.921	2.94
室温	44	无	全光谱	0.963	1.33	0.727	3.97
室温	44	MSC	全光谱	0.925	1.26	1.03	2.69
室温	44	二阶导数	全光谱	0.966	1.17	0.692	4.12
低温	44	SNV	全光谱	0.920	1.26	1.03	2.69

从表 10-5 中可以看出，采用不同的预处理方法处理原始的小麦籽粒光谱数据，然后建立小麦籽粒水分含量模型的结果有所差异，根据相关系数 R、交叉校验均方根误差 RMSECV 和预测均方根误差 RMSEP 对模型进行分析评价。

采用二阶导数预处理方式的低温小麦样本水分含量模型同无预处理的模型相比，相关系数 R 增加了 1.9%，RMSECV 减少了 21%；室温小麦样本模型同无预处理的模型相比，相关系数 R 增加了 0.3%，RMSECV 减少了 16%，模型的稳定性和预测能力明显提高了，而一阶导数、多元散射校正（MSC）和标准正态变换（SNV）并未对提高模型质量有所贡献。

进一步分析二阶导数能够提高小麦样本水分含量模型质量的原因。低温和室温条件下的两组小麦籽粒样本光谱进行二阶导数预处理后的光谱图如图 10-14 和图 10-15 所示。从小麦籽粒原始近红外光谱图可以看出，原始的光谱曲线存在着明显的基线漂移，采用二阶导数预处理方式，则有效地消除了基线和其他背景的干扰，提高了分辨率，使模型质量明显提高了。

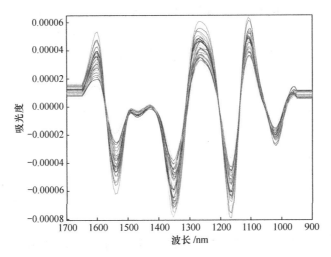

图 10-14　低温小麦样本光谱二阶导数预处理后的光谱图

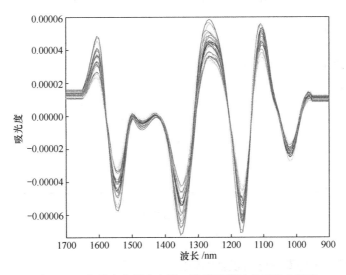

图 10-15　室温小麦样本光谱二阶导数预处理后的光谱图

3. 基于光谱特征区间的温度稳健分析模型的建立

在建立分析模型时，选取参与校正的光谱区间对建立稳健的模型是很重要的。近红外光谱由大量的数据点构成，光谱包含的信息复杂且共线性较为严重，随着对 PLS 方法研究和应用的深入，人们发现通过特定的方法筛选特征波长变量或区间能够得到更准确的定量分析模型。波长特征区间的选择不仅可以使模型得到简化，而且能够剔除一些无关变量或非线性变量，从而能够在一定程度上提高分析模型的稳健性和预测性能。

在使用二阶导数光谱预处理方法的基础上，利用联合区间偏最小二乘法筛选最优波长区间，建立小麦籽粒的近红外水分含量模型，从而减少了样品温度对近红外定量分析模型的影响。具体方法是选取 10 个波段，将选定频率范围分成 10 个等间隔区间，从 10 个范围开始计算，然后连续去除范围，直到找到优化组合。两组小麦籽粒样本光谱建模波长区间的优化组合的选取如图 10-16 和图 10-17 所示。根据选取的最优及次优的建模波段组合区间，它们都包含水分的敏感波长区域光谱波段，即 1340～1440nm，从而减小了非水分信息和环境噪声的干扰，对于建立水分定量模型有较好的效果。

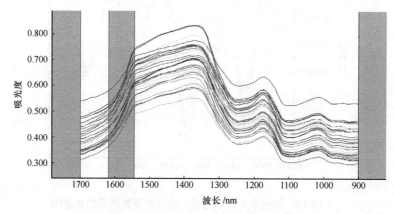

图 10-16　低温小麦样本建模波长区间的优化组合

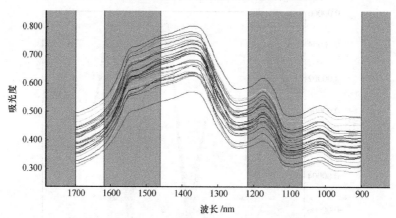

图 10-17　室温小麦样本建模波长区间的优化组合

4. 基于温度区间的专用分析模型的建立

根据上述光谱预处理方法和筛选光谱特征区间对分析模型的影响，使用优选的光谱预处理方法——二阶求导，同时结合优选的光谱区间和最佳主因子数分别建立低温和室温条件下的小麦籽粒水分含量分析模型。模型结果如表 10-6 所示。

表 10-6　小麦籽粒水分含量分析模型结果

样本	样本数	预处理方法	光谱范围/nm	R	RMSECV	RMSEP	nF	RPD
低温小麦	44	二阶导数	1618.11～1700 900～1542.5	0.97	1.21	0.666	2	4.10

（续表）

样本	样本数	预处理方法	光谱范围/nm	R	RMSECV	RMSEP	nF	RPD
室温小麦	44	二阶导数	1618.11~1700 1215~1460.6 900~1063.8	0.97	1.11	0.634	3	4.39

由表 10-6 可知，低温和室温条件下的小麦籽粒的水分含量分析模型的相关系数 R 同选取最优建模波段前相比都有了一定程度的提高，相关系数 R 达到了 0.97，同时预测均方根误差 RMSEP 也相对降低了，分别为 0.666 和 0.634，两个模型的准确性均较高。对两个模型进一步对比，室温下的小麦样本水分含量分析模型的均方根误差均较小，模型稳健性相比低温小麦籽粒的水分含量分析模型更高，说明温度对模型的精确度是有影响的。综上可知，基于二阶导数预处理方法和波长特征区间优选的小麦籽粒水分含量分析模型预测能力受定标及验证样本温度的干扰比全谱段模型小，模型的预测能力更好，因而这种建模方法适用于不同温度区间样本的专用模型的建立和预测。

为研究某个样本温度区间下建立的水分含量预测模型对于不同温度区间样本的预测能力，对上述两个低温和室温条件下建立的独立模型进行外部交叉检验：选取低温和室温条件下的两组样本集对应的预测集样本，分别作为交互验证的室温验证集 P1 和低温验证集 P2；对应的校正集分别作为低温小麦水分模型的定标集 C1 和室温小麦水分模型的定标集 C2，使用 C1 定标–P2 验证和 C2 定标–P1 验证两个组合模型进行交互验证。两个独立模型的交互验证结果如表 10-7 所示。

表 10-7　不同温度下的小麦籽粒水分含量交互验证模型

组合方式	样本集	定标集		验证集	
		R_c	RMSECV	R_p	RMSEP
C1 定标–P2 验证	33：11	0.85	1.35	0.82	1.08
C2 定标–P1 验证	33：11	0.87	1.26	0.84	1.01

由表 10-7 可知，相比前面独立建模的模型，两个模型的相关系数 R 由 0.97 下降到 0.8 左右，预测均方根误差 RMSEP 由 0.7 以下增大到 1.0 以上，模型的预测能力和适应度降低了。

由此说明，不同温度的样本建立的独立模型对于相同温度下样本的预测效果较好，对于不同温度下的其他样本预测效果不理想，所以不同温度下建立的模型更适合同种条件下的样本预测。综上所述，样本的温度变化能够直接影响模型的预测性能，而且影响程度比较大，基于温度区间的专用模型的全局校正能力较差，需要进一步研究其他的方法来提高水分含量分析模型的全局校正能力和预测能力。

5. 基于不同温度的综合分析模型的建立

根据前面的实验结论，为进一步提高小麦籽粒水分含量分析模型的预测能力和稳健性，考虑建立不同温度区间的综合分析模型，即建立温度混合模型。具体方法是将两个温度条件下的所有小麦籽粒样品混合建立模型，把两组样本集检验集中的样本光谱作为混合检验集，其余样本作为校正集，建立全局校正模型。交叉检验和外部检验的结果如图 10-18 和

图 10-19 所示，所建的温度混合模型对应的模型评价结果如表 10-8 所示。

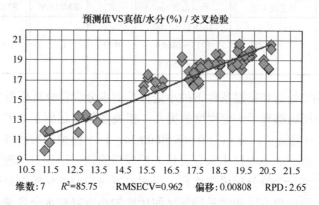

图 10-18　交叉检验结果

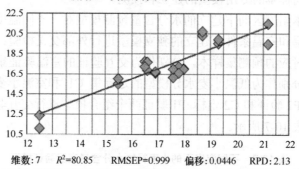

图 10-19　外部检验结果

表 10-8　温度混合模型评价结果

样本集	预处理方法	光谱范围/nm	R_c	RMSECV	R_p	RMSEP	主成分数	RPD
66：22	二阶导数	1303.1～1439.4	0.93	0.962	0.90	0.999	7	2.13

由表 10-8 分析可知，与上述建立的两组温度小麦籽粒水分含量交互验证模型相比，混合模型的内部检验结果较好，校正集相关系数 R_c 值为 0.93，明显高于交互验证模型，模型的预测集相关系数 R_p 达到 0.90，也略高于交互验证模型的预测相关系数。同时，交叉校验均方根误差 RMSECV 比交互验证模型的 RMSECV 降低了至少 20%，RMSEP 比交互模型略低。由此可以看出，温度混合模型相对于温度独立模型来说，稳健性更高，适应性更好。同时也说明样品温度对近红外分析结果有着明显的影响。

进一步分析原因：混合模型中的校正集包含了不同温度区间的样本，能够把温度视为建模的因素之一，在回归建模时让变化的温度因素也参与到回归计算中，这样建立的模型就具有温度自动校正能力，因此减小了样品温度对小麦水分含量分析模型的影响。同时保证样本光谱数据充足，尽量使样本的温度分布合理，样本组分浓度分布合理，能够减小样品温度对分析结果的影响，提高车载式近红外光谱仪分析模型的稳健性。

10.4　样本水分对车载式近红外光谱仪分析模型的影响

食品和农产品品质中重要的组分之一是水分含量。根据文献，待测样品的水分含量对近红外光谱仪的分析模型和预测结果有较大的影响。

车载式近红外光谱仪用于粮食收割现场作业的过程中，现场收割的小麦籽粒的水分含量较高。因此当应用近红外光谱技术检测高水分含量样本中其他成分（如小麦粗蛋白等）时，往往会由于近红外光谱对水分吸收敏感导致近红外光谱分析结果的准确性也受到影响，因此在近红外光谱分析中，探讨高水分含量的样本对近红外光谱仪分析模型的影响是很有必要和极具实际意义的。

小麦的粗蛋白含量是衡量其品质的重要信息指标之一，也是面粉分类的一个重要指标，因此，快速无损地测定小麦的粗蛋白含量是评价小麦品质信息的一个必不可少的环节，小麦籽粒的粗蛋白含量的检测在小麦收获、交易及加工等各个环节都有所应用。因此下面重点探讨高水分含量对建立小麦粗蛋白含量 NIR 模型的影响，并进一步研究建立稳健模型的方法，以期提高车载式近红外光谱仪的可靠性。

10.4.1　实验设计

1. 样本制备

2016 年，我们从不同地方收集了不同品种的小麦籽粒共 14 份，产地覆盖河南、河北、山东、江苏、广东等 7 个省份，涵盖 12 个不同品种。剔除杂质和不完善籽粒后，每份小麦籽粒样本各取 200g，晾晒风干后装入密封袋置于常温下保存。然后制作不同梯度的水分含量的小麦籽粒样本，将每个样本平均分为 3 份或 4 份（每份样本取 100g），共得到 44 份小麦籽粒样本，通过喷雾蒸馏水均匀加湿的方法，分别给这些小麦样本加水，加水量的范围控制在 0～20ml，充分混合、密封后放置在 4℃冰箱内保存，放置 5 天后全部取出，在室温下再放置 1 天，保证温度与测定条件的一致性，使其全部样品水分含量范围为 10%～22%，且等梯度分布。将这 44 份小麦籽粒按照 1～44 的顺序进行标号，方便后续实验。

根据小麦籽粒的实际水分含量及样本制备过程中的加水量，对 44 份小麦样本进行统计，如表 10-9 所示。

表 10-9　样本统计

实际水分含量	样本个数	加水量/ml	目标水分/%
11%～17%	14	5	15
17%～19%	16	10	18
19%～22%	14	15	20

2. 光谱数据采集

使用车载式近红外光谱仪在室温条件下（20～24℃）扫描上述 44 份小麦籽粒样本的近

红外光谱。采用大样品杯采样方式，样品杯固定不动。装样前仔细筛查，剔除夹杂物和空粒，尽量保证每份样本装在样品杯中的高度一致，且顶端铺平。仪器参数设定如下：波长范围为 900～1700nm，连续采样次数为 200 次，采样点数为 128。

采集到的样本光谱数据以 TXT 文本格式输出，经过处理后，得到这 44 份小麦籽粒样本的近红外光谱，如图 10-20 所示。

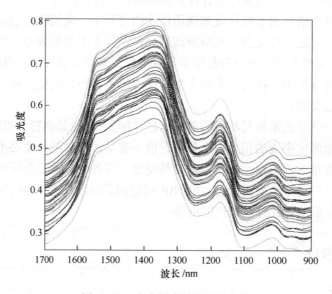

图 10-20　小麦样本的近红外光谱

10.4.2　水分含量对近红外光谱吸收的影响分析

水分子中含有 H—O 键，而 H—O 键在近红外区域含氢基团的吸收频率特性较强，所以样本水分含量的变化会改变样品在近红外区域的光谱吸收，影响预测结果。

为了比较不同水分含量的小麦籽粒样本在近红外区域的光谱形状的差异，包括吸收峰位置和吸收峰强度的变化，进一步分析说明水分对近红外光谱吸收的影响，根据所有样本的光谱分析结果规律统计，选择一组有代表性的样本数据，即标号为 1、2、3、4 的小麦籽粒样本。这 4 个样本是同一小麦籽粒品种在不同水分背景下的样本，将这 4 个小麦籽粒样本的近红外光谱曲线放在同一张谱图上。如图 10-21 所示，按照水分含量由低到高分别在图上标记为 h1～h4。图 10-21 中，椭圆形标注为光谱谱峰的位置。光谱对应的 4 个小麦籽粒样本信息如表 10-10 所示。

从图 10-21 可以看出，水分对整个短波近红外光谱区域都有很明显的影响。随着小麦籽粒样本的水分含量由 12.5%升高到 19.6%，其光谱曲线整体上移，说明吸光度增大。当小麦样本的水分含量较高时，其在 1340～1440nm 的光谱区域内有明显的吸收，这是因为 1440nm 附近为 O—H 键的一级倍频吸收峰。样本的水分含量对近红外光谱的影响主要是通过某些组分的水合作用产生的，因为某些组分的建模最佳波长区间或波长变量点与该成分的水合程度有很大的关系，如小麦中的蛋白质和纤维素等组分都是以与水结合态形式存在的，因为不同组分对水有不同的亲和力，导致不同的组分分析模型受到的水分影响的程度有所不同。

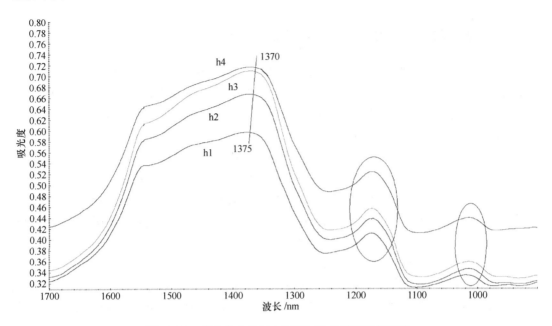

图 10-21　高水分含量对小麦近红外光谱形状的影响

表 10-10　光谱对应的 4 个小麦籽粒样本信息

样本号	水分含量/%	粗蛋白含量/%
h1	12.5	13
h2	17.6	12.6
h3	18.6	12
h4	19.6	11.4

　　另外，水分含量的变化会导致某些吸收峰的位置发生略微的偏移，如图 10-21 中标示处，随着小麦籽粒样本 h1～h4 的水分含量由 12.5%升高到 19.6%，光谱的谱峰位置由 1375nm 处向长波方向移动到了 1370nm 处。同时，在 1175nm 和 1010nm 附近的特征峰也小幅度地朝着短波方向偏移。这两个特征峰对应的分别为 1150～1200nm 处 C—H 键振动的二级倍频谱带和 1110nm 处蛋白酰胺 N—H 键伸缩振动二倍频吸收。由此说明，水分含量的变化对小麦的蛋白质特征吸收峰产生较大的影响。

　　又由表 10-10 得出，样本的水分含量为 11%～20%时，随着水分含量的升高，小麦的蛋白质含量由 13%降到 11.4%。

　　综上所述，样本水分含量的高低差异导致近红外光谱吸光度和特征峰的变化，说明水分含量对小麦籽粒的近红外光谱吸收有较大的影响，而且水分含量越高，对小麦籽粒样本的蛋白质影响越大。因此，研究了解高水分样本对近红外光谱分析结果的影响是有重大意义的。考虑到样本水分属于非线性干扰因素，下一步可采用线性和非线性两种方法分别建立高、低不同水分区间的小麦粗蛋白含量综合分析模型和专用分析模型，并进行比较。线性方法适用于范围较广的建模方法，如偏最小二乘法（PLS），非线性方法适用于小样本问题的建模方法，如支持向量机回归（SVR）。

10.4.3　基于遗传算法的支持向量机参数优选

根据支持向量机回归（SVR）的原理，选择核函数和核函数参数是使用 SVR 的一个重要步骤。对于静态建模，一般采用的是 RBF 核函数，因为其不仅跟踪性能较好，而且无记忆性，符合静态建模特点。惩罚因子 C 表示训练模型对损失大于 ε 的样本的惩罚程度，能够调节训练模型的经验风险和置信范围，用来平衡模型的复杂度和推广能力。在给定的问题中，惩罚因子 C 越小对经验误差的惩罚就越小，从而降低了模型结构的复杂度，但对测试样本的预测能力不理想；当 C 过大时，训练模型的经验风险比较稳定，对训练集样本数据拟合度较高，但模型的泛化能力会降低，处在过学习的状态中。核函数参数 g 是 SVR 的重要参数，合理选择核函数参数 g 对 SVR 的影响甚至比选用核函数的类型所造成的影响要大。核函数参数的改变实际上是改变映射函数，从而改变了函数集的 VC 维，使样本数据在高维空间分布的复杂程度发生改变，影响了函数拟合的精度。

综上所述，惩罚因子 C 和核函数参数 g 反映了训练样本数据的分布，对模型的预测效果和泛化能力有很大的影响。为提高 SVR 模型的泛化能力和预测能力，必须对 SVR 参数进行优化选取。遗传算法（GA）作为一种全局最优化算法，具有良好的鲁棒性和搜索能力。所以下面采用 GA 对 SVR 的惩罚因子 C 和核函数参数 g 两个参数进行优化选取，建立 GA-SVR 模型来提高模型的预测精度。

将遗传算法用于 SVR 参数优化，算法的基本步骤如下。

（1）设置初始参数并产生初始种群 $P(t)$。

（2）计算种群中个体的适应度函数值 F_i。

（3）如果种群中的最优个体对应的适应度函数值到达预期值或算法运行多代后，个体的最佳适应度无明显提高，则转到最后一步。

（4）$t=t+1$。

（5）应用选择算子法从 $P(t-1)$ 中选择下一代 $P(t)$。

（6）对 $P(t)$ 进行交叉和变异操作后转到步骤（2）。

（7）得出最佳的惩罚因子 C 和径向基核函数参数 g，将最佳的参数对应用于 SVR 模型的训练和测试。

10.4.4　基于不同水分区间的小麦粗蛋白综合分析模型的建立

1.　样本集划分

为了建立小麦籽粒粗蛋白含量近红外定量模型，对上述 44 份小麦籽粒样本进行样本集划分，以 3∶1 的比例按照 Kennard-Stone 法划分为校正集和预测集，对应的样本集粗蛋白含量和水分含量的统计信息如表 10-11 所示。

表 10-11　样本集粗蛋白含量和水分含量统计信息

样本集	样本数	粗蛋白含量			水分含量		
		平均值/%	数值范围/%	标准差	平均值/%	数值范围/%	标准差
校正集	33	13.21	11.2～16.2	1.23	17.7	11.5～21.2	2.24
预测集	11	13.18	11.5～15.2	1.14	16.7	11.3～19.8	1.23

2. 建立小麦粗蛋白含量的 PLS 模型

基于 PLS 法建立小麦粗蛋白含量模型，以模型采用的主成分数 nF、相关系数 R、交叉校验均方根误差 RMSECV、预测均方根误差 RMSEP 及相对分析误差 RPD 为指标评价模型的预测精度和稳健性。

利用光谱处理软件 OPUS，对原始光谱数据进行矢量归一化的预处理后，针对全部 44 份小麦籽粒样本，建立粗蛋白含量 PLS 模型。主成分数选取 RMSECV 取最小值时对应的主成分数。所建的模型内部交叉检验和外部检验的结果如图 10-22 和图 10-23 所示。对应的模型评价如表 10-12 所示。

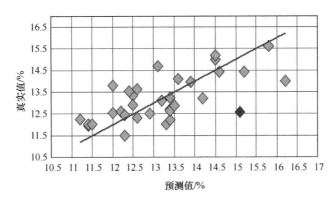

图 10-22　交叉检验结果

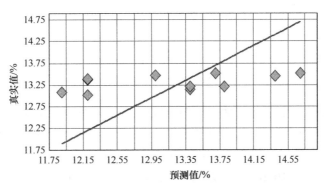

图 10-23　外部检验结果

表 10-12　小麦籽粒粗蛋白含量分析模型评价

样本集	预处理方法	光谱范围/nm	R	RMSECV	RMSEP	nF	RPD
33：11	矢量归一化	900～1700	0.36	0.965	0.847	5	1.09

由表 10-12 可知，小麦粗蛋白含量 PLS 模型的相关系数 R 较低，为 0.36，预测均方根误差 RMSEP 在 0.9 以下，RPD 值较低。由此说明，模型的预测能力差，不适合实际应用；样本水分含量对近红外光谱分析结果有明显的影响。

3. 建立小麦粗蛋白含量的 GA-SVR 模型

由上述的实验结果可知，基于 PLS 法建立的小麦粗蛋白含量模型的稳健性较差。进一步分析造成模型效果差的原因：PLS 法对于近红外光谱分析的大部分应用来说一般都适用，但对于一些比较复杂的样本体系，样本光谱数据受到非线性因素的影响，因此 PLS 法建立的模型就不适用了，可考虑选择非线性的回归方法，如支持向量机、人工神经网络、分类回归树等。由于样本数量较小，而在这些非线性建模方法中，支持向量机（SVM）适用于小样本非线性分类与回归问题，因此，在此处利用支持向量机方法，并结合遗传算法（GA）建立回归模型——GA-SVR 模型，对上述 44 份小麦籽粒样本的粗蛋白含量进行预测。样本集划分方法同 PLS 法。

基于 GA-SVR 方法建模，采用径向基核函数（Radial Basis Function，RBF），即 $K(x_i; x_j) = \exp(-\|\gamma x_i - x_j\|^2)$，支持向量机个数为 32。经采用遗传算法优化支持向量机参数，得到的最优参数：惩罚因子 $C=78.69$，核函数参数 $g=3.26$。然后用最优参数建立支持向量机的回归模型，得出校正集样本和测试集样本的预测结果如图 10-24 和图 10-25 所示。

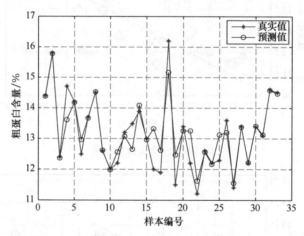

图 10-24　校正集预测结果对比

遗传算法寻优的参数适应度曲线如图 10-26 所示，遗传算法的种群总进化代数设为 200，当进化代数到 151 代时，适应度达到最佳。在图 10-26 中的适应度曲线中，平均适应度反映整个种群的好坏和收敛情况，平均适应度接近最佳适应度，表明种群中的每个个体都在最优解附近。从图 10-26 中可以看出，平均适应度和最佳适应度相差较小，说明使用遗传算法优化参数的效果较好。

所建 GA-SVR 模型中的支持向量机个数为 32。根据模型结果，校正集和预测集真实值与预测值的相关系数 R 分别为 0.92 和 0.83；均方根误差 MSE 分别为 0.043 和 0.076；与偏最小二乘法建立的模型相比，不论是对于校正集还是测试集，其相关系数更高，预测误差更小。由此说明，GA-SVR 模型明显优于 PLS 模型，预测能力更好。所以建立小麦粗蛋白含量的 GA-SVR 模型，能够在一定程度上提高模型的稳健性。

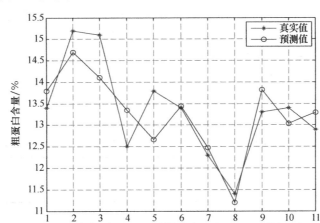

图 10-25　测试集预测结果对比

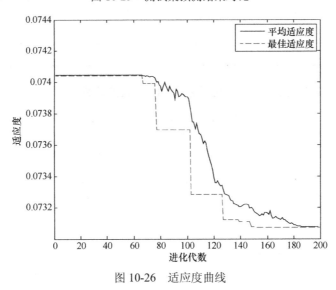

图 10-26　适应度曲线

10.4.5　基于不同水分区间的小麦粗蛋白专用分析模型的建立

1. 样本集划分

为了进一步提高小麦粗蛋白含量模型的稳健性，将常温下的小麦籽粒样本分为两类：一类是低水分含量的小麦籽粒样本；另一类是高水分含量的小麦籽粒样本，样本数量分别为 23 个和 21 个。两类样本的统计信息如表 10-13 所示。

表 10-13　两类样本的统计信息

分类	实际水分含量	样本个数
低水分	11%～18%	23
高水分	18%～22%	21

使用高水分含量和低水分含量的两类小麦样本的近红外光谱分别建立小麦粗蛋白含量定量模型，预测与之同类含水量的小麦籽粒样本的粗蛋白含量。建模之前，对低水分含量和高水分含量的两类小麦籽粒样本分别进行样本集划分，按照 Kennard-Stone 法划分为校正集和预测集，比例为 3∶1。对应的样本集粗蛋白含量和水分含量的统计信息如表 10-14 和表 10-15 所示，将低水分含量的 23 个样本划分为两类，其中 18 个样本作为校正集，剩余的 5 个样本作为预测集。同样地，将高水分含量的 21 个样本划分为两类，其中 16 个样本作为校正集，剩余的 5 个样本作为预测集。

表 10-14 低水分小麦样本集粗蛋白含量统计信息

低水分	样本数	平均值/%	数值范围/%	标准差
校正集	18	13.48	11.4～16.2	1.33
预测集	5	13.32	12.2～15.2	0.98

表 10-15 高水分小麦样本集粗蛋白含量统计信息

高水分	样本数	平均值/%	数值范围/%	标准差
校正集	16	13.07	11.2～15.1	1.15
预测集	5	12.52	11.9～13.5	0.82

2. 低水分区间的小麦粗蛋白含量 GA–SVR 模型的建立

使用 23 个低水分含量区间的小麦籽粒样本，建立粗蛋白含量 GA-SVR 模型，采用径向基核函数，支持向量机个数为 18。经采用遗传算法优化支持向量机参数得到的最优参数：惩罚因子 C=89.25，核函数参数 g=2.58。用最优参数建立支持向量机的回归模型，得出校正集样本和预测集样本的预测结果如图 10-27 和图 10-28 所示，遗传算法寻优的参数适应度曲线如图 10-29 所示，遗传算法的种群总进化代数设为 200，当种群进化代数到 174 代时，适应度达到最佳。

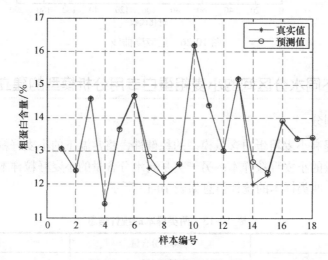

图 10-27 校正集预测结果对比

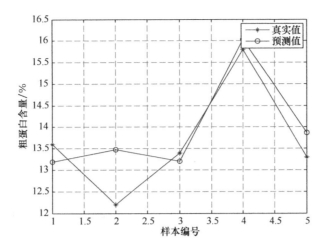

图 10-28　预测集预测结果对比

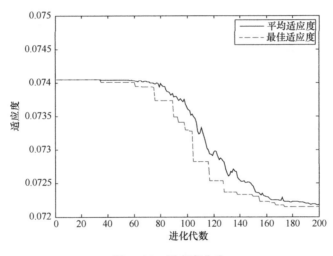

图 10-29　适应度曲线

低水分含量小麦籽粒粗蛋白含量的 GA-SVR 模型的校正集和预测集的相关系数 R 分别为 0.99 和 0.86；均方根误差 MSE 分别为 0.006 和 0.059。

3. 高水分区间的小麦粗蛋白含量 GA–SVR 模型的建立

使用 21 个高水分含量区间的小麦籽粒样本，建立粗蛋白含量 GA-SVR 模型，采用径向基核函数，支持向量机个数为 16。经采用遗传算法优化支持向量机参数得到的最优参数：惩罚因子 C=94.58，核函数参数 g=1.76。用最优参数建立支持向量机的回归模型，得出校正集样本和预测集样本的预测结果如图 10-30 和图 10-31 所示，遗传算法寻优的参数适应度曲线如图 10-32 所示,遗传算法的种群总进化代数设为 200,当种群进化代数到 153 代时，适应度达到最佳。

高水分含量小麦籽粒粗蛋白含量的 GA-SVR 模型的校正集和预测集真实值与预测值的相关系数 R 分别为 0.90 和 0.75；均方根误差 MSE 分别为 0.07 和 0.09。

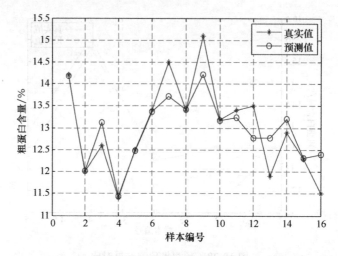

图 10-30　校正集预测结果对比

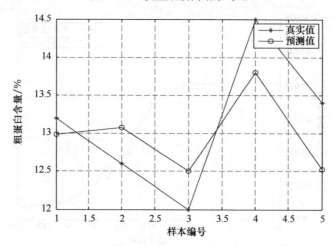

图 10-31　预测集预测结果对比

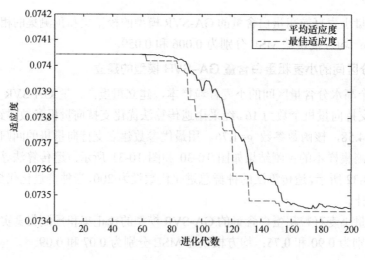

图 10-32　适应度曲线

4. 模型对比及分析

对上述分别利用所有 44 个小麦籽粒样本、23 个低水分含量小麦籽粒样本和 21 个高水分含量小麦籽粒样本建立的 3 个小麦粗蛋白含量分析模型结果进行对比，如表 10-16 所示。

表 10-16　3 个模型对比

样本集	样本数	校正集			预测集		
		MSE	R	水分含量/%	MSE	R	水分含量/%
所有样本	44	0.043	0.92	11.5～21.2	0.076	0.83	11.3～19.8
低水分样本	23	0.006	0.99	11.5～17.8	0.059	0.86	11.3～17.8
高水分样本	21	0.07	0.90	18.0～21.2	0.09	0.75	18.1～20.7

从表 10-16 可以看出，3 个模型中低水分含量小麦粗蛋白含量的 GA-SVR 模型效果最好，其校正集和预测集的均方根误差最小、相关系数最高；预测集相关系数达到 0.86，高于另外两个模型，说明该模型的预测能力最好，模型的稳健性最佳。用于建立此模型的样本水分含量为 11.3%～17.8%，在较低水分含量范围内。相反地，3 个模型中高水分含量小麦粗蛋白含量的 GA-SVR 模型效果最差，其校正集和预测集的均方根误差最大、相关系数最低；预测集相关系数低于 0.8，说明模型的预测能力较差，模型的稳健性有待提高。用于建立此模型的样本含水量为 18.1%～20.7%，属于高水分含量范围内。由此看来，高水分含量的样本参与建模会降低模型的稳定性和适应性。

前面的研究结果说明，水分含量的变化对小麦的蛋白质特征吸收峰有较大的影响，从而影响了近红外光谱分析结果的准确性，而且随着样本水分含量的升高，其对样本蛋白质影响变大，因而降低了模型的准确性。

另外，使用 44 个小麦籽粒样本建立模型，将较广的含水量范围包含到模型中，相当于建立全局校正模型，相对于使用高、低水分样本建立的单一模型来说，这样可以提高模型对高、低水分含量的两类样本的预测能力，可应用于含水量较广的小麦样本蛋白质含量的检测中。

为进一步分析建模误差的来源，对 44 个样本建立的小麦粗蛋白含量分析模型，将预测集的 11 个小麦籽粒样本按含水量由低到高排序，样本编号依次为 H16、H4、H37、H40、H5、H33、H28、H12、H10、H30、H11，得到小麦籽粒粗蛋白含量的预测值与真实值的误差，如图 10-33 所示。

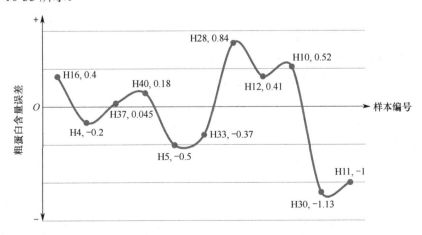

图 10-33　预测集样本粗蛋白含量的预测值与真实值误差

从图 10-33 中可以看出，粗蛋白含量的预测值与真实值误差较大的小麦籽粒样本主要分布在高水分含量的样本中，如样本 H12、H28、H11、H30，误差绝对值分别为 0.41、0.84、−1、−1.13。分析可知，小麦籽粒的蛋白质含量预测准确度受水分影响较大，当样本水分含量较高时，预测误差较大，预测准确度较低。

10.5　本章小结

本章以小麦成熟籽粒为实验对象，建立谷物品质的近红外分析模型，通过与来自德国 BRUKER 公司的 VERTEX 70 傅里叶近红外光谱仪器对比，验证了车载式近红外光谱仪应用于谷物品质信息在线检测的可行性，同时为车载式近红外光谱仪的高效利用提供必要的条件。

同时本章进一步探讨了提高模型稳健性的方法，建立了温度稳健的模型，以小麦籽粒的粗蛋白含量为研究对象，将不同的光谱预处理方法、筛选光谱特征区间和全局校正模型应用到建立近红外温度稳健分析模型中，提高了小麦粗蛋白水分含量分析模型的稳健性，并从理论上分析了各种方法的应用原理。研究结果表明，选择合适的光谱预处理方法、优选波长特征区间和建立混合模型均可以不同程度地减小温度影响，提高模型的预测性能。将 3 种方法结合建立的综合分析模型的效果最佳。

为减少水分对小麦粗蛋白含量的近红外光谱预测值的影响，采取以下方法是有效的：一是保证待测样本的水分含量同建立模型时条件相一致；二是根据具体情况，选择合适的建模方法建立模型，可考虑线性和非线性方法；三是采用不同水分含量梯度的样本建立全局校正模型，使水分参与模型的回归拟合，这样能够有效地减小由于水分的差异所产生的测量误差。

本章针对车载式近红外光谱仪的可靠性开展了相关的实验研究，对今后车载式近红外光谱仪的应用有重要意义，但有需要完善之处。

由于条件和成本的限制，本章中实验使用的小麦籽粒样本数量不够充足，而且所有实验都是在实验室环境下完成的，与车载式近红外光谱仪实际应用时的户外环境有所差异，这在一定程度上限制了模型的适应度和可靠性，因此实验还需要增加田间实验，增加样本数量，完善实验的设计，从而为车载式近红外光谱仪的实际应用提供更好的条件。

在研究样本温度对仪器分析模型的影响时，本章只研究了低温（0～4℃）和室温（20～24℃）两个温度范围下的小麦籽粒样本温度对分析模型的影响，在下一步工作中，还应适当增大样本温度的变化范围，使建立的模型的适应范围更广，使实验分析结果更具有说服力。

在研究样本水分含量对仪器分析模型的影响时，使用遗传算法和支持向量机方法建立的分析模型虽然取得了较好的效果，但为了更好地应用于实际，还需要进一步提高模型的稳健性和适应性，今后可以考虑使用光谱预处理和分段建模的方法对模型进行优化，使模型的准确性更高。

参考文献

[1] 叶华俊，刘立鹏，夏阿林，等．在线近红外光谱分析仪的研制及应用[J]．仪器仪表学报，2009，30（3）：531-535.

[2] 应冬青．在线近红外光谱分析系统失效分析[D]．杭州：杭州电子科技大学，2011.

[3] 刘玲玲．小麦品质近红外光谱分析系统关键技术研究[D]．中国农业机械化科学研究院，2013.

[4] 褚小立，陆婉珍．近五年我国近红外光谱分析技术研究与应用进展[J]．光谱学与光谱分析，2014（10）：2595-2605.

[5] 孙岩峰，李卓越，钟洋，等．聚丙烯在线分析系统的研制[J]．现代科学仪器，2011，（1）：60-62.

[6] 张智雄，冯红年，黎庆涛，等．在线近红外技术在白砂糖质量监控中的应用研究[C]．全国近红外光谱学术会议．2008.

[7] 李勇，魏益民，王锋．影响近红外光谱分析结果准确性的因素[J]．核农学报，2005，19（3）：236-240.

[8] Zhang J. The study on the temperature influence of the grain near infrared spectrum analysis[J]. Proceedings of SPIE - The International Society for Optical Engineering，2006，21（1）：71-83.

[9] Delwiche S R，Norris K H，Pitt R E. Temperature Sensitivity of Near-Infrared Scattering Transmittance Spectra of Water-Adsorbed Starch and Cellulose[J]. Applied Spectroscopy，1992，46（5）：782-789.

[10] Wülfert F，Kok W T，Smilde A K. Influence of temperature on vibrational spectra and consequences for the predictive ability of multivariate models[J]. Analytical Chemistry，1998，70（9）：1761-1767.

[11] 徐志龙，赵龙莲，严衍禄．减小样品温度对近红外定量分析数学模型影响的建模方法[J]．现代仪器，2004，05：29-31.

[12] 王加华，戚淑叶，汤智辉，等．便携式近红外光谱仪的苹果糖度模型温度修正[J]．光谱学与光谱分析，2012，05：1431-1434.

[13] 李鑫．水分、粒度对玉米和小麦傅里叶近红外预测模型准确性影响的研究[D]．雅安：四川农业大学，2006.

[14] 张灵帅，王卫东，谷运红，等．水分含量对近红外测定小麦蛋白质含量的影响[J]．安徽农业科学，2010，38（1）：96-97.

[15] 李勇．近红外分析模型稳健性研究[D]．杨凌：西北农林科技大学，2005.

[16] Gaines C S，Windham W R. Effect of wheat moisture content on meal apparent particle size and hardness scores determined by near-infrared reflectance spectroscopy.[J]. Cereal Chemistry，1998，75（3）：386-391.

[17] Williams P C，Thompson B N. Influence of whole meal granularity on analysis of HRS wheat for protein and moisture by near infrared reflectance spectroscopy (NRS)[J]. Cereal Chemistry，1978，1014-1037.

[18] 胡新中，魏益民，张国权，等．近红外谷物品质分析仪工作稳定性研究[J]．粮食与饲料工业，2001，（6）：46-47.

[19] Jiang H Y，Xie L J，Peng Y S. Study on the Influence of Temperature on Near Infrared Spectra[J]. Spectrose Spect Anal，2008，28（7）：1510-1513.

[20] 罗长兵，陈立伟，严衍禄，等．小麦 PLS 近红外定量分析中温度修正的研究[J]．光谱学与光谱分析，2007，27（10）：1993-1996.

[21] 王京宇，郑家丰．水分含量对近红外测定蛋白质结果的影响[J]．粮食与饲料工业，2001（10）：48-49.

[22] 陶海腾，王文亮，程安玮，等．小麦蛋白组分及其对加工品质的影响[J]．中国食物与营养，2011，17（3）：28-31．

[23] 盂超敏，姬俊华，郑跃进，等．小麦营养品质及其改良的研究进展[J]．河南农业科学，2006，11：9-11．

[24] 车永和，马晓岗．小麦蛋白质品质研究进展[J]．青海农林科技，2001，4：23-25．

[25] 刘广田，李保云．小麦品质性状的遗传及其遗传改良术[J]．农业生物技术学报，2000．

[26] 孙辉，尹成华，赵仁勇，等．我国小麦品质评价与检测技术的发展现状[J]．粮食与食品工业，2007，17（5）：14-18．

[27] 王多加，周向阳，金同铭，等．近红外光谱检测技术在农业和食品分析上的应用[J]．光谱学与光谱分析，2004，24（4）：447-450．

[28] 陆婉珍．现代近红外光谱分析技术[M]．2 版．北京：中国石化出版社，2007．

[29] 严衍禄，陈斌，朱大洲，等．近红外光谱分析的原理、技术及应用[M]．北京：中国轻工业出版社，2013：261．

[30] 王韬，张录达，劳彩莲，等．PLS 回归法建立适应温度变化的近红外光谱定量分析模型[J]．中国农业大学学报，2004，9（6）：76-79．

[31] 褚小立．化学计量学方法与分析光谱分析技术[M]．北京：化学工业出版社，2011．

[32] 吕程序，姜训鹏，张银桥，等．基于变量选择的小麦粗蛋白含量近红外光谱检测[J]．农业机械学报，2016，47（S1）：340-346．

[33] 於海明，李石，吴威，等．稻谷千粒质量近红外光谱预测模型的波长选择方法[J]．农业机械学报，2015，46（11）：275-279．

[34] 梁逸曾，许青松．复杂体系仪器分析——白、灰、黑分析体系及其多变量解析法[M]．北京：化学工业出版社，2012．

[35] 张银桥．谷物品质近红外光栅光谱分析仪关键部件的研制[D]．中国农业机械化科学研究院，2009．

[36] Williams P K. Norris K. Near-infrared technology in the agricultural and food industries（2nd edition）[M]. USA：American Association of Cereal Chemists Ine．St，Paul，MN，2001．

[37] 周新奇，杨伟伟，陈智锋，等．水分含量对油菜籽干基含油近红外分析模型的影响[C]．全国近红外光谱学术会议．2012．

[38] 付玲．建模的分布状态对近红外预测小麦蛋白质含量的影响[J]．粮食加工，2013（1）：18-20．

[39] 寸焕廷，陈文，何华，等．水分、温度和检测光程对在线近红外光谱法测定结果的影响[J]．烟草科技，2011，（6）：43-47．

[40] 杨旭，纪玉波，田雪．基于遗传算法的 SVM 参数选取[J]．辽宁石油化工大学学报，2004，24（1）：54-58．

[41] 高玲．基于 GA-SVR 的短期风速预测[D]．西安：西安科技大学，2010．

[42] 朱伟．基于遗传算法优化支持向量机的铁路客运量预测[D]．重庆：重庆交通大学，2013．

[43] 成鹏，汪西莉．SVR 参数对非线性函数拟合的影响[J]．计算机工程，2011，37（3）：189-191．

附录 A

小麦种子 NIR 光谱资源管理系统部分代码

1. 系统主界面程序

```
namespace DataAnalyse
{
partial class Form1
    {
private System.ComponentModel.IContainer components = null;
protected override void Dispose(bool disposing)
        {
if (disposing && (components != null))
            {
components.Dispose();
            }
base.Dispose(disposing);
        }
this.tabPage5.Controls.Add(this.textBox1);
this.tabPage5.Controls.Add(this.dataManageToolStrip);
this.tabPage5.Controls.Add(this.dataGridView1);
this.tabPage5.Controls.Add(this.treeView1);
this.tabPage5.Controls.Add(this.label1);
this.tabPage5.Controls.Add(this.tabControlDataManager);
```

```
                this.tabPage5.Location = new System.Drawing.Point(4, 24);
                this.tabPage5.Name = "tabPage5";
                this.tabPage5.Padding = new System.Windows.Forms.Padding(3);
                this.tabPage5.Size = new System.Drawing.Size(912, 539);
                this.tabPage5.TabIndex = 0;
                this.tabPage5.Text = "数据管理";
                this.tabPage5.UseVisualStyleBackColor = true;
                this.textBox1.Location = new System.Drawing.Point(155, 82);
                this.textBox1.Name = "textBox1";
                this.textBox1.Size = new System.Drawing.Size(751, 23);
                this.textBox1.TabIndex = 8;
                this.dataManageToolStrip.AutoSize = false;
System.Windows.Forms.ToolStripItemImageScaling.None;
                this.toolStripButton1.ImageTransparentColor = System.Drawing.Color.Magenta;
                this.toolStripButton1.Margin = new System.Windows.Forms.Padding(0, 1, 0, 3);
                this.toolStripButton1.MergeAction
                this.toolStripButton1.Name = "toolStripButton1";
                this.toolStripButton1.Size = new System.Drawing.Size(60, 75);
                this.toolStripButton1.Text = "基本信息";
                this.toolStripButton1.TextImageRelation
System.Windows.Forms.ToolStripItemImageScaling.None;
                this.toolStripButton2.ImageTransparentColor – System.Drawing.Color.Magenta;
                this.toolStripButton2.Name = "toolStripButton2";
                this.toolStripButton2.Size = new System.Drawing.Size(60, 75);
                this.toolStripButton2.Text = "活力指标";
                this.toolStripButton2.TextImageRelation
System.Windows.Forms.TextImageRelation.ImageAboveText;
                this.toolStripButton2.Click
System.EventHandler(this.toolStripButton2_Click);
                this.toolStripSeparator1.Name = "toolStripSeparator1";
                this.toolStripSeparator1.Size = new System.Drawing.Size(6, 78);
                this.toolStripButton3.AutoSize = false;
                this.toolStripButton3.Image
((System.Drawing.Image)(resources.GetObject("toolStripButton3.Image")));
this.toolStripButton3.ImageScaling    System.Windows.Forms.ToolStripItemImageScaling.None;
                this.toolStripButton3.ImageTransparentColor = System.Drawing.Color.Magenta;
                this.toolStripButton3.Margin = new System.Windows.Forms.Padding(0, 1, 0, 3);
                this.toolStripButton3.Name = "toolStripButton3";
                this.toolStripButton3.Size = new System.Drawing.Size(60, 75);
                this.toolStripButton3.Text = "理化指标";
                this.toolStripButton3.TextImageRelation
System.Windows.Forms.TextImageRelation.ImageAboveText;
                this.toolStripButton3.Click
```

```
System.EventHandler(this.toolStripButton3_Click_1);
            this.toolStripSeparator2.Name = "toolStripSeparator2";
            this.toolStripSeparator2.Size = new System.Drawing.Size(6, 78);
            this.toolStripButton4.AutoSize = false;
this.toolStripButton4.DropDownItems.AddRange(new System.Windows.Forms.ToolStripItem[] {
            this.toolStripMenuItem1,
            this.toolStripMenuItem2});
            this.toolStripButton4.Image
((System.Drawing.Image)(resources.GetObject("toolStripButton4.Image")));
            this.toolStripButton4.ImageScaling System.Windows.Forms.ToolStripItemImageScaling.None;
            this.toolStripButton4.ImageTransparentColor = System.Drawing.Color.Magenta;
            this.toolStripButton4.Margin = new System.Windows.Forms.Padding(0, 1, 0, 3);
            this.toolStripButton4.Name = "toolStripButton4";
            this.toolStripButton4.Size = new System.Drawing.Size(68, 75);
            this.toolStripButton4.Text = "光谱数据";
            this.toolStripButton4.TextImageRelation
System.Windows.Forms.TextImageRelation.ImageAboveText;
            this.toolStripButton4.ButtonClick System.EventHandler(this.toolStripButton4_ButtonClick);
this.toolStripMenuItem1.DropDownItems.AddRange(new System.Windows.Forms.ToolStripItem[] {
            this.toolStripMenuItem3AB605,
            this.toolStripMenuItem4AB1210,
            this.toolStripMenuItem5AB1815});
            this.toolStripMenuItem1.Name = "toolStripMenuItem1";
            this.toolStripMenuItem1.Size = new System.Drawing.Size(136, 22);
            this.toolStripMenuItem1.Text = "吸光度矩阵";
```

2. 系统管理模块

```
using System;
using System.Collections.Generic;
using System.ComponentModel;
using System.Data;
using System.Drawing;
using System.Linq;
using System.Text;
using System.Windows.Forms;
using System.Data.SqlClient;
using System.Windows.Forms.DataVisualization.Charting;

namespace DataAnalyse
{
public partial class Form1 : Form
    {
public Form1()
```

```
                {
        InitializeComponent();
                    Global.Querytype = 0;
                }

        private void toolStripButton5Exit_Click(object sender, EventArgs e)
                    {
                        MessageBoxButtons messButton = MessageBoxButtons.OKCancel;
                        DialogResult dr = MessageBox.Show("确定要退出系统吗?", "退出系统", messButton);
        if (dr == DialogResult.OK)//如果单击"确定"按钮
                        {
        Application.ExitThread();
                        }
        else//如果单击"取消"按钮
                        {
        return;
                        }
                    }
        private void button8_Click_1(object sender, EventArgs e)//系统数据库配置"确定"按钮
                    {
        if ((textBoxUserName.Text.Trim() == "") && (textBoxPassword.Text == ""))
                        {
                            textBoxStr.Text = "server=" + textBoxServer.Text.Trim() + ";" + "Database=" +
        textBoxDB.Text.Trim() + ";" + "Integrated Security=true;";
                            DBLinker.conStr2 = textBoxStr.Text;
                        }
        else
                        {
                            textBoxStr.Text = "server=" + textBoxServer.Text.Trim() + ";" + "Database=" +
        textBoxDB.Text.Trim() + ";" + "User  ID=" + textBoxUserName.Text.Trim() + ";" + "Password=" +
        textBoxPassword.Text.Trim() + ";" + "Integrated Security=false; ";
                            DBLinker.conStr2 = textBoxStr.Text;
                        }
                    }
        private void button7_Click(object sender, EventArgs e)//系统数据库配置"取消"按钮
                    {
                        textBoxStr.Text = "";
                        textBoxServer.Text = "";
                        textBoxDB.Text = "";
                        textBoxUserName.Text = "";
                        textBoxPassword.Text = "";
                        panel3system.Visible = false;
                    }
```

```csharp
private void toolStripButton1SytemConfig_Click_1(object sender, EventArgs e)
        {
                panel3system.Visible = true;
                }
private void toolStripButton2DataCopy_Click(object sender, EventArgs e)
        {
                panel3system.Visible = false;
BackupDataBase();
        }
private void toolStripButton4SetUser_Click(object sender, EventArgs e)
        {
                panel1spectra.Visible = false;
                Form_SetUser fm = new Form_SetUser();
fm.Show();
        }
    //      备份数据库
public void BackupDataBase()
        {
                SqlConnection con = new SqlConnection(DBLinker.conStr2);
try
                {

con.Open();
                        SqlCommand Comm = new SqlCommand();
                        Comm.Connection = con;
                        Comm.CommandText = "use master;backup database @dbname to disk =
@backupname;";
    Comm.Parameters.Add(new SqlParameter("@dbname", SqlDbType.NVarChar));
                        Comm.Parameters["@dbname"].Value = "DB_htdata";
    Comm.Parameters.Add(new SqlParameter("@backupname", SqlDbType.NVarChar));
                        // Comm.Parameters["@backupname"].Value = @DataBaseOfBackupPath +
@DataBaseOfBackupName;
                        Comm.Parameters["@backupname"].Value = @"F:\VS10\" + "wheat_data.bak";

                        SaveFileDialog sfd = new SaveFileDialog();
                        sfd.Filter = "bak 文件|*.bak";
if (sfd.ShowDialog() == DialogResult.OK)
                        {
                                Comm.Parameters["@backupname"].Value = sfd.FileName;
                                Comm.CommandType = CommandType.Text;
Comm.ExecuteNonQuery();
MessageBox.Show("备份数据库成功", "信息提示");
                        }
```

```
                    }
        catch (Exception ex)
                    {
        MessageBox.Show(ex.Message, "信息提示");
                    }
        finally
                    {
        con.Close();
                    }
                }
        private void toolStripButton3DataRecovery_Click(object sender, EventArgs e)
                {
                    panel3system.Visible = false;
        ReplaceDataBase();

                }
                //      还原数据库
            public void ReplaceDataBase()
                {
                    SqlConnection con = new SqlConnection(DBLinker.conStr2);
        try
                    {
        string BackupFile = "";
                        OpenFileDialog ofd = new OpenFileDialog();
        if (ofd.ShowDialog() == DialogResult.OK)
                        {
                            BackupFile = ofd.FileName;
        con.Open();
                            SqlCommand Comm = new SqlCommand();

                            Comm.Connection = con;
                            Comm.CommandText = "use master;restore database @DataBaseName From disk
= @BackupFile with replace;";
        Comm.Parameters.Add(new SqlParameter(@"DataBaseName", SqlDbType.NVarChar));
                            Comm.Parameters[@"DataBaseName"].Value = "DB_htdata";
        Comm.Parameters.Add(new SqlParameter(@"BackupFile", SqlDbType.NVarChar));
                            Comm.Parameters[@"BackupFile"].Value = BackupFile;
                            Comm.CommandType = CommandType.Text;
        Comm.ExecuteNonQuery();
        MessageBox.Show("数据恢复成功", "信息提示");
                        }
                    }
        catch (Exception ex)
```

```
                {
MessageBox.Show(ex.Message, "信息提示");
                }
finally
                {
con.Close();
                }
            }
```

3. 数据检索模块

```
pictureBox1.Visible =true;
    if( (Global.Querytype == 0)&&(query.Text.Trim() == "" || string.IsNullOrEmpty(query.Text)))
                {
MessageBox.Show("搜索词不能为空！", "系统提示");
query.Focus();
                }
else
                {
if (Global.Querytype == 1)
                    {
                        SqlConnection con = new SqlConnection(DBLinker.conStr2);
string sql11 = string.Format("select * from Table_wheat where variety='{0}' ", query.Text);
                        SqlCommand com = new SqlCommand(sql11, con);
                        SqlDataAdapter sda = new SqlDataAdapter();
                        sda.SelectCommand = com;
                        DataSet ds = new DataSet();
sda.Fill(ds, "sousuo");//
                        DataTable dt = ds.Tables["sousuo"];
                        dataGridView2.DataSource = dt;
                    }
else if (Global.Querytype == 2)
                    {
                        SqlConnection con = new SqlConnection(DBLinker.conStr2);
string sql11 = string.Format("select * from Table_wheat where [ origin]='{0}' ", query.Text);
                        SqlCommand com = new SqlCommand(sql11, con);
                        SqlDataAdapter sda = new SqlDataAdapter();
                        sda.SelectCommand = com;
                        DataSet ds = new DataSet();
sda.Fill(ds, "sousuo");//
                        DataTable dt = ds.Tables["sousuo"];
                        dataGridView2.DataSource = dt;
                    }
else if (Global.Querytype == 3)
```

```
                {
                        SqlConnection con = new SqlConnection(DBLinker.conStr2);
    string sql11 = string.Format("select * from Table_wheat where [germination rate] between '{0}' AND '{1}'
ORDER BY [germination rate]", range1.Text,range2.Text);
                        SqlCommand com = new SqlCommand(sql11, con);
                        SqlDataAdapter sda = new SqlDataAdapter();
                        sda.SelectCommand = com;
                        DataSet ds = new DataSet();
    sda.Fill(ds, "sousuo");//
                        DataTable dt = ds.Tables["sousuo"];
                        dataGridView2.DataSource = dt;
                }
        else if (Global.Querytype == 4)
                {
                        SqlConnection con = new SqlConnection(DBLinker.conStr2);
    string sql11 = string.Format("select * from Table_wheat where[germination potential] between '{0}' AND
'{1}' ORDER BY [germination rate]", range1.Text, range2.Text);
                        SqlCommand com = new SqlCommand(sql11, con);
                        SqlDataAdapter sda = new SqlDataAdapter();
                        sda.SelectCommand = com;
                        DataSet ds = new DataSet();
    sda.Fill(ds, "sousuo");//
                        DataTable dt = ds.Tables["sousuo"];
                        dataGridView2.DataSource = dt;
                }
        else if (Global.Querytype == 5)
                {
                        SqlConnection con = new SqlConnection(DBLinker.conStr2);
    string sql11 = string.Format("select * from Table_wheat where[germination index]>='{0}' AND
[germination index]<='{1}' ORDER BY [germination index]", range1.Text,range2.Text);
                        SqlCommand com = new SqlCommand(sql11, con);
                        SqlDataAdapter sda = new SqlDataAdapter();
                        sda.SelectCommand = com;
                        DataSet ds = new DataSet();
    sda.Fill(ds, "sousuo");//
                        DataTable dt = ds.Tables["sousuo"];
                        dataGridView2.DataSource = dt;
                }
        else if (Global.Querytype == 6)
                {
                        SqlConnection con = new SqlConnection(DBLinker.conStr2);
    string sql11 = string.Format("select * from Table_wheat where [ ageing time]>='{0}' AND [ ageing
time]<='{1}' ORDER BY [ ageing time] ", range1.Text,range2.Text);
```

```
                            SqlCommand com = new SqlCommand(sql11, con);
                            SqlDataAdapter sda = new SqlDataAdapter();
                            sda.SelectCommand = com;
                            DataSet ds = new DataSet();
        sda.Fill(ds, "sousuo");//
                            DataTable dt = ds.Tables["sousuo"];
                            dataGridView2.DataSource = dt;
                    }
        else if (Global.Querytype == 7)
                    {
                            SqlConnection con = new SqlConnection(DBLinker.conStr2);
        string sql11 = string.Format("select * from Table_wheat where [protein]>='{0}' AND   [protein]<='{1}'
ORDER BY [protein]", range1.Text,range2.Text);
                            SqlCommand com = new SqlCommand(sql11, con);
                            SqlDataAdapter sda = new SqlDataAdapter();
                            sda.SelectCommand = com;
                            DataSet ds = new DataSet();
        sda.Fill(ds, "sousuo");//
                            DataTable dt = ds.Tables["sousuo"];
                            dataGridView2.DataSource = dt;
                    }
        else if (Global.Querytype == 8)
                    {
                            SqlConnection con = new SqlConnection(DBLinker.conStr2);
        string sql11 = string.Format("select * from Table_wheat where [moisture]>='{0}' AND [moisture]<='{1}'
ORDER BY [moisture]", range1.Text,range2.Text);
                            SqlCommand com = new SqlCommand(sql11, con);
                            SqlDataAdapter sda = new SqlDataAdapter();
                            sda.SelectCommand = com;
                            DataSet ds = new DataSet();
        sda.Fill(ds, "sousuo");//
                            DataTable dt = ds.Tables["sousuo"];
                            dataGridView2.DataSource = dt;
                    }
                //SqlDataReader dr = com.ExecuteReader();

                    this.pictureBox1.Image = Image.FromFile("D:\\001.png");
                }

            }

    private void button5_Click(object sender, EventArgs e)//清空
        {
```

```
                    query.Text = "";
                    dataGridView2.DataSource = null;
                    range1.Text = "";
                    range2.Text = "";
                    toolStripSplitButton1.Text = "属性";
                    pictureBox1.Visible = false;
            }

        private void button6_Click(object sender, EventArgs e)//检索界面-导出查询内容
            {

        if (!ShowToExcel.DataGridviewShowToExcel(dataGridView2, true))
        MessageBox.Show("表格中没有数据，无法导出数据！", "系统提示", MessageBoxButtons.OK,
MessageBoxIcon.Information);
            }

        private void 品种 ToolStripMenuItem_Click(object sender, EventArgs e)
            {
                    Global.Querytype = 1;
                    toolStripSplitButton1.Text = "品种";
            }

        private void 产地 ToolStripMenuItem_Click(object sender, EventArgs e)
            {
                    Global.Querytype=2;
                    toolStripSplitButton1.Text = "产地";
            }

        private void 发芽率 ToolStripMenuItem_Click(object sender, EventArgs e)
            {
                    Global.Querytype = 3;
                    toolStripSplitButton1.Text = "发芽率";
            }

        private void 发芽势 ToolStripMenuItem_Click(object sender, EventArgs e)
            {
                    Global.Querytype =4;
                    toolStripSplitButton1.Text = "发芽势";
            }

        private void toolStripMenuItem4_Click(object sender, EventArgs e)
            {
```

```
                Global.Querytype = 5;
                toolStripSplitButton1.Text = "发芽指数";
        }

private void toolStripMenuItem3_Click(object sender, EventArgs e)
        {
                Global.Querytype = 6;
                toolStripSplitButton1.Text = "老化时间";
        }

private void 蛋白值 ToolStripMenuItem_Click(object sender, EventArgs e)
        {
                Global.Querytype = 7;
                toolStripSplitButton1.Text = "蛋白值";
        }

private void 水分 ToolStripMenuItem_Click(object sender, EventArgs e)
        {
                Global.Querytype = 8;
                toolStripSplitButton1.Text = "水分";
        }
```

4. 用户设置模块

```
Form_SetUser.designer.cs
namespace DataAnalyse
{
partial class Form_SetUser
    {
        otherwise, false.</param>
protected override void Dispose(bool disposing)
        {
if (disposing && (components != null))
            {
components.Dispose();
            }
base.Dispose(disposing);
        }
private void InitializeComponent()
        {
                System.ComponentModel.ComponentResourceManager resources = new System.ComponentModel.
ComponentResourceManager(typeof(Form_SetUser));
                this.listView1 = new System.Windows.Forms.ListView();
                this.columnHeader1 = ((System.Windows.Forms.ColumnHeader)(new  System.Windows.Forms.
```

```
ColumnHeader()));
                this.columnHeader2 = ((System.Windows.Forms.ColumnHeader)(new System.Windows.Forms.
ColumnHeader()));
                this.button1 = new System.Windows.Forms.Button();
                this.button2 = new System.Windows.Forms.Button();
                this.button3 = new System.Windows.Forms.Button();
                this.button4 = new System.Windows.Forms.Button();
        this.SuspendLayout();
        this.listView1.Columns.AddRange(new System.Windows.Forms.ColumnHeader[] {
                this.columnHeader1,
                this.columnHeader2});
                this.listView1.Location = new System.Drawing.Point(3, 49);
                this.listView1.Name = "listView1";
                this.listView1.Size = new System.Drawing.Size(158, 214);
                this.listView1.TabIndex = 0;
                this.listView1.UseCompatibleStateImageBehavior = false;
                this.listView1.View = System.Windows.Forms.View.Details;
                this.listView1.SelectedIndexChanged
System.EventHandler(this.listView1_SelectedIndexChanged);
                this.columnHeader1.Text = "现有用户";
                this.columnHeader2.Text = "用户类型";
                this.button1.Location = new System.Drawing.Point(194, 49);
                this.button1.Name = "button1";
                this.button1.Size = new System.Drawing.Size(75, 23);
                this.button1.TabIndex = 1;
                this.button1.Text = "添加用户";
                this.button1.UseVisualStyleBackColor = true;
                this.button1.Click += new System.EventHandler(this.button1_Click);
                this.button2.Location = new System.Drawing.Point(194, 114);
                this.button2.Name = "button2";
                this.button2.Size = new System.Drawing.Size(75, 23);
                this.button2.TabIndex = 2;
                this.button2.Text = "删除";
                this.button2.UseVisualStyleBackColor = true;
                this.button2.Click += new System.EventHandler(this.button2_Click);
                this.button3.Location = new System.Drawing.Point(194, 227);
                this.button3.Name = "button3";
                this.button3.Size = new System.Drawing.Size(75, 23);
                this.button3.TabIndex = 3;
                this.button3.Text = "关闭";
                this.button3.UseVisualStyleBackColor = true;
                this.button3.Click += new System.EventHandler(this.button3_Click);
                this.button4.Location = new System.Drawing.Point(194, 174);
```

```
                this.button4.Name = "button4";
                this.button4.Size = new System.Drawing.Size(75, 23);
                this.button4.TabIndex = 4;
                this.button4.Text = "刷新";
                this.button4.UseVisualStyleBackColor = true;
                this.button4.Click += new System.EventHandler(this.button4_Click);
                this.AutoScaleDimensions = new System.Drawing.SizeF(6F, 12F);
                this.AutoScaleMode = System.Windows.Forms.AutoScaleMode.Font;
                this.ClientSize = new System.Drawing.Size(284, 262);
        this.Controls.Add(this.button4);
        this.Controls.Add(this.button3);
        this.Controls.Add(this.button2);
        this.Controls.Add(this.button1);
        this.Controls.Add(this.listView1);
                this.Icon = ((System.Drawing.Icon)(resources.GetObject("$this.Icon")));
                this.Name = "Form_SetUser";
                this.Text = "查看系统用户";
                this.Load += new System.EventHandler(this.Form_SetUser_Load);
        this.ResumeLayout(false);
            }
            #endregion
        private System.Windows.Forms.ListView listView1;
        private System.Windows.Forms.ColumnHeader columnHeader1;
        private System.Windows.Forms.Button button1;
        private System.Windows.Forms.Button button2;
        private System.Windows.Forms.Button button3;
        private System.Windows.Forms.Button button4;
        private System.Windows.Forms.ColumnHeader columnHeader2;
            }
}
```

5. 链接 SQL Server 数据库

```
DBLinker.cs:
using System;
using System.Collections.Generic;
using System.Linq;
using System.Text;
namespace DataAnalyse
{
public static class DBLinker
    {
public static string conStr2 = "Server=.;Database=wheat_data;Integrated Security = true;";
        }
}
```

附录 B

光谱化学计量学分析软件部分源代码

1. 软件主界面程序

```
function varargout = NIRCAS(varargin)
gui_Singleton = 1;
gui_State = struct('gui_Name',        mfilename, ...
                    'gui_Singleton',   gui_Singleton, ...
                    'gui_OpeningFcn', @NIRCAS_OpeningFcn, ...
                    'gui_OutputFcn',   @NIRCAS_OutputFcn, ...
                    'gui_LayoutFcn',   [] , ...
                    'gui_Callback',    []);
if nargin && ischar(varargin{1})
    gui_State.gui_Callback = str2func(varargin{1});
end
if nargout
    [varargout{1:nargout}] = gui_mainfcn(gui_State, varargin{:});
else
    gui_mainfcn(gui_State, varargin{:});
end
function NIRCAS_OpeningFcn(hObject, eventdata, handles, varargin)
```

```
handles.output = hObject;
h = handles.figure; %返回其句柄
newIcon = javax.swing.ImageIcon('Icon1.jpg');
figFrame = get(h,'JavaFrame'); %取得 Figure 的 JavaFrame
figFrame.setFigureIcon(newIcon); %修改图标
open = importdata('open.jpg');
close=importdata('close1.jpg');
save=importdata('save.jpg');
ks=importdata('ks.jpg');
edit=importdata('edit.jpg');
class=importdata('class.jpg');
sipls=importdata('sipls.jpg');
pls=importdata('pls.jpg');
cpls=importdata('cpls1.jpg');
dif=importdata('dif.jpg');
help=importdata('help.jpg');
center=importdata('center.jpg');
guidata(hObject, handles);
function varargout = NIRCAS_OutputFcn(hObject, eventdata, handles)
varargout{1} = handles.output;
function Mean_Callback(hObject, eventdata, handles)
% hObject        handle to Mean (see GCBO)
% eventdata    reserved - to be defined in a future version of MATLAB
% handles        structure with handles and user data (see GUIDATA)
pre_mean('Visible','on');
pre_normalize('Visible','on');
[filename,pathname] = uigetfile('*.mat','Select the M-file');
myfile= load (filename)
assignin('base', 'myfile', myfile)
handles.myfile=myfile;
guidata(hObject,handles);
axes(handles.axes1);
myfile=evalin('base','myfile')
if(myfile.Xaxis(1)>myfile.Xaxis(2))          %光谱按 x 坐标递增顺序显示
myfile.Xaxis=myfile.Xaxis(end:-1:1);
myfile.X(:,:)=myfile.X(:,(end:-1:1));
else
end
```

```
[COyu_m, COyu_n]=size(myfile.X);
c=rand(COyu_m,3);
for k =1:COyu_m
    p(k)=plot(myfile.Xaxis(1,:),myfile.X(k,:),'color',c(k,:));
hold on
end
xlabel('波数/cm⁻¹'); % x 轴注解
ylabel('吸光度'); % y 轴注解
set(gca,'XLim',[myfile.Xaxis(1) myfile.Xaxis(COyu_n)]);
% set(gca,'YLim',[myfile.X(1) myfile.X(COyu_n)]);
handles.p=p;
guidata(hObject,handles);
function close_Callback(hObject, eventdata, handles)
p=handles.p;
delete(p);
clear
function resave_Callback(hObject, eventdata, handles)
    [filename,pathname,index]=uiputfile({'*.mat';'*.fig';'*.txt';'*.xls'},'数据另存为');
if index
set(handles.text1,'string',[pathname filename])
end
myfile=handles.myfile;
    save([pathname filename],'myfile');%保存指定的变量在 filename 指定的文件中
function DFDM_Callback(hObject, eventdata, handles)
pre_D('Visible','on');
function Savitzky_Golay_Callback(hObject, eventdata, handles)
pre_smooth('Visible','on');
function Snv_Callback(hObject, eventdata, handles)
pre_snv('Visible','on');
function division_Callback(hObject, eventdata, handles)
function model_Callback(hObject, eventdata, handles)
function AUTO_Callback(hObject, eventdata, handles)
function help_Callback(hObject, eventdata, handles)
function SiplsAUTO_Callback(hObject, eventdata, handles)
AutoSiplsGUI('Visible','on');
function BiplsAUTO_Callback(hObject, eventdata, handles)
AutoBiplsGUI('Visible','on');
function Untitled_15_Callback(hObject, eventdata, handles)
```

```
function Untitled_16_Callback(hObject, eventdata, handles)
function RS_Callback(hObject, eventdata, handles)
d_RS('Visible','on');
function KS_Callback(hObject, eventdata, handles)
d_ks('Visible','on');
function SPXY_Callback(hObject, eventdata, handles)
d_SPXY('Visible','on');
function CPLS_Callback(hObject, eventdata, handles
cPLSmodelGUI('Visiable','on');
function Untitled_24_Callback(hObject, eventdata, handles)
function PLS_Callback(hObject, eventdata, handles)
plsmodelGUI('Visible','on');
function Ipls_Callback(hObject, eventdata, handles)
function Sipls_Callback(hObject, eventdata, handles)
SiplsGUI('Visible','on');
function Bipls_Callback(hObject, eventdata, handles)
biplsGUI('Visible','on');
function Mwpls_Callback(hObject, eventdata, handles)
function PCA_Callback(hObject, eventdata, handles)
function Qualitative_Callback(hObject, eventdata, handles)
function Untitled_27_Callback(hObject, eventdata, handles)
function Knn_Callback(hObject, eventdata, handles)
function Bayes_Callback(hObject, eventdata, handles)
function Adaboost_Callback(hObject, eventdata, handles)
function listbox1_Callback(hObject, eventdata, handles)
function listbox1_CreateFcn(hObject, eventdata, handles)
if ispc && isequal(get(hObject,'BackgroundColor'), get(0,'defaultUicontrolBackgroundColor'))
set(hObject,'BackgroundColor','white');
end
function loadbutton_Callback(hObject, eventdata, handles)
function loadbutton_ButtonDownFcn(hObject, eventdata, handles
[filename,pathname] = uigetfile('*.mat','Select the M-file');
myfile= load (filename)
assignin('base', 'myfile', myfile)
handles.myfile=myfile;
guidata(hObject,handles);
axes(handles.axes1);
myfile=evalin('base','myfile')
```

```
[COyu_m, COyu_n]=size(myfile.X);
if(myfile.Xaxis(1)>myfile.Xaxis(2))          %光谱按 x 坐标递增顺序显示
myfile.Xaxis=myfile.Xaxis(end:-1:1);
myfile.X(:,:)=myfile.X(:,(end:-1:1));
else
end
c=rand(COyu_m,3);
for k =1:COyu_m
    p(k)=plot(myfile.Xaxis(1,:),myfile.X(k,:),'color',c(k,:));
hold on
end
xlabel('波数/cm⁻¹'); % x 轴注解
ylabel('吸光度'); % y 轴注解
set(gca,'XLim',[myfile.Xaxis(1) myfile.Xaxis(COyu_n)]);
handles.p=p;
guidata(hObject,handles);
function save_data_Callback(hObject, eventdata, handles)
if get(hObject,'value')
    [filename,pathname,index]=uiputfile({'*.mat';'*.fig';'*.txt';'*.xls'},'数据另存为');
if index
set(handles.text1,'string',[pathname filename])
end
myfile=handles.myfile;
    save([pathname filename],'myfile');%保存指定的变量在 filename 指定的文件中
end
function d1_Callback(hObject, eventdata, handles)
function d2_Callback(hObject, eventdata, handles)
function SGD_Callback(hObject, eventdata, handles)
function autoscaling_Callback(hObject, eventdata, handles)--
function smooth_Callback(hObject, eventdata, handles)
function derivation_Callback(hObject, eventdata, handles)
function Msc_Callback(hObject, eventdata, handles)
```

2. 文件管理模块

```
functionvarargout=Sample_Editor(varargin)
    gui_Singleton=1;
    gui_State=struct('gui_Name',mfilename,...
    'gui_Singleton',gui_Singleton,...
    'gui_OpeningFcn',@Sample_Editor_OpeningFcn,...
```

```
'gui_OutputFcn',@Sample_Editor_OutputFcn,...
'gui_LayoutFcn',[],...
'gui_Callback',[]);
ifnargin&&ischar(varargin{1})
gui_State.gui_Callback=str2func(varargin{1});
end
ifnargout
[varargout{1:nargout}]=gui_mainfcn(gui_State,varargin{:});
else
gui_mainfcn(gui_State,varargin{:});
end
functionSample_Editor_OpeningFcn(hObject,eventdata,handles,varargin)
handles.output=hObject;
h=handles.figure1;%返回其句柄
newIcon=javax.swing.ImageIcon('Icon1.jpg');
figFrame=get(h,'JavaFrame');%取得 Figure 的 JavaFrame
figFrame.setFigureIcon(newIcon);%修改图标
guidata(hObject,handles);
functionvarargout=Sample_Editor_OutputFcn(hObject,eventdata,handles)
varargout{1}=handles.output;
functionloaddata_Callback(hObject,eventdata,handles)
datatypeindex=int2str(get(handles.datatype,'Value'));
switchdatatypeindex
case'2'
  [filename,pathname]=uigetfile('*.txt');
name=fullfile(pathname,filename);
data=load(name);
set(handles.table,'data',data);
handles.data=data;
case'3'
datatype=2;%.xls
case'4'
datatype=3;%.mat
end
guidata(hObject,handles);
functiondatatype_Callback(hObject,eventdata,handles)
functiondatatype_CreateFcn(hObject,eventdata,handles)
ifispc&&isequal(get(hObject,'BackgroundColor'),get(0,'defaultUicontrolBackgroundColor'))
set(hObject,'BackgroundColor','white');
end
functionsave_data_Callback(hObject,eventdata,handles)
ifget(hObject,'value')
[filename,pathname,index]=uiputfile({'*.mat'},'数据另存为');
```

```
ifindex
set(handles.address,'string',[pathnamefilename])
end
data=handles.data;
save([pathname filename],'data');%保存指定的变量在 filename 指定的文件中
set(handles.save_data,'value',0)
end
functionclearbutton_Callback(hObject,eventdata,handles)
set(handles.table,'data',[])
delete(handles.f);
set(handles.clearbutton,'value',0)
functionaddress_Callback(hObject,eventdata,handles)
functionaddress_CreateFcn(hObject,eventdata,handles)
ifispc&&isequal(get(hObject,'BackgroundColor'),get(0,'defaultUicontrolBackgroundColor'))
set(hObject,'BackgroundColor','white');
end
functionplotspectra_Callback(hObject,eventdata,handles)
axes(handles.axes1);
[COyu_m,~]=size(handles.data);
f=plot(handles.data(:,1),handles.data(:,2),'g-');
xlabel('波数/cm⁻¹');%x 轴注解
ylabel('吸光度');%y 轴注解
set(gca,'XLim',[handles.data(1,1)handles.data(COyu_m,1)]);
%set(gca,'YLim',[min(handles.data(:,2))max(handles.data(:,2))]);
handles.f=f;
guidata(hObject,handles);
```

3. 光谱预处理模块

```
function varargout = pre_mean(varargin)
gui_Singleton = 1;
gui_State = struct('gui_Name',         mfilename, ...
                   'gui_Singleton',    gui_Singleton, ...
                   'gui_OpeningFcn', @pre_mean_OpeningFcn, ...
                   'gui_OutputFcn',   @pre_mean_OutputFcn, ...
                   'gui_LayoutFcn',   [] , ...
                   'gui_Callback',    []);
if nargin && ischar(varargin{1})
    gui_State.gui_Callback = str2func(varargin{1});
end
if nargout
    [varargout{1:nargout}] = gui_mainfcn(gui_State, varargin{:});
else
    gui_mainfcn(gui_State, varargin{:});
```

```matlab
end
function pre_mean_OpeningFcn(hObject, eventdata, handles, varargin)
handles.output = hObject;
h = handles.figure1; %返回其句柄
newIcon = javax.swing.ImageIcon('Icon1.jpg');
figFrame = get(h,'JavaFrame'); %取得 Figure 的 JavaFrame
figFrame.setFigureIcon(newIcon); %修改图标
guidata(hObject, handles);
function varargout = pre_mean_OutputFcn(hObject, eventdata, handles)
varargout{1} = handles.output;
function radiobutton1_Callback(hObject, eventdata, handles)
if get(hObject,'value')
        [filename,pathname,index]=uiputfile({'*.mat';'*.fig';'*.txt';'*.xls'},'数据另存为');
if index
set(handles.text2,'string',[pathname filename])
end
        Xmean=handles.Xmean;
save([pathname filename], 'Xmean');%保存指定的变量在 filename 指定的文件中
end
function pushbutton1_Callback(hObject, eventdata, handles)
[filename,pathname] = uigetfile('*.mat','Select the M-file');
myfile= load (filename)
assignin('base', 'myfile', myfile)
handles.myfile=myfile;
guidata(hObject,handles);
axes(handles.axes1);
myfile=evalin('base','myfile')
end
[COyu_m, COyu_n]=size(myfile.X);
c=rand(COyu_m,3);
for k =1:COyu_m
        f1(k)=plot(myfile.Xaxis(1,:),myfile.X(k,:),'color',c(k,:));
hold on
end
xlabel('波数/cm⁻¹'); % x 轴注解
ylabel('吸光度'); % y 轴注解
set(gca,'XLim',[myfile.Xaxis(1) myfile.Xaxis(COyu_n)]);
set(gca,'YLim',[min(myfile.X(:))     max(myfile.X(:))]);
handles.f1=f1;
guidata(hObject,handles);
function pushbutton2_Callback(hObject, eventdata, handles)
axes(handles.axes2);
myfile=evalin('base','myfile')
```

i

```
            [COyu_m, COyu_n]=size(myfile.X);
            [Xmean,CO_MX] = center(myfile.X);
            c=rand(COyu_m,3);
    hold on;
    for k=1:1:COyu_m
                f2(k)= plot(myfile.Xaxis(1,:),Xmean(k,:),'color',c(k,:));
    end
            handles.f2=f2;
            handles.Xmean=Xmean;
    guidata(hObject,handles);
    hold off
    xlabel('波数/cm⁻¹'); % x 轴注解
    ylabel('吸光度'); % y 轴注解
    set(gca,'XLim',[myfile.Xaxis(1) myfile.Xaxis(COyu_n)]);
    set(gca,'YLim',[min(Xmean(:)) max(Xmean(:))]);
    legend('均值中心化'); % 图形注解
    function pushbutton3_Callback(hObject, eventdata, handles)
    f1=handles.f1;
    delete(f1);
    f2=handles.f2;
    delete(f2);
    clear
    close(pre_mean);
    run   pre_mean.m
```

4. 样本集划分模块

```
function varargout = d_SPXY(varargin)
    gui_Singleton = 1;
    gui_State = struct('gui_Name',          mfilename, ...
                       'gui_Singleton',   gui_Singleton, ...
                       'gui_OpeningFcn', @d_SPXY_OpeningFcn, ...
                       'gui_OutputFcn',   @d_SPXY_OutputFcn, ...
                       'gui_LayoutFcn',    [] , ...
                       'gui_Callback',     []);
    if nargin && ischar(varargin{1})
        gui_State.gui_Callback = str2func(varargin{1});
    end

    if nargout
        [varargout{1:nargout}] = gui_mainfcn(gui_State, varargin{:});
    else
        gui_mainfcn(gui_State, varargin{:});
    end
```

```matlab
% --- Executes just before d_SPXY is made visible.
function d_SPXY_OpeningFcn(hObject, eventdata, handles, varargin)
handles.output = hObject;
h = handles.figure1;
newIcon = javax.swing.ImageIcon('Icon1.jpg');
figFrame = get(h,'JavaFrame');
figFrame.setFigureIcon(newIcon);
guidata(hObject, handles);
function varargout = d_SPXY_OutputFcn(hObject, eventdata, handles)
varargout{1} = handles.output;
vars = evalin('base','who');
set(handles.data,'String',vars);
set(handles.devideout,'String',vars);
function ListMatrix_Callback(hObject, eventdata, handles)
function ListMatrix_CreateFcn(hObject, eventdata, handles)
ifispc && isequal(get(hObject,'BackgroundColor'), get(0,'defaultUicontrolBackgroundColor'))
set(hObject,'BackgroundColor','white');
end
function NumberOfLvlBox_Callback(hObject, eventdata, handles)
function NumberOfLvlBox_CreateFcn(hObject, eventdata, handles)
if ispc && isequal(get(hObject,'BackgroundColor'), get(0,'defaultUicontrolBackgroundColor'))
set(hObject,'BackgroundColor','white');
end
function preProcessListbox_Callback(hObject, eventdata, handles)
function preProcessListbox_CreateFcn(hObject, eventdata, handles)
if ispc && isequal(get(hObject,'BackgroundColor'), get(0,'defaultUicontrolBackgroundColor'))
set(hObject,'BackgroundColor','white');
end
function Intervals_Callback(hObject, eventdata, handles)
function Intervals_CreateFcn(hObject, eventdata, handles)
if ispc && isequal(get(hObject,'BackgroundColor'), get(0,'defaultUicontrolBackgroundColor'))
set(hObject,'BackgroundColor','white');
end
function UpdateWorkspace_Callback(hObject, eventdata, handles)
vars = evalin('base','who');
set(handles.data,'String',vars)
function loadFilesButton_Callback(hObject, eventdata, handles)
filename = uigetfile ('*.*');
myfile= load (filename);
name=fieldnames(myfile);
Xaxis=myfile.Xaxis;
X=myfile.X;
Y=myfile.Y;
```

```
[m,~]=size(X);
assignin('base', 'Xaxis',Xaxis);
assignin('base', 'X',X);
assignin('base', 'Y',Y);
assignin('base', 'myfile',myfile);
% vars = evalin('base','who');
set(handles.data,'String',name)
set(handles.samplenum,'String',m)
function Dospxy_Callback(hObject, eventdata, handles)
X=evalin('base','X');
Xaxis=evalin('base','Xaxis');
Y=evalin('base','Y');
Cnum=str2double(get(handles.numCalibration,'String'));
Vnum=str2double(get(handles.numValidation,'String'));
H=Cnum+Vnum;
[m,n]=size(X);
if(H==m)
Ncal=spxy(X,Y,Cnum);%Ncal spxy-cal 集样本序号
Nval=numRemain(Vnum,H,Ncal);
  Xcal=X(Ncal(1,1:Cnum),:);
ycal=Y(Ncal(1,1:Cnum),:);
Xtest=X(Nval(1:Vnum),:);
ytest=Y(Nval(1:Vnum),:);
assignin('base', 'Xcal',Xcal);
assignin('base', 'Xtest',Xtest);
assignin('base', 'ycal',ycal);
assignin('base', 'ytest',ytest);
assignin('base', 'Xaxis',Xaxis);
assignin('base', 'X',X);
assignin('base', 'Y',Y);
vars = evalin('base','who');
set(handles.devideout,'String',vars)
handles.Xcal= Xcal;
handles.Xtest= Xtest;
handles.Xcal= Xcal;
handles.ycal= ycal;
handles.ytest= ytest;
handles.X=X;
handles.Xaxis=Xaxis;
handles.Y=Y;
guidata(hObject,handles);
set(handles.editinfor,'String','')
else
```

```
        set(handles.editinfor,'String','校正集和验证集样本数设置错误，两者之和与样本总数不符！')
end
function save_Callback(hObject, eventdata, handles)
if get(hObject,'value')
        [filename,pathname,index]=uiputfile({'*.mat';'*.fig';'*.txt';'*.xls'},'数据另存为');
if index
set(handles.editsave,'string',[pathname filename])
end
        Xcal=handles.Xcal;
        Xtest=handles.Xtest;
ycal=handles.ycal;
ytest=handles.ytest;
        X=handles.X;
        Xaxis=handles.Xaxis;
        Y=handles.Y;
        save ([pathname filename], 'Xcal', 'Y' ,'Xaxis', 'Xcal', 'Xtest', 'ycal', 'ytest')
end
```

5. 建模分析模块

```
function varargout = plsmodelGUI(varargin)
  gui_Singleton = 1;
  gui_State = struct('gui_Name',          mfilename, ...
                     'gui_Singleton',    gui_Singleton, ...
                     'gui_OpeningFcn', @plsmodelGUI_OpeningFcn, ...
                     'gui_OutputFcn',    @plsmodelGUI_OutputFcn, ...
                     'gui_LayoutFcn',    [] , ...
                     'gui_Callback',     []);
  if nargin && ischar(varargin{1})
        gui_State.gui_Callback = str2func(varargin{1});
  end
  if nargout
        [varargout{1:nargout}] = gui_mainfcn(gui_State, varargin{:});
  else
        gui_mainfcn(gui_State, varargin{:});
  end
  function varargout = plsmodelGUI_OutputFcn(hObject, eventdata, handles)
  varargout{1} = handles.output;
  vars = evalin('base','who');
  set(handles.Xmatrix,'String',vars);
  set(handles.SelectedIntervals,'String',vars);
  function ListMatrix_Callback(hObject, eventdata, handles)
  function ListMatrix_CreateFcn(hObject, eventdata, handles)
  if ispc && isequal(get(hObject,'BackgroundColor'), get(0,'defaultUicontrolBackgroundColor'))
```

```
set(hObject,'BackgroundColor','white');
end
function NumberOfLvlBox_Callback(hObject, eventdata, handles)
function NumberOfLvlBox_CreateFcn(hObject, eventdata, handles)
if ispc && isequal(get(hObject,'BackgroundColor'), get(0,'defaultUicontrolBackgroundColor'))
set(hObject,'BackgroundColor','white');
end
function preProcessListbox_Callback(hObject, eventdata, handles)
function preProcessListbox_CreateFcn(hObject, eventdata, handles)
if ispc && isequal(get(hObject,'BackgroundColor'), get(0,'defaultUicontrolBackgroundColor'))
set(hObject,'BackgroundColor','white');
end
function Intervals_Callback(hObject, eventdata, handles)
function Intervals_CreateFcn(hObject, eventdata, handles)
if ispc && isequal(get(hObject,'BackgroundColor'), get(0,'defaultUicontrolBackgroundColor'))
set(hObject,'BackgroundColor','white');
end
function LoadDemoSet_Callback(hObject, eventdata, handles)
nirbeer=load('Nirbeer');
assignin('base', 'nirbeer',nirbeer);
xaxis=nirbeer.xaxis;
Xcal=nirbeer.Xcal;
ycal=nirbeer.ycal;
Xtest=nirbeer.Xtest;
ytest=nirbeer.ytest;
assignin('base', 'xaxis',xaxis);
assignin('base', 'Xcal',Xcal);
assignin('base', 'ycal',ycal);
assignin('base', 'Xtest',Xtest);
assignin('base', 'Xcal',Xcal);
function UpdateWorkspace_Callback(hObject, eventdata, handles)
vars = evalin('base','who');
set(handles.Xmatrix,'String',vars)
set(handles.SelectedIntervals,'String',vars)
function loadFilesButton_Callback(hObject, eventdata, handles)
filename = uigetfile ('*.*')
myfile= load (filename)
Xaxis=myfile.Xaxis;
X=myfile.X;
Y=myfile.Y;
Xcal=myfile.Xcal;
ycal=myfile.ycal;
Xtest=myfile.Xtest;
```

```
ytest=myfile.ytest;
assignin('base', 'Xaxis',Xaxis);
assignin('base', 'X',X);
assignin('base', 'Y',Y);
assignin('base', 'myfile',myfile);
assignin('base', 'Xcal',X);
assignin('base', 'ycal',Y);
assignin('base', 'Xtest',X);
assignin('base', 'ytest',Y);
function DoPLS_Callback(hObject, eventdata, handles)
list_entriesXmatrix = get(handles.Xmatrix,'String');
index_selectedXmatrix = get(handles.Xmatrix,'Value');
mymatrix = evalin('base',list_entriesXmatrix{index_selectedXmatrix(1)});
list_entriesYmatrix = get(handles.SelectedIntervals,'String');
index_selectedYmatrix = get(handles.SelectedIntervals,'Value');
myYmatrix = evalin('base',list_entriesYmatrix{index_selectedYmatrix(1)});
preprocindex =    int2str(get(handles.preprocessListbox,'Value'));
switch preprocindex
case '1'
preproc='center';
case '2'
preproc='autoscaling';
end
validation =    int2str(get(handles.validation,'Value'));
switch validation
case {'1'}
valMethod='test';
case '2'
valMethod='full';
case '3'
valMethod='syst111';
case '4'
valMethod='syst123';
case '5'
valMethod='random';
end
modelname = get(handles.modelname,'String');
numberOfComponents = str2double(get(handles.NumberOfLvlBox,'String'));
numberOfSegments = str2double(get(handles.Segments,'String'));
OneModel=pls(mymatrix,myYmatrix,numberOfComponents,preproc,1,[],valMethod,numberOfSegments);
PLSModel=pls1(mymatrix,myYmatrix,numberOfComponents,preproc);
CV=plscv(mymatrix,myYmatrix,20,numberOfSegments);
figure;
```

```
a=min([myYmatrix;CV.Ypred(:,numberOfComponents)]);
b=max([myYmatrix;CV.Ypred(:,numberOfComponents)]);
s1 = sprintf('R2 = %0.3f',CV.Q2(numberOfComponents));
s2 = sprintf('RMSECV = %0.3f',CV.RMSECV(numberOfComponents));
plot(myYmatrix,CV.Ypred(:,numberOfComponents),'b.',myYmatrix,myYmatrix,'r-');
title('calibration set');
xlabel('Measured    ');
ylabel('Predicted    ');
text(a+abs(a*0.05)+8,1.1*b-abs(b*0.05),s1)
text(a+abs(a*0.05)+8,1.1*b-abs(b*0.10),s2)
handles.OneModel=OneModel;
handles.CV=CV;
handles.PLSModel=PLSModel;
guidata(hObject,handles);
assignin('base', modelname, OneModel)
assignin('base', 'CV', CV)
assignin('base', 'PLSModel', PLSModel)
tUicontrolBackgroundColor'))
set(hObject,'BackgroundColor','white');
end
if get(hObject,'value')
    [filename,pathname,index]=uiputfile({'*.mat';'*.fig';'*.txt';'*.xls'},'数据另存为');
if index
set(handles.editaddress,'string',[pathname filename])
end
        OneModel=handles.OneModel;
save([pathname filename], 'OneModel');%保存指定的变量在 filename 指定的文件中
end
function editaddress_Callback(hObject, eventdata, handles)
function editaddress_CreateFcn(hObject, eventdata, handles)
if ispc && isequal(get(hObject,'BackgroundColor'), get(0,'defaultUicontrolBackgroundColor'))
set(hObject,'BackgroundColor','white');
end
```

6. 自动优化模块

```
function varargout = AutoSiplsGUI(varargin)
gui_Singleton = 1;
gui_State = struct('gui_Name',          mfilename, ...
                    'gui_Singleton',   gui_Singleton, ...
                    'gui_OpeningFcn',  @AutoSiplsGUI_OpeningFcn, ...
                    'gui_OutputFcn',   @AutoSiplsGUI_OutputFcn, ...
                    'gui_LayoutFcn',   [] , ...
                    'gui_Callback',    []);
```

```
if nargin && ischar(varargin{1})
    gui_State.gui_Callback = str2func(varargin{1});
end

if nargout
    [varargout{1:nargout}] = gui_mainfcn(gui_State, varargin{:});
else
    gui_mainfcn(gui_State, varargin{:});
end
function varargout = AutoSiplsGUI_OutputFcn(hObject, eventdata, handles)
varargout{1} = handles.output;
vars = evalin('base','who');
set(handles.Ymatrix,'String',vars)
set(handles.ListAxis,'String',vars)
set(handles.Xmatrix,'String',vars)
set(handles.testXmatrix,'String',vars)
set(handles.testYmatrix,'String',vars)
function ListMatrix_Callback(hObject, eventdata, handles)
function ListMatrix_CreateFcn(hObject, eventdata, handles)
if ispc && isequal(get(hObject,'BackgroundColor'), get(0,'defaultUicontrolBackgroundColor'))
set(hObject,'BackgroundColor','white');
end
function NumberOfLvlBox_Callback(hObject, eventdata, handles)
function NumberOfLvlBox_CreateFcn(hObject, eventdata, handles)
if ispc && isequal(get(hObject,'BackgroundColor'), get(0,'defaultUicontrolBackgroundColor'))
set(hObject,'BackgroundColor','white');
end
function preProcessListbox_Callback(hObject, eventdata, handles)
function preProcessListbox_CreateFcn(hObject, eventdata, handles)
% eventdata    reserved - to be defined in a future version of MATLAB
if ispc && isequal(get(hObject,'BackgroundColor'), get(0,'defaultUicontrolBackgroundColor'))
set(hObject,'BackgroundColor','white');
end
function Intervals_Callback(hObject, eventdata, handles)
function Intervals_CreateFcn(hObject, eventdata, handles)
if ispc && isequal(get(hObject,'BackgroundColor'), get(0,'defaultUicontrolBackgroundColor'))
set(hObject,'BackgroundColor','white');
end
function ListAxis_Callback(hObject, eventdata, handles)
function [myAxis] = get_Axis_names(handles)
list_entriesAxis = get(handles.ListAxis,'String')
index_selecteAxis = get(handles.ListAxis,'Value')
myAxis = list_entriesAxis{index_selecteAxis(1)}
```

```
function ListAxis_CreateFcn(hObject, eventdata, handles)
if ispc && isequal(get(hObject,'BackgroundColor'), get(0,'defaultUicontrolBackgroundColor'))
set(hObject,'BackgroundColor','white');
end
function makeClasses_Callback(hObject, eventdata, handles)
assignin('base', 'classes',[1;1;1;1;1;1;1;1;1;1;1;1;1;1;1;1;1;1;1;1;1;2;2;2;2;2;2;2;2;2;2;2;2;2;2;2;2;2;2;2;2;])
function LoadDemoSet_Callback(hObject, eventdata, handles)
nirbeer=load('Nirbeer');
assignin('base', 'nirbeer',nirbeer);
xaxis=nirbeer.xaxis;
Xcal=nirbeer.Xcal;
ycal=nirbeer.ycal;
Xtest=nirbeer.Xtest;
ytest=nirbeer.ytest;
assignin('base', 'xaxis',xaxis);
assignin('base', 'Xcal',Xcal);
assignin('base', 'ycal',ycal);
assignin('base', 'Xtest',Xtest);
assignin('base', 'ytest',ytest);
function UpdateWorkspace_Callback(hObject, eventdata, handles)
vars = evalin('base','who');
set(handles.Xmatrix,'String',vars)
set(handles.ListAxis,'String',vars)
set(handles.Ymatrix,'String',vars)
set(handles.testXmatrix,'String',vars)
set(handles.testYmatrix,'String',vars)
function loadFilesButton_Callback(hObject, eventdata, handles)
filename = uigetfile ('*.*')
myfile= load (filename);
Xaxis=myfile.Xaxis;
Xcal=myfile.Xcal;
ycal=myfile.ycal;
Xtest=myfile.Xtest;
ytest=myfile.ytest;
assignin('base', 'Xaxis',Xaxis);
assignin('base', 'Xcal',Xcal);
assignin('base', 'ycal',ycal);
assignin('base', 'Xtest',Xtest);
assignin('base', 'ytest',ytest);
assignin('base', 'myfile', myfile)
function DoIpls_Callback(hObject, eventdata, handles)
list_entriesXmatrix = get(handles.Xmatrix,'String');
index_selectedXmatrix = get(handles.Xmatrix,'Value');
```

```
mymatrix = evalin('base',list_entriesXmatrix{index_selectedXmatrix(1)});
list_entriesYmatrix = get(handles.Ymatrix,'String');
index_selectedYmatrix = get(handles.Ymatrix,'Value');
myYmatrix = evalin('base',list_entriesYmatrix{index_selectedYmatrix(1)});
list_entriestestXmatrix = get(handles.testXmatrix,'String');
index_selectedtestXmatrix = get(handles.testXmatrix,'Value');
testXmatrix = evalin('base',list_entriestestXmatrix{index_selectedtestXmatrix(1)});
list_entriestestYmatrix = get(handles.testYmatrix,'String');
index_selectedtestYmatrix = get(handles.testYmatrix,'Value');
testYmatrix = evalin('base',list_entriestestYmatrix{index_selectedtestYmatrix(1)});
set(handles.editaddress,'string','')
set(handles.savebutton,'value',0)
preprocindex =   int2str(get(handles.preprocessListbox,'Value'));
switch preprocindex
case {'1'}
preproc='none';
case '2'
preproc='mean';
case '3'
preproc='auto';
case '4'
preproc='mscmean';
case '5'
preproc='mscauto';
end
validation =   int2str(get(handles.validation,'Value'));
switch validation
case {'1'}
valMethod='test';
case '2'
valMethod='full';
case '3'
valMethod='syst111';
case '4'
valMethod='syst123';
case '5'
valMethod='random';
end
modelname = get(handles.modelname,'String');
n1=str2double(get(handles.IntervalsBox1,'String'));
n2=str2double(get(handles.IntervalsBox2,'String'));    %划分区间范围
numberOfComponents = str2double(get(handles.NumberOfLvlBox,'String'));%最大主成分数
numberOfSegments = str2double(get(handles.Segments,'String'));%交叉验证 K-fold
```

```
numberOfCombination = str2double(get(handles.Combination,'String'));%联合区间数 m
AutoSipls_out1=zeros(40,8);
AutoSipls_out2=zeros(40,numberOfCombination);
if get(handles.checkAxis,'Value') == get(handles.checkAxis,'Max')
    list_entriesAxis = get(handles.ListAxis,'String');
    index_selecteAxis = get(handles.ListAxis,'Value');
myAxis = evalin('base',list_entriesAxis{index_selecteAxis(1)});
for n=n1:1:n2;
Modelsipls=sipls(mymatrix,myYmatrix,numberOfComponents,preproc,n,numberOfCombination,myAxis,valMet
hod,numberOfSegments);
siplstable(Modelsipls);
oneModel=plsmodel(Modelsipls,
[Modelsipls.minComb{1}] ,numberOfComponents,preproc,valMethod,numberOfSegments); %siModel.minComb{1}
figure
plsrmse(oneModel);
    comp=Modelsipls.minPLSC(1);
    [rc RMSECV BiasC]=plspvsm1(oneModel,comp,[]);
    RC=rc(1,2);
figure(3)
predModel=plspredict(testXmatrix,oneModel, comp  ,testYmatrix)
    [rp RMSEP BiasP]=plspvsm1(predModel,comp,[])
    RP=rp(1,2);
    AutoSipls_out1(n,1:8)=[n,Modelsipls.minPLSC(1),RC,RMSECV,BiasC,RP,RMSEP,BiasP];
    AutoSipls_out2(n,1:numberOfCombination)=Modelsipls.minComb{1};
    mkdir AutoSipls_outimage
    directory=[cd,'\AutoSipls_outimage\'];
filename=['Sipls-model' num2str(n) '_1.jpg'];
    f=getframe(1);
imwrite(f.cdata,[directory,filename])
filename=['Sipls-model' num2str(n) '_2.jpg'];
    f=getframe(2);
imwrite(f.cdata,[directory,filename])
filename=['Sipls-model' num2str(n) '_3.jpg'];
    f=getframe(3);
imwrite(f.cdata,[directory,filename])
filename=['Sipls-model' num2str(n) '_4.jpg'];
    f=getframe(5);
imwrite(f.cdata,[directory,filename])
close Figure 1; close Figure 2; close Figure 3
close    Figure 4 ; close Figure 5 ;
save('siplsout')
end
else
for n=n1:1:n2;
```

```
Modelsipls=sipls(mymatrix,myYmatrix,numberOfComponents,preproc,n,numberOfCombination,[],valMethod,n
umberOfSegments);
siplstable(Modelsipls);
oneModel=plsmodel(Modelsipls,
[Modelsipls.minComb{1}] ,numberOfComponents,preproc,valMethod,numberOfSegments); %siModel.minComb{1}
figure
plsrmse(oneModel);
    comp=Modelsipls.minPLSC(1);
    [rc RMSECV,BiasC]=plspvsm1(oneModel,    comp );
predModel=plspredict(testXmatrix,oneModel, comp    ,testYmatrix)
    [rp RMSEP,BiasP]=plspvsm1(predModel,comp      ,[])
    RC=rc(1,2);
    RP=rp(1,2);
    AutoSipls_out1(n,1:8)=[n,Modelsipls.minPLSC(1),RC,RMSECV,BiasC,RP,RMSEP,BiasP];
AutoSipls_out2(n,1:numberOfCombination)=Modelsipls.minComb{1};
mkdir AutoSipls_outimage
directory=[cd,'\AutoSipls_outimage\'];
filename=['Sipls-model' num2str(n) '1.jpg'];
    f=getframe(1);
imwrite(f.cdata,[directory,filename])
filename=['Sipls-model' num2str(n) '2.jpg'];
    f=getframe(2);
imwrite(f.cdata,[directory,filename])
filename=['Sipls-model' num2str(n) '3.jpg'];
    f=getframe(3);
imwrite(f.cdata,[directory,filename])
filename=['Sipls-model' num2str(n) '4.jpg'];
    f=getframe(5);
imwrite(f.cdata,[directory,filename])
save('siplsout')
end
end
handles.oneModel= oneModel;
handles.predModel= predModel;
handles.Modelsipls= Modelsipls;
handles.AutoSipls_out1= AutoSipls_out1;
handles.AutoSipls_out2= AutoSipls_out2;
guidata(hObject,handles);
assignin('base', modelname, Modelsipls)
assignin('base', 'oneModel', oneModel)
assignin('base', 'predModel', predModel)
assignin('base', 'AutoSipls_out1', AutoSipls_out1)
assignin('base', 'AutoSipls_out2', AutoSipls_out2)
```